JIS使い方シリーズ

化学分析の基礎と実際

編集委員長　田中　龍彦

日本規格協会

編集・執筆者名簿

編集委員長	田中　龍彦	東京理科大学工学部工業化学科教授
執　　筆	石橋　耀一	JFEテクノリサーチ株式会社
	小野　昭紘	社団法人日本分析化学会
	四角目和広	財団法人化学物質評価研究機構
	高田九二雄	東北大学金属材料研究所

(五十音順・敬称略，所属は発刊時)

まえがき

　近年，経済・技術のグローバル化の進展，環境保全，健康・安全・安心などへの高まりから信頼性の高い計測は不可欠で，高度な分析技術はますます重要性をもつようになってきている．分析化学の進歩は目覚ましく，新しい分析方法が開発されるなど溶液中の化学反応に基づく湿式化学分析から機器分析が主体になるにつれ，基本的な原理や原則を知らず，専門的知識ももたずに新しい分析手法（機器分析）に入る人が増えてきた．その結果，未熟な分析技術者が社会的に重要な仕事をすることになるが，信頼できる分析値を得るためには，分析技術者が十分な技術能力を有することが必須である．しかし，幅広い化学分析に関する基礎技術や技能をもつ人材の育成は非常に重要であることが認識されながらも，多くの企業では湿式化学分析が日常的に利用されることが少なくなってきており，自己啓発や分析技術・技能を伝承することができなくなってしまっている．また，学校では分析化学の教育・実験が軽視される傾向にあり，しっかりした基本分析技術の知識・実務を教育するのに十分な時間が取れない状況にある．

　二十数年前に，JIS K 0050：1983（化学分析方法通則）の技術的な解説書として，JIS 使い方シリーズ『化学分析マニュアル』（編集委員長：武藤義一，1984 年発行）が刊行されている．そこには，化学分析の基本操作に関する内容は十分に記述されているが，その後，数多くの機器分析，計量法に基づくトレーサビリティ制度，化学分析の厳格な信頼性（不確かさ）などの導入により，『化学分析マニュアル』の見直しを行う必要性が生じてきた．

　このような状況から，本書は，JIS K 0050（化学分析方法通則）が 2005 年に改正されたのを機に，JIS 及び旧版を膨らませ補うような形で，SI 単位から試料の調製・前処理，各種の基本操作・技術，分析方法，データの処理まで，化学分析の基礎的原理と化学分析を行う際の共通的な事項について，分析

操作の流れに沿ってより詳しく具体的に記述した教科書・指導書として使用できるように編集したものである．

さらに，一般の分析書には書かれていない内容や学校では学べない事柄などの基礎知識，分析技術者としての心構えと倫理など，本書を通して分析技術者として身に付けていなければならない最小限の範囲の内容が十分修得できるようにすること，並びに分析技術・技能の継承に役立つことも意図し，現場の分析技術者・分析化学関係の先生及び学生必携の書となるよう心掛けた．また，化学分析で基礎となる各種JISを中心に，基礎から実際までの内容を整備して記述した．今まであまり深く考えずに行ってきた化学分析手法の意義を理解し，日常的に行っている操作の誤りを認識するなど，分析技術者の技術力向上や自己技術の点検・確認にも役立つと信じている．

化学分析の基本的で共通的な基礎技術に関しては旧来より変わっていないことから，これらについては旧版『化学分析マニュアル』を中心に編集したため，執筆に当たっては旧版を大いに引用・参照させていただいた．旧版の編著者らに厚く御礼を申し上げたい．なお，本書では数多くのJISを引用しているが，それらについてはその最新版（追補を含む．）を参照することをお勧めする．

本書の出版に当たって，（財）日本規格協会出版事業部 伊藤宰氏，宮原啓介氏の多大なご協力に感謝する．

2008年7月

編集委員長
田中　龍彦

目　次

まえがき

1. はじめに　　　　　　　　　　　　　　　　　（小野）
1.1　化学分析の定義 …………………………………………… 19
1.2　化学分析の種類 …………………………………………… 20

2. 単位と量　　　　　　　　　　　　　　　　　（田中）
2.1　概　説 ……………………………………………………… 23
2.2　国際単位系（SI） …………………………………………… 23
2.3　SI 組立単位 ………………………………………………… 25
2.4　単位の記号と名称の表記法 ……………………………… 27
2.4.1　単位記号 ……………………………………………… 27
2.4.2　単位の名称 …………………………………………… 29
2.5　SI 単位における 10 進の倍量及び分量 ………………… 29
2.5.1　SI 接頭語 ……………………………………………… 29
2.5.2　SI 接頭語の使い方 …………………………………… 29
2.6　物理量の表現方法 ………………………………………… 31
2.7　非 SI 単位 …………………………………………………… 31
2.8　無次元量の値の記述方法 ………………………………… 32

3. 数値の表し方及び丸め方　　　　　　　　　（四角目）
3.1　数値の表し方 ……………………………………………… 35

3.2 有効数字 …………………………………………………………… 36
3.2.1 有効数字と乗除演算 ………………………………………… 37
3.2.2 有効数字と加減演算 ………………………………………… 38
3.3 数値の丸め方 ………………………………………………………… 38

4. 化学分析用器具及び洗浄 （高田）

4.1 ガラス器具 …………………………………………………………… 41
4.1.1 種類，体積などの規格 ……………………………………… 41
4.1.2 品　質 ………………………………………………………… 41
4.1.3 取扱い ………………………………………………………… 42
4.1.4 ガラス製体積計 ……………………………………………… 43
4.2 石英ガラス器具 ……………………………………………………… 43
4.2.1 特性及び取扱い ……………………………………………… 43
4.2.2 使用例 ………………………………………………………… 44
4.3 プラスチック器具 …………………………………………………… 44
4.3.1 特性及び取扱い ……………………………………………… 44
4.3.2 使用例 ………………………………………………………… 46
4.4 白金器具 ……………………………………………………………… 46
4.4.1 種類，体積などの規格 ……………………………………… 46
4.4.2 取扱い ………………………………………………………… 46
4.4.3 使用例 ………………………………………………………… 48
4.5 磁器具 ………………………………………………………………… 49
4.6 化学分析用器具の洗浄 ……………………………………………… 50
4.6.1 ガラス器具，石英ガラス器具，磁器具の洗浄 …………… 50
4.6.2 プラスチック器具の洗浄 …………………………………… 52
4.6.3 白金器具の洗浄 ……………………………………………… 53

5. 化学分析に用いる水及び試薬　　　　　　　　（高田）

- 5.1　水 ……………………………………………………………… 55
- 5.2　試　薬 ………………………………………………………… 57
  - 5.2.1　固体試薬，液体試薬の取扱い及び保存 ………………… 57
  - 5.2.2　液体試薬及び溶液の濃度の表し方 ……………………… 59
  - 5.2.3　試薬溶液の作り方と保存及び廃棄 ……………………… 60
  - 5.2.4　試薬として用いる気体 …………………………………… 63

6. 質　　　量　　　　　　　　　　　　　　　　　（田中）

- 6.1　概　説 …………………………………………………………… 67
  - 6.1.1　質量と重量 ………………………………………………… 67
  - 6.1.2　質量の単位 ………………………………………………… 67
- 6.2　はかり（天びん） ……………………………………………… 69
- 6.3　電磁式電子天びん ……………………………………………… 70
  - 6.3.1　原　理 ……………………………………………………… 70
  - 6.3.2　設置上の注意 ……………………………………………… 71
  - 6.3.3　使用上の注意 ……………………………………………… 71
- 6.4　分　銅 …………………………………………………………… 72
  - 6.4.1　分銅の種類 ………………………………………………… 73
  - 6.4.2　分銅の用途 ………………………………………………… 76
- 6.5　電磁式電子分析天びんを用いる一般的な計量操作 ………… 76
- 6.6　計量値に影響する要因 ………………………………………… 77
  - 6.6.1　天びんの計量値に対する空気の浮力補正 ……………… 77
  - 6.6.2　計量に及ぼす影響 ………………………………………… 77
- 6.7　電磁式電子天びんの点検 ……………………………………… 79
- 6.8　JISにおける質量値の表し方 ………………………………… 80

7. 温　　度　　　　　　　　　　　　　　　　　　　（小野）

7.1　温度の単位と測定計器 …………………………………… 81
7.2　温度計の校正と温度の測定方法 …………………………… 81
7.3　JISにおける温度・温度差の表し方 ……………………… 83
　　7.3.1　数値の表し方とその意味 ……………………………… 83
　　7.3.2　温度に関係する定義 …………………………………… 84

8. 時　　間　　　　　　　　　　　　　　　　　　　（小野）

8.1　時間の単位と測定計器 …………………………………… 87
8.2　JISにおける時間の表し方とその意味 …………………… 87

9. 体　　積　　　　　　　　　　　　　　　　　　　（小野）

9.1　体積の単位と体積計 ………………………………………… 89
　　9.1.1　体積の単位 ……………………………………………… 89
　　9.1.2　標準温度 ………………………………………………… 89
　　9.1.3　化学用体積計 …………………………………………… 90
9.2　体積計の種類，規格，取扱い方 …………………………… 91
　　9.2.1　ビュレット ……………………………………………… 91
　　9.2.2　ピペット ………………………………………………… 94
　　9.2.3　全量フラスコ …………………………………………… 97
　　9.2.4　メスシリンダー ………………………………………… 98
　　9.2.5　その他の体積計量器 …………………………………… 98
9.3　ガラス製体積計の校正 …………………………………… 101
　　9.3.1　ビュレットの校正 …………………………………… 101
　　9.3.2　全量ピペットの校正 ………………………………… 104
　　9.3.3　全量フラスコの校正 ………………………………… 105

9.4 JISにおける計量関係の表現 ……………………………………… 106
   9.4.1 数値の表し方とその意味 ………………………………… 106
   9.4.2 体積計の体積の表し方 …………………………………… 106
   9.4.3 溶液の分取 ………………………………………………… 107

10. pH　　　　　　　　　　　　　　　　　　　　　　　　　　（田中）

10.1 pHの定義 …………………………………………………………… 109
10.2 ガラス電極を用いるpH測定 ……………………………………… 110
   10.2.1 pH計（pHメーター） …………………………………… 110
   10.2.2 ガラス電極 ………………………………………………… 111
   10.2.3 pH標準液 …………………………………………………… 113
10.3 pH測定方法 ………………………………………………………… 114
   10.3.1 pH計の準備 ………………………………………………… 114
   10.3.2 pH計の校正 ………………………………………………… 114
   10.3.3 pH測定操作 ………………………………………………… 115
   10.3.4 測定結果の記録 …………………………………………… 116
10.4 pH測定上の留意点 ………………………………………………… 116
   10.4.1 pH計設置の際の注意 ……………………………………… 116
   10.4.2 ガラス電極等使用の際の注意 …………………………… 116
   10.4.3 校正及び測定の際の注意 ………………………………… 117
10.5 その他のpH測定方法 ……………………………………………… 118
10.6 JISにおけるpH値の表し方 ……………………………………… 119

11. 化学分析の基本操作　　　　　　　　　　　　　　　　　　（高田）

11.1 固体試料 …………………………………………………………… 121
   11.1.1 洗　浄 ……………………………………………………… 121

11.1.2　保　存 ……………………………………………… 123
11.2　水溶液試料 …………………………………………………… 123
　　11.2.1　取扱い ……………………………………………… 124
　　11.2.2　保　存 ……………………………………………… 124
11.3　乾　燥 ………………………………………………………… 125
　　11.3.1　乾燥剤 ………………………………………………… 125
　　11.3.2　気体，液体，固体の乾燥 …………………………… 126
11.4　加　熱 ………………………………………………………… 127
　　11.4.1　燃焼熱による加熱 …………………………………… 129
　　11.4.2　電熱による加熱 ……………………………………… 129
　　11.4.3　浴による加熱 ………………………………………… 130
　　11.4.4　マイクロ波誘導及び高周波による加熱 …………… 131
11.5　冷　却 ………………………………………………………… 132
11.6　希釈，蒸発，蒸留，濃縮 …………………………………… 133
11.7　分取，混合 …………………………………………………… 134
11.8　ろ　過 ………………………………………………………… 135
　　11.8.1　ろ紙によるろ過 ……………………………………… 135
　　11.8.2　メンブランフィルター，ガラスフィルターによるろ過 ……… 136
11.9　試料溶液の保存 ……………………………………………… 137
11.10　空試験値 ……………………………………………………… 138
11.11　定量方法 ……………………………………………………… 138
　　11.11.1　検量線法 ……………………………………………… 140
　　11.11.2　内標準法 ……………………………………………… 141
　　11.11.3　標準添加法 …………………………………………… 142
11.12　分析回数及び分析値（最終値）の決め方 ………………… 142
　　11.12.1　分析回数 ……………………………………………… 142
　　11.12.2　分析値（最終値）の決め方 ………………………… 143

12. サンプリング　　　　　　　　　　（石橋）…… 147
12.1 試料の粉砕 …………………………………………… 149
12.2 試料の乾燥 …………………………………………… 150
12.3 試料のはかり取り …………………………………… 151
12.4 化学はかりを用いる試料はかり取り ……………… 151

13. 試料の分解　　　　　　　　　　（高田）…… 153
13.1 酸分解 ………………………………………………… 154
 13.1.1 塩　酸 ……………………………………………… 154
 13.1.2 硝　酸 ……………………………………………… 155
 13.1.3 硫酸, りん酸, 過塩素酸, ふっ化水素酸, 過酸化水素水 …… 155
 13.1.4 王水を含む硝酸―塩酸の混酸 …………………… 156
 13.1.5 硝酸―ふっ化水素酸などの混酸 ………………… 156
 13.1.6 その他の混酸 ……………………………………… 157
13.2 加圧分解 ……………………………………………… 158
13.3 マイクロ波分解 ……………………………………… 159
13.4 アルカリ分解 ………………………………………… 160
13.5 融　解 ………………………………………………… 160
 13.5.1 酸融解 ……………………………………………… 161
 13.5.2 アルカリ融解 ……………………………………… 162
13.6 電解溶解 ……………………………………………… 162

14. 分離とマスキング　　　　　　　（高田）…… 167
14.1 分　離 ………………………………………………… 168
 14.1.1 沈殿分離 …………………………………………… 168

14.1.2　蒸留・気化分離 ……………………………………… 170
　　14.1.3　溶媒抽出分離 ………………………………………… 173
　　14.1.4　イオン交換分離 ……………………………………… 176
　　14.1.5　電着分離 ……………………………………………… 178
　　14.1.6　ガス成分分離 ………………………………………… 180
　　14.1.7　その他の分離 ………………………………………… 182
　14.2　マスキング …………………………………………………… 183

15. 重量分析　　　　　　　　　　　　　　　　　　　　　（小野）

15.1　重量分析法の原理と種類 ……………………………………… 187
15.2　沈殿重量分析 …………………………………………………… 188
　　15.2.1　概　説 ………………………………………………… 188
　　15.2.2　沈殿の生成 …………………………………………… 190
　　15.2.3　沈殿のろ過と洗浄 …………………………………… 193
　　15.2.4　沈殿の乾燥・加熱・放冷 …………………………… 195
　　15.2.5　沈殿のひょう量形 …………………………………… 196
　　15.2.6　均質沈殿法 …………………………………………… 196
15.3　沈殿重量分析法の一般的操作 ………………………………… 198
　　15.3.1　沈殿の生成操作 ……………………………………… 198
　　15.3.2　沈殿のろ過・洗浄操作 ……………………………… 199
　　15.3.3　沈殿の乾燥・加熱・放冷操作 ……………………… 203
　　15.3.4　沈殿の恒量操作 ……………………………………… 204
　　15.3.5　よく用いられる沈殿重量分析法 …………………… 205
15.4　ガス発生重量分析 ……………………………………………… 205
　　15.4.1　分析対象成分のガス発生方法 ……………………… 209
　　15.4.2　発生ガスの質量の測定方法 ………………………… 209
15.5　電解重量分析 …………………………………………………… 210

	15.5.1	概　説 ……………………………………………………………	210
	15.5.2	電解方法と注意点 …………………………………………………	211
	15.5.3	装置・器具 …………………………………………………………	212
	15.5.4	操　作 ……………………………………………………………	213
	15.5.5	よく用いられる電解重量分析法 ……………………………………	215

16. 容　量　分　析　　　　　　　　　　　　　　　　　（小野）

16.1 滴定法概説 ……………………………………………………………… 217

16.2 滴定法の種類と原理 …………………………………………………… 219

 16.2.1 中和（酸塩基）滴定 ……………………………………………… 219

 16.2.2 酸化還元滴定 ……………………………………………………… 219

 16.2.3 錯滴定 ……………………………………………………………… 220

 16.2.4 沈殿滴定 …………………………………………………………… 221

16.3 滴定試薬 ………………………………………………………………… 221

16.4 滴定中における滴定物質の濃度変化 ………………………………… 222

16.5 滴定終点と指示薬 ……………………………………………………… 225

 16.5.1 中和滴定用酸塩基指示薬 ………………………………………… 225

 16.5.2 酸化還元滴定用指示薬 …………………………………………… 227

 16.5.3 錯滴定用金属指示薬 ……………………………………………… 228

 16.5.4 沈殿滴定用指示薬 ………………………………………………… 231

16.6 容量分析用標準物質 …………………………………………………… 231

16.7 滴定用標準液の調製・標定・滴定の一般操作 ……………………… 233

 16.7.1 滴定用標準液の調製操作 ………………………………………… 233

 16.7.2 標定操作 …………………………………………………………… 235

 16.7.3 滴定操作 …………………………………………………………… 236

 16.7.4 よく用いられる標準液の調製・標定方法と滴定上の注意……… 237

 16.7.5 滴定法の適用例 …………………………………………………… 243

17. 光分析 　　　　　　　　　　　　　　　　　　　　　(小野)

17.1 吸光光度分析法 ……………………………………… 251
- 17.1.1 概説 ……………………………………………… 251
- 17.1.2 吸光光度分析装置 …………………………… 254
- 17.1.3 呈色溶液の調製 ……………………………… 256
- 17.1.4 吸光度の測定と定量 ………………………… 257
- 17.1.5 吸光光度分析法の適用例 …………………… 260

17.2 蛍光光度分析法 …………………………………… 267
- 17.2.1 概説 ……………………………………………… 267
- 17.2.2 蛍光光度分析装置 …………………………… 268
- 17.2.3 蛍光強度の測定と定量 ……………………… 270

17.3 原子吸光分析法 …………………………………… 272
- 17.3.1 概説 ……………………………………………… 272
- 17.3.2 原子吸光分析装置 …………………………… 273
- 17.3.3 試料の調製，測定及び定量 ………………… 279
- 17.3.4 原子吸光分析法の適用例 …………………… 283

17.4 高周波誘導結合プラズマ発光分光分析法 ……… 287
- 17.4.1 概説 ……………………………………………… 287
- 17.4.2 ICP発光分光分析装置 ……………………… 287
- 17.4.3 試料の調製と測定 …………………………… 290
- 17.4.4 ICP発光分光分析法の適用例 ……………… 293

18. 電磁気分析 　　　　　　　　　　　　　　　　　　　(石橋)

18.1 X線分析 …………………………………………… 297
- 18.1.1 X線回折分析 ………………………………… 297
- 18.1.2 蛍光X線分析 ………………………………… 299

18.2 電子線分析 ………………………………………… 303

18.3 磁気共鳴分析 …………………………………………… 304
18.4 質量分析 ………………………………………………… 306
 18.4.1 ガスクロマトグラフ質量分析 ……………………… 307
 18.4.2 高周波プラズマ質量分析 …………………………… 308
 18.4.3 グロー放電質量分析 ………………………………… 310

19. 電気化学分析 　　　　　　　　　　　　　　（田中）

19.1 概　説 …………………………………………………… 311
19.2 ポテンシオメトリー …………………………………… 312
 19.2.1 イオン電極測定法 …………………………………… 313
 19.2.2 電位差滴定法 ………………………………………… 317
19.3 クーロメトリー ………………………………………… 318
 19.3.1 定電位クーロメトリー ……………………………… 319
 19.3.2 電量滴定法（定電流クーロメトリー）…………… 320
19.4 ボルタンメトリー ……………………………………… 323
 19.4.1 ポーラログラフィー ………………………………… 323
 19.4.2 ストリッピングボルタンメトリー ………………… 327
19.5 電流滴定法 ……………………………………………… 328
19.6 コンダクトメトリー …………………………………… 331

20. クロマトグラフィー 　　　　　　　　　　　（石橋）

20.1 概　説 …………………………………………………… 337
20.2 ガスクロマトグラフィー ……………………………… 338
 20.2.1 構　成 ………………………………………………… 339
 20.2.2 カラムと充填剤 ……………………………………… 339
 20.2.3 検出器 ………………………………………………… 341

20.3 高速液体クロマトグラフィー ……………………… 341
  - 20.3.1 概　要 …………………………………… 341
  - 20.3.2 一般的事項 …………………………… 342

21. 熱　分　析　　　　　　　　　　　　　（石橋）
  - 21.1 熱重量分析 …………………………………… 345
  - 21.2 示差熱分析及び示差走査熱量計 ………… 346
  - 21.3 温度滴定 ……………………………………… 347

22. その他の分析方法　　　　　　　　　（石橋）
  - 22.1 フローインジェクション分析 …………… 349
  - 22.2 キャピラリー電気泳動分析 ……………… 350
  - 22.3 放射化分析 …………………………………… 350

23. 自動分析及び連続分析　　　　　（石橋）…… 353
  - 23.1 比色式分析計 ………………………………… 355
  - 23.2 紫外線吸収式自動計測器 ………………… 356
  - 23.3 非分散赤外式分析計 ……………………… 356
  - 23.4 蛍光式自動計測器 ………………………… 357
  - 23.5 化学発光自動計測器 ……………………… 357
  - 23.6 その他の自動分析法 ……………………… 357

24. 化学分析における校正　　　　　　（四角目）
  - 24.1 標準物質 ……………………………………… 359

24.2　標準物質の分類 ……………………………… 360
24.2.1　純物質系標準物質と組成標準物質 ……………… 360
24.2.2　認証標準物質 …………………………………… 361
24.3　標準物質の情報提供体制 …………………… 362
24.4　計量法トレーサビリティ制度の化学標準物質 ……… 363
24.5　標準物質の必要性と検量線 ………………… 367

25. 化学分析の信頼性　　　　　　　　　　（四角目）
25.1　トレーサビリティ ……………………………… 371
25.2　バリデーション ………………………………… 373
25.3　不確かさ ………………………………………… 376
25.3.1　定義と評価手順 …………………………………… 377
25.3.2　不確かさと統計量 ………………………………… 380
25.3.3　化学分析における不確かさ ……………………… 382
25.4　検量線によって求めた濃度の不確かさ ……… 384

26. 試　験　室　　　　　　　　　　　　　（四角目）
26.1　試験室の設備 …………………………………… 387
26.2　試験場所の状態 ………………………………… 390
26.2.1　温　度 ……………………………………………… 390
26.2.2　湿　度 ……………………………………………… 391
26.2.3　気　圧 ……………………………………………… 391

27. 化学分析上の安全，衛生　　　　　（四角目）…… 393
27.1　安　全 …………………………………………… 394

27.2 衛　生 ………………………………………………………………… 395
27.3 MSDS の活用 ………………………………………………………… 396

索　　引……………………………………………………………………… 397

1. はじめに

1.1 化学分析の定義

"化学分析"(chemical analysis)とは，どのような分析方法を意味するのかをまず整理しておきたい．JIS K 0050：2005（化学分析方法通則）及びJIS K 0211：2005［分析化学用語（基礎部門）］に次のように定義されている．

"物質の化学種（物質を構成している元素又は化合物の構造的若しくは組織的形態)*を明らかにするための，又はそれを定量するための操作及び技術．

備考 化学種を認知するものであって，化学的方法，物理的方法などその方法を問わない．"

また，"化学分析"の定義がこのように定められるに至った経緯について，JIS K 0050 の解説で，

"旧規格では，主に化学的な原理に基づく重量分析，容量分析及び物理的な原理に基づく機器分析の3種類に区分していたが，化学的な原理に基づく分析も機器を用いて行われることが多くなっているため，これらの区分を廃止した．"

と説明している．

したがって，JIS K 0050 の 6.1 "化学分析の種類" では，

"化学分析は，化学的及び／又は物理的な各種の原理に基づいた多くの種類があり，化学種の定性(qualitative analysis)*及び／又は定量(quantitative analysis)*に用いる分析方法である．化学分析は，分析の目的，試料及び分析種(analyte，分析対象成分ともいう)*の性状などをあらかじめ十分に把握し，適切な分析方法を選択して行う．"

注* 括弧内は筆者加筆．

と規定している．

JIS K 0050 は，JIS に定められる化学分析方法に関する一般的な事項について規定しており，また，機器を用いる分析方法に共通する一般事項はそれぞれの JIS の分析方法通則に従うことにしている．

1.2 化学分析の種類

前節の定義により"化学分析"は，主に次のような種類に分けることができる．

(a) 重量分析 重量分析は，定量しようとする成分を一定の組成の純物質として分離し，その質量又は残分の質量から分析対象成分の量を求める分析方法である．用いる分離方法によって，沈殿重量分析，ガス重量分析，電解重量分析に区分される．

(b) 容量分析 容量分析は，滴定操作によって分析対象成分の全量と定量的に反応する滴定液の体積を求め，その値から分析対象成分を定量する分析方法である．滴定中に生じる化学反応の種類によって，中和滴定（酸塩基滴定），酸化還元滴定，錯滴定，沈殿滴定に区分される．また，滴定はその操作方法によって，直接滴定，逆滴定，置換滴定などの種類がある．

(c) 光分析 光分析は，光の放射，吸収，散乱などを利用して行う分析方法である．紫外・可視分光分析，赤外分光分析，近赤外分光分析，ラマン分光分析，蛍光光度分析，原子吸光分析，炎光光度分析，発光分光分析（誘導結合プラズマ発光分光分析，スパーク放電発光分光分析など），化学発光分析などがある．

(d) 電磁気分析 電磁気分析は，X 線，電子線，イオンビーム，電場，磁場などの電磁気的特性を分析対象成分に作用させて，分子，原子などに関する情報を得る分析方法である．X 線回折分析，蛍光 X 線分析，電子線マイクロアナリシス，光電子分光分析，核磁気共鳴分析，電子スピン共鳴分析，質量分析（ガスクロマトグラフ質量分析，高速液体クロマトグラフ質量分析，誘導結

合プラズマ質量分析，グロー放電質量分析，二次イオン質量分析など），走査電子顕微鏡試験，透過電子顕微鏡試験などがある．

(e) 電気分析 電気分析は，物質の電気的又は電気化学的性質を直接的又は間接的に利用して行う分析方法で，電位差滴定，電流滴定，電量滴定，イオン電極測定法，ポーラログラフィー，ボルタンメトリー，電気伝導率測定方法などがある．

(f) クロマトグラフィー クロマトグラフィーは，混合成分を固定相に接して流れる移動相にのせることによって分離を行う分析方法で，ガスクロマトグラフィー，高速液体クロマトグラフィー，イオンクロマトグラフィーなどがある．

(g) 熱分析 熱分析は，物質の温度を調節したプログラムに従って変化させながら，その物質及び／又はその反応生成物のある物理的性質を温度の関数として測定する一群の技法を用いて行う分析方法である．示差熱分析，示差走査熱量測定法，熱重量測定法，熱機械測定法などがある．

(h) その他の分析 フローインジェクション分析，キャピラリー電気泳動分析，放射化分析などがある．

参 考 文 献

1) JIS K 0050：2005 （化学分析方法通則）
2) JIS K 0211：2005 ［分析化学用語（基礎部門）］

2. 単位と量

2.1 概　　説

　日常使用される物理量（量の値）は，数値と単位の積である．単位とは，約束で決めた正確な基準量のことであり，数値は"単位"に対する"物理量"の比を表す．単位及び量の表し方は，対応国際規格及び／又は強制法規があってやむを得ない場合を除き，JIS Z 8203：2000［国際単位系（SI）及びその使い方］，量及び単位に関する一連の規格 JIS Z 8202-0～-10, -12, -13：2000 及び『国際単位系（SI）　第 8 版(2006 年)』(国際度量衡局編) による．

2.2 国際単位系（SI）

　国際度量衡総会（CGPM）で採用された国際単位系（SI；フランス語の Le Système International d'unités の頭文字）は，次元的に独立であるとみなされる七つの量について明確に定義された単位を基礎として組み立てられた一貫性のある（coherent な）単位系で，他のすべての単位を定義するために合意された基準としての役割をもち，科学及び工業のあらゆる分野でこの単位系を使用することが勧告されている．七つの量の単位を SI 基本単位（base units）という（表 2.1）．要素粒子を指定したモルの使用例を表 2.2 に示す．
　SI 単位は，SI 基本単位，SI 基本単位から組み立てられる SI 組立単位（derived units）と，10 進の倍量及び分量を作るための一連の SI 接頭語（prefixes）から形成される．一つの物理量は，原則としてただ一つの SI 単位をもつ．ただし，Hz と s^{-1}，℃ と K のように等価な単位や，N, Pa のように SI 組立単位が別名をもつものは存在する．なお，1995 年に SI 単位の中の SI 補助単位（ラジアンとステラジアン）の分類は廃止され，補助単位を無次元の SI 組立単位とした．

2. 単位と量

表 2.1 SI 基本単位

基本量	量の記号	SI 基本単位	単位記号	定　義
長さ	l, x, r など	メートル	m	1秒の299 792 458 分の1の時間に光が真空中を伝わる行程の長さ.
質量	m	キログラム	kg	国際キログラム原器の質量に等しい.
時間	t	秒	s	セシウム133の原子の基底状態の二つの超微細構造単位の間の遷移に対応する放射の周期の9 192 631 770倍の継続時間.
電流	I, i	アンペア	A	真空中に1メートルの間隔で平行に配置された無限に小さい円形断面積を有する無限に長い二本の直線状導体のそれぞれを流れ，これらの導体の長さ1メートルにつき 2×10^{-7} ニュートンの力を及ぼし合う一定の電流.
熱力学温度	T	ケルビン	K	水の三重点の熱力学温度の 1/273.16.
物質量	n	モル	mol	1) 0.012キログラムの炭素12の中に存在する原子の数に等しい数の要素粒子を含む系の物質量. 2) モルを用いるとき，要素粒子が指定されなければならないが，それは原子，分子，イオン，電子，その他の粒子又はこの種の粒子の特定の集合体であってよい.
光度	I_v	カンデラ	cd	周波数 540×10^{12} ヘルツの単色放射を放出し，所定の方向におけるその放射強度が 1/683 ワット毎ステラジアンである光源の，その方向における光度.

表 2.2 物質量の単位 mol を用いる表記の例[3)]

(1) 2 mol の N_2 には 12.044×10^{23} 個の N_2 分子が含まれている. N_2 の物質量 = (N_2 の分子数)/N_A と書いてもよい.
(2) 1.5 mol の Hg_2Cl_2 は 708.13 g の質量をもつ.
(3) 1 mol の Hg_2^{2+} は 401.18 g の質量と 192.97 kC の電荷をもつ.
(4) 1 mol の $Fe_{0.91}S$ の質量は 82.89 g である.
(5) 10^{14} Hz の振動数をもつ光子 1 mol は 39.90 J のエネルギーをもつ.
(6) 1 mol の電子 e は $6.022\ 141\ 99(47) \times 10^{23}$ 個の電子を含み, 5.486×10^{-7} kg の質量と -96.49 kC の電荷をもつ.

2.3 SI 組立単位

(1) SI 基本単位を用いて表される SI 組立単位

すべての量(物理量)は基本(物理)量を組み合わせた組立量として記述できる.その SI 組立単位は SI 基本単位の乗除で定義される.組立量と一貫性のある SI 組立単位の例を表 2.3 に示す.無次元量あるいは次元1をもつ量を表す単位記号である数字の1は通常は表記しない.

(2) 固有の名称と独自の記号で表される SI 組立単位

SI は,ラジアンとステラジアンを含む 22 個の組立量に対して,その単位の固有の名称と単位記号を認めている.これらは使用頻度が高い量の単位で,SI 基本単位の組合せによる表現よりはるかに簡単になる.SI で認められた単位と単位記号を表 2.4 に示す.これら固有の名称と記号は SI 接頭語とともに使

表 2.3 基本単位を用いて表される一貫性のある SI 組立単位の例

組立量		一貫性のある SI 組立単位	
名 称	記号	名 称	記号
面積	A	平方メートル	m^2
体積	V	立方メートル	m^3
速さ,速度	v	メートル毎秒	m/s
加速度	a	メートル毎秒毎秒	m/s^2
波数	$\sigma, \tilde{v}$	毎メートル	m^{-1}
密度,質量密度	ρ	キログラム毎立方メートル	kg/m^3
比体積	v	立方メートル毎キログラム	m^3/kg
電流密度	j	アンペア毎平方メートル	A/m^2
磁界の強さ	H	アンペア毎メートル	A/m
濃度	c	モル毎立方メートル	mol/m^3
輝度	L_v	カンデラ毎平方メートル	cd/m^2
屈折率	n	(数字の)1	1

2. 単位と量

用できる．

　SI 組立単位は SI 基本単位の乗除によって導かれるのに対し，セルシウス温度 t と熱力学温度 T との関係は，$t/℃ = T/K - 273.16$ である．セルシウス度はケルビンの特別な名称で，セルシウス度とケルビンの単位の大きさは等しく，

表 2.4　固有の名称と記号で表される一貫性のある SI 組立単位（22 個）

組立量	名　称	記号	SI 基本単位による表し方
平面角	ラジアン	rad	$m/m = 1$
立体角	ステラジアン	sr	$m^2/m^2 = 1$
周波数	ヘルツ	Hz	s^{-1}
力	ニュートン	N	$m\ kg\ s^{-2}$
圧力，応力	パスカル	Pa	$N/m^2 = m^{-1}\ kg\ s^{-2}$
エネルギー，仕事，熱量	ジュール	J	$N\ m = m^2\ kg\ s^{-2}$
仕事率，工率，電力，放射束	ワット	W	$J/s = m^2\ kg\ s^{-3}$
電荷，電気量	クーロン	C	$s\ A$
電位差（電圧），起電力	ボルト	V	$W/A = m^2\ kg\ s^{-3}\ A^{-1}$
静電容量	ファラド	F	$C/V = m^{-2}\ kg^{-1}\ s^4\ A^2$
電気抵抗	オーム	Ω	$V/A = m^2\ kg\ s^{-3}\ A^{-2}$
コンダクタンス	ジーメンス	S	$A/V = m^{-2}\ kg^{-1}\ s^3\ A^2$
磁束	ウェーバ	Wb	$V\ s = m^2\ kg\ s^{-2}\ A^{-1}$
磁束密度	テスラ	T	$Wb/m^2 = kg\ s^{-2}\ A^{-1}$
インダクタンス	ヘンリー	H	$Wb/A = m^2\ kg\ s^{-2}\ A^{-2}$
セルシウス温度	セルシウス度	℃	K
光束	ルーメン	lm	$cd\ sr = cd$
照度	ルクス	lx	$lm/m^2 = m^{-2}\ cd$
放射性核種の放射能	ベクレル	Bq	s^{-1}
吸収線量，比エネルギー分与，カーマ	グレイ	Gy	$J/kg = m^2\ s^{-2}$
線量当量，周辺線量当量，方向性線量当量，個人線量当量	シーベルト	Sv	$J/kg = m^2\ s^{-2}$
酵素活性	カタール	kat	$s^{-1}\ mol$

温度差や温度間隔を表す数値はどちらの単位で表しても同じである．

(3) 固有の名称と独自の記号を含む SI 組立単位

表 2.4 に示した固有の名称と記号は，SI 基本単位や他の SI 組立単位の名称と記号と一緒に別の組立量の単位を表すために用いることができる．幾つかの例を表 2.5 に示す．

2.4 単位の記号と名称の表記法

2.4.1 単位記号

(a) 単位記号には立体（ローマン体）を用い，人名などの固有名詞に由来する単位の記号は最初の文字だけ大文字（例えば，アンペアは A，ヘルツは Hz，クーロンは C），そのほかは常に小文字とする．リットルの記号 L は例外であり，これは小文字の l（エル）が数字の 1（イチ）と間違いやすいので特別に使用が認められている．

(b) 単位記号は数式の一部となる要素であり，省略記号ではない．したがって，単位記号には省略符としての記号（ピリオド）を付けない．また，複数形を用いない（名称には複数形を用いてもよい）．

(c) 単位記号の積や商に関しては，通常の代数で用いられる演算方法と同じ規則が適用される．積は空白又は中点で表し（ms はミリ秒，m s はメートル秒），商は水平の線，斜線，又は負の指数で表される．ただし，同一行に二つ以上の斜線は使用せず，多くの単位記号が混在するときは括弧や負の指数を用いてあいまいさを排除しなければならない．例えば，J/mol/K，m·kg/s^3·A ではなく，それぞれ J/(mol K)，m·kg·s^{-3}·A^{-1} のように表す．

(d) 単位記号に省略形を用いることは許されない．例えば，sec，sq. mm などの使用は認められていない．

表 2.5 単位の中に固有の名称と記号を含む一貫性のある SI 組立単位の例 [5]

組立量	一貫性のある SI 組立単位		
	名　称	記号	SI 基本単位による表し方
粘度	パスカル秒	Pa s	$m^{-1}\,kg\,s^{-1}$
力のモーメント	ニュートンメートル	N m	$m^2\,kg\,s^{-2}$
表面張力	ニュートン毎メートル	N/m	$kg\,s^{-2}$
角速度	ラジアン毎秒	rad/s	$m\,m^{-1}\,s^{-1} = s^{-1}$
角加速度	ラジアン毎秒毎秒	rad/s^2	$m\,m^{-1}\,s^{-2} = s^{-2}$
熱流密度, 放射照度	ワット毎平方メートル	W/m^2	$kg\,s^{-3}$
熱容量, エントロピー	ジュール毎ケルビン	J/K	$m^2\,kg\,s^{-2}\,K^{-1}$
比熱容量, 比エントロピー	ジュール毎キログラム毎ケルビン	J/(kg K)	$m^2\,s^{-2}\,K^{-1}$
比エネルギー	ジュール毎キログラム	J/kg	$m^2\,s^{-2}$
熱伝導率	ワット毎メートル毎ケルビン	W/(m K)	$m\,kg\,s^{-3}\,K^{-1}$
体積エネルギー	ジュール毎立方メートル	J/m^3	$m^{-1}\,kg\,s^{-2}$
電界の強さ	ボルト毎メートル	V/m	$m\,kg\,s^{-3}\,A^{-1}$
電荷密度	クーロン毎立方メートル	C/m^3	$m^{-3}\,s\,A$
表面電荷	クーロン毎平方メートル	C/m^2	$m^{-2}\,s\,A$
電束密度, 電気変位	クーロン毎平方メートル	C/m^2	$m^{-2}\,s\,A$
誘電率	ファラド毎メートル	F/m	$m^{-3}\,kg^{-1}\,s^4\,A^2$
透磁率	ヘンリー毎メートル	H/m	$m\,kg\,s^{-2}\,A^{-2}$
モルエネルギー	ジュール毎モル	J/mol	$m^2\,kg\,s^{-2}\,mol^{-1}$
モルエントロピー, モル熱容量	ジュール毎モル毎ケルビン	J/(mol K)	$m^2\,kg\,s^{-2}\,K^{-1}\,mol^{-1}$
照射線量（X 線及び γ 線）	クーロン毎キログラム	C/kg	$kg^{-1}\,s\,A$
吸収線量率	グレイ毎秒	Gy/s	$m^2\,s^{-3}$
放射強度	ワット毎ステラジアン	W/sr	$m^4\,m^{-2}\,kg\,s^{-3} = m^2\,kg\,s^{-3}$
放射輝度	ワット毎平方メートル毎ステラジアン	$W/(m^2\,sr)$	$m^2\,m^{-2}\,kg\,s^{-3} = kg\,s^{-3}$
酵素活性濃度	カタール毎立方メートル	kat/m^3	$m^{-3}\,s^{-1}\,mol$

2.4.2 単位の名称

(a) 単位の名称は立体で書き表されるのが普通である．英語では，単位記号の最初の文字が大文字の場合でも，単位の名称のつづりにはすべて小文字を用いる．ただし，セルシウス度（℃）だけは例外であり，その名称のつづりは degree Celsius である．

(b) 物理量を数値と単位の名称で表す場合，単位の名称の英文つづりは省略せずにすべて書く．例えば，3 m/s 又は 3 メートル毎秒は，3 metres per second と書く．

(c) 単位の名称と SI 接頭語の名称とを組み合わせる場合，SI 接頭語の名称と単位の名称との間に空白やハイフンを挿入してはいけない．例えば，milligram, micrometre などのように一つの単語として表す．

(d) SI 組立単位の名称が個々の単位の名称の積で表される場合，それぞれの単位の名称の間に空白又はハイフンを挿入する．例えば，パスカル秒は，pascal second 又は pascal-second とする．

2.5 SI 単位における 10 進の倍量及び分量

2.5.1 SI 接頭語

単独の SI 単位の大きさに比べてはるかに大きい量や小さい量を表す際に，SI 単位と任意に組み合わせて使うことが認められた接頭語が決められている．SI 接頭語を付けた単位は実用的であるが，一貫性は失われる．現在までに採択されている 20 個の SI 接頭語と記号を表 2.6 に示す．da（デカ），h（ヘクト），k（キロ）を除く他のすべての SI 接頭語は，正のべき乗を表す場合には大文字，負のべき乗を表す場合には小文字で表される．

2.5.2 SI 接頭語の使い方

(a) 適当な大きさの単位を作るために，原則的にはその単位で表される量の値が 0.1 と 1 000 の間に入るような SI 接頭語を自由に選択できる．

(b) SI 接頭語の記号は，単位記号と同様に常に立体で表す．

(c) SI 接頭語は単位の一部であり，単位記号との間に空白を挿入せずに単位記号の直前に置く．SI 接頭語の付いた単位記号は，まとめて一つの記号とみなす．例えば，$(cm)^3$，$(\mu s)^{-1}$ は，それぞれ cm^3，μs^{-1} と書く．

(d) SI 接頭語は決して単独で用いてはならない．例えば，5×10^6 を 5 M，$10^3/m^3$ を k/m^3 のように表現してはならない．

(e) SI 接頭語は一つだけを用い，合成接頭語を作ってはならない．例えば，$\mu\mu F$，$m\mu m$ は使用せず，それぞれ pF，nm のように表す．

(f) 二つ以上の単位を組み合わせて表現する単位にも同様に，SI 接頭語を一つだけ用いる．ただし，分母にある kg は SI 基本単位であるから，SI 接頭語付きの単位と見なさない．

(g) SI 接頭語付きの単位に指数が付されているとき，その指数は母体となる単位と接頭語の両方に掛かる．例えば，$2\,cm^3 = 2\times(10^{-2}\,m)^3 = 2\times10^{-6}\,m^3$，$5\,\mu s^{-1} = 5\times(10^{-6}\,s)^{-1} = 5\times10^6\,s^{-1}$ となる．

(h) 文章の最初に現れる場合を除き，SI 接頭語の名称のつづりにはすべて

表 2.6 SI 接頭語

乗数	名　称	記号	乗数	名　称	記号
10^1	デカ（deca）	da	10^{-1}	デシ（deci）	d
10^2	ヘクト（hecto）	h	10^{-2}	センチ（centi）	c
10^3	キロ（kilo）	k	10^{-3}	ミリ（milli）	m
10^6	メガ（mega）	M	10^{-6}	マイクロ（micro）	μ
10^9	ギガ（giga）	G	10^{-9}	ナノ（nano）	n
10^{12}	テラ（tera）	T	10^{-12}	ピコ（pico）	p
10^{15}	ペタ（peta）	P	10^{-15}	フェムト（femto）	f
10^{18}	エクサ（exa）	E	10^{-18}	アト（atto）	a
10^{21}	ゼタ（zetta）	Z	10^{-21}	セプト（zepto）	z
10^{24}	ヨタ（yotta）	Y	10^{-24}	ヨクト（yocto）	y

小文字を用いる．

2.6 物理量の表現方法

(a) 自然科学で用いられる量記号は，一般に斜体（イタリック体）の1文字を用いて表される．物理量の内容を明確に区別したいときには，下付き又は上付きの添字，又は括弧内に示す付随情報を伴って表されることもある．添字は，それ自身が物理量を表す場合には斜体とし，それ以外の場合には立体とする．

(b) 数値と単位との積として物理量を表現する場合，数値と単位記号は共に通常の代数演算の規則に従って扱う．例えば，$T = 293$ K という式は，$T/K = 293$ という式を導くことができる．表の見出し欄やグラフの縦軸・横軸に書く単位は，量を単位で除した比を使うのが望ましい．こうすると，表の中に並ぶ数値や図の軸に目盛る数値が単に無次元の数になる．なお，$T = 293$(K)は不適当な表記であり，( ) は不要である．

(c) 量が何であるかを示すのに単位記号を用いてはならない．

(d) 数値は常に単位の前に置き，数値と単位を分割するために空白（乗算記号）を用いる．

(e) 量記号の乗除を表現する場合，下記のいずれの方法を用いてもよい．
$$ab,\ a\,b,\ a\cdot b,\ a\times b,\ a/b,\ \frac{a}{b},\ a\,b^{-1}$$

(f) 数学記号の使い方は，JIS Z 8201 : 1981（数学記号）による．一般の変数の記号と関数は斜体で，数値，定数（自然対数の底 e，虚数単位 i，円周率 π など），演算記号（log，sin，exp，微分関連の d，∂，総和のΣ など）及び特定された関数の記号（ガンマ関数Γ）は立体で表記する．

2.7 非 SI 単位

SI は世界的に承認された唯一の単位系であり，一つの物理量に対して一つの SI 単位だけを採用することを原則としているが，文化的・歴史的な理由，

特別な分野での必要性，SI の中に便利で適当な単位がないなどの理由から，現状では非 SI 単位もまだ広く使われている．重要な非 SI 単位の例を表 2.7 に示す．非 SI 単位を用いる場合には，その単位と SI 単位との換算をその場所で明確に示すべきである．

表 2.7 非 SI 単位の例

	量	単 位	記 号	SI との関係
(a)	時間	分	min	1 min = 60 s
		時	h	1 h = 60 min = 3 600 s
		日	d	1 d = 24 h = 86 400 s
	体積	リットル	L 又は l	1 L = 1 l = 1 dm^3
	質量	トン	t	1 t = 10^3 kg
(b)	エネルギー	電子ボルト	eV	1 eV = 1.602 × 10^{-19} J
(c)		エルグ	erg	1 erg = 10^{-7} J
	力	ダイン	dyn	1 dyn = 10^{-5} N
(d)	圧力	トル（水銀柱ミリメートル）	Torr(mmHg)	1 Torr = 133.322 Pa
		標準大気圧	atm	1 atm = 101 325 Pa
(e)		バール	bar	1 bar = 100 kPa
	長さ	オングストローム	Å	1 Å = 10^{-10} m

(a) 広く普及している単位で，SI と併用する必要があると認められたもの．
(b) 特殊な分野でよく使われているために，SI との併用が認められた単位で，SI 単位による値が実験的に求められるもの．
(c) 固有の名称をもつ CGS 単位で，SI 単位と併用するのは一般には望ましくないと判断されている．
(d) SI の単位に置き換えるのが一般に望ましいと判断されている単位．
(e) SI に属さないが，現時点で SI との併用が認められた単位．なるべく使用を避けること．使うときには文章の中で SI 単位との対応関係を示すことが求められている．

2.8 無次元量の値の記述方法

無次元の分率（質量分率，体積分率，モル分率，相対不確かさなど）の値を表す場合には，二つの同じ種類の単位の比を用いると便利である．比率は無名

2.8 無次元量の値の記述方法

数で,単位ではないことに注意しなければならない.国際的に認められている記号％は数字の 0.01 を表すので,名称であるパーセントではなく記号の％を用いなければならない.化学分析における濃度の比率を無名数で表す場合,その比率が質量か,体積か,モルかを必ず区分して示す表示方法をとる.

JIS K 0050(化学分析方法通則)の 4. に規定されている量及び単位の表し方を次に示す.

---

a) 質量分率,体積分率及びモル分率を用いて分析結果を記述する場合は,次による.ただし,いずれの場合も,容積,容量又は重量を含む表記を用いてはならない.また,体積を用いた記述にはどのような体積であるかを明示する.

1) 濃度に関する比率である質量分率,体積分率及びモル分率は,無名数で,質量分率 0.5,体積分率 0.5,モル分率 0.5 などのように表す.

2) 質量分率,体積分率,又はモル分率について,数値の後にすぐ続けて,百分率,千分率,百万分率,十億分率,一兆分率,千兆分率を各々示す ％,‰,ppm,ppb,ppt,ppq (*) を用いて表す.この場合,質量分率,体積分率又はモル分率のいずれであるかを必ず区別する.表記上で必要な場合には,％(体積),％(質量),％(モル),％(vol),％(mass),％(mole),％(v/v),％(mass/mass),％(mole/mole) のように記述することができる.

　なお,体積％,質量％,モル％,vol％,mass％のような表記は,表の見出し・図に限って用いることができる.

例 1. 質量分率 5％,質量分率 5 ppm,質量分率 5 ppb,質量分率 5 ppt,質量分率 5 ppq

例 2. 5％(質量分率).表の見出し・図に用いる場合には,質量分率(％),％(質量分率)

備考 ％(mass/mass) は,％(m/m) と表記してもよい.

3) mg/kg,mg/L のような組立単位を用いる.

注(*)　％（percent；パーセント），‰（per mill；パーミル），ppm（part per million；ピーピーエム），ppb（part per billion；ピーピービー），ppt（part per trillion；ピーピーティー），ppq（part per quadrillion；ピーピーキュー）．

引用・参考文献

1) JIS Z 8202-0〜-10, -12, -13：2000 ［量及び単位―第0部〜第10部，第12部，第13部］
2) JIS Z 8203：2000 ［国際単位系（SI）及びその使い方］
3) 日本化学会編（2004）：改訂5版 化学便覧基礎編，p.1-6，丸善
4) JIS Z 8201：1981（数学記号）
5) 国際度量衡局編（2006）：The International System of Units (SI) – 8th edition ［独立行政法人産業技術研究所計量標準総合センター訳編（2007）：国際文書第8版(2006) 国際単位系（SI），p.33，日本規格協会］

3. 数値の表し方及び丸め方

　化学分析による測定結果は，多くの場合，数値として表されるため，数値の取扱いは非常に重要となる．化学分析の結果などの物理量の測定値は，数値と単位の積で表される．つまり，測定結果（物理量）は，測定の基本となった単位の何倍であるかを明確にしたものでなければ意味がない．測定の目的は，何らかの判断をするためのデータの取得であり，測定した結果に基づいて必要な判断を行うことになる．このため，数値の示す意味を理解すること，また，その取扱いは，非常に重要な意味をもつことになる．

3.1　数値の表し方

　数値を表す場合のいくつかの注意事項を示す．

　(a)　小数点：小数点の記号は，2003年10月の第22回国際度量衡総会にて，ドット（ピリオド）"．"か，コンマ"，"のどちらかを使うことが決定されたが，JIS Z 8301：2008（規格票の様式及び作成方法）では，小数点は，"．"を使って表すことを基本としている．ISO規格では，コンマが用いられていたので，対応国際規格の数値を複製するなどの場合は，コンマが用いられる場合があるが，国内ではドットが基本となる．特に，小数点を表す意味でのドットとコンマの混在は，不可である．

　(b)　1未満の少数には，小数点の前にゼロを置く．"0.01"のように表現し，".01"とはしない．

　(c)　桁数の多い数値は，読み取りやすいように，小数点から左右に3桁ずつ間隔をあける．間隔をあけるためにコンマなどは用いない[1]．ただし，年号を表す場合は，3桁で区切らない．

　　注[1]　技術文書を対象としたルールであり，金額等の位取りのための3桁ごと

のコンマは，使用できる．

(d) 数値の掛け算は，"×"で表す．"・"などは用いない．

3.2 有効数字

有効数字(significant figures)とは，"測定結果などを表す数字のうちで，位取りを示すだけのゼロを除いた意味のある数字"のことである．つまり，どの桁までが有効な数字かという意味で有効数字と呼ばれる．有効数字 m 桁の場合，数字の大きな桁から数えて $(m+1)$ 桁目の数値の丸めを行い，m 桁に丸めていると考えることができる．このため m 桁目の値には，不確か（不確実）な部分が含まれることになる．

また，有効数字を考える場合，"0"の取扱いが重要となる．位取りの"0"なのか，有効数字としての"0"なのかの判断は重要である．

以下に具体的な例（長さ；メートル）を示す．

① 4 321 m

② 0.432 1 m

③ 4.003 m

④ 4.300 m

⑤ 4 000 m

①は，有効数字4桁と解釈される．

②も有効数字4桁となる．"0."は，小数点の位取りを示す"0"であり，有効数字には含まれない．

③の"4"と"3"の間の"0"は，位取りではなく有効数字として4桁を意味する．

④の小数点以下2桁目と3桁目の"0"は，位取りを示すものではなく，その桁は"0"であることを示しているので，有効数字は4桁となる．

⑤は，必ずしも特定できない．すなわち百の位，十の位，一の位が"0"なのか位取りなのか判別できない．これを有効数字4桁としたい場合には，4.000

×10³ m のように表現する．当然 2 桁なら 4.0×10³ m とすることで明確にすることができる．

測定結果（報告結果）を多くの桁数で表現している例を見かける場合がある．報告者は，何気なく，不注意に，あるいは無意識に表現してしまっているのであろうが，取扱い，あるいは解釈によっては重篤な問題となりかねない．

機器分析計の中には，測定結果を多くの桁数で表示するものがあるが，通常の原子吸光光度計，誘導結合プラズマ質量分析計，ガスクロマトグラフなどで得られた結果を示す場合には，2 桁，特別の条件が揃った場合でも 3 桁程度である．また，検量線標準液（standard solution for calibration curve）の調製に用いた原液の不確かさ等を考慮すると，現状の JCSS（Japan Calibration Service System）(24.4 節"計量法トレーサビリティ制度の化学標準物質"参照）の標準液でも 4 桁が最大であるので，これらの標準液を用いて測定した場合には，有効数字は最大でも 4 桁ということになる．

経済のグローバル化などの影響を受け，測定結果に対する信頼性が重要な問題となり，またデータが一瞬にして世界中を駆け巡る現在においては，これまでにも増して有効数字など数値の取扱いに対する理解が重要となってきている．

3.2.1 有効数字と乗除演算

有効数字 m 桁の値と有効数字 n 桁の値を乗除演算した値の有効数字の桁数は，m 桁，n 桁の小さい桁数となる．ただし，桁数の繰り上がりによって，規則が適用できない場合もあるが，原則として有効数字の少ない桁数よりも少なくなる場合はあっても，有効数字の桁数が増えることはないということである．

例えば，ある液体 10 mL（有効数字 2 桁とする）の中に物質 A が濃度 1.11 mg/mL（有効数字 3 桁）で入っている．この物質 A の量（質量）を計算してみる．10×1.11=11.1 mg の量として表現してよいであろうか．この場合，10 mL の有効数字の桁数 2 桁に合わせ，2 桁で 11 mg として報告する[2]．

  注[2] ただし，2 段階で数値の丸め（四捨五入等）を行うと，誤差の原因となるので，最終結果を計算する途中の段階では，有効数字の桁数よりも多く

の桁数で表現する場合がある．

3.2.2 有効数字と加減演算

有効数字 m 桁の値と有効数字 n 桁の値を加減演算（和又は差）した値の有効数字の桁数は，m 桁，n 桁の数値のうち，不確かな位の高いほうまでとなる．確かな位の値に不確かな値が加わる（又は減じる）ことで，確かな値も不確かとなるということである．

例えば，メスシリンダーで 15 mL の水とビュレットで 3.0 mL の水をビーカーに加えた場合，15 mL + 3.0 mL = 18.0 mL として表現してよいであろうか？　メスシリンダーによる 15 mL の小数点以下 1 桁目の値は不明であるので，小数点以下 1 桁目の値は表記せず，メスシリンダーの一の位に合わせて，18 mL と報告する[2]．

3.3 数値の丸め方

数値の丸め方については，JIS Z 8401：1999（数値の丸め方）でルールが決められており，化学分析を行う場合には JIS Z 8401 の内容を把握しておく必要がある．

数値を丸めるとは，いわゆる四捨五入などの規則により，数値を置き換えることであり，ある一定の丸めの幅の整数倍とすることである．例えば，1.23 という数値について，丸めの幅を"0.1"とする場合，丸めた数値は，1.2 となる．

JIS Z 8401 では，以下のように分類している．

(a) 与えられた数値に最も近い整数倍が一つしかない場合

丸めの幅の整数倍として四捨五入する．"与えられた数値に最も近い整数倍が一つしかない"との表現は，(b) で示す丸めの幅の 1 桁下の "5" の取扱いが問題となる場合と区別している．

(b) 与えられた数値に等しく近い，二つの隣り合う整数倍がある場合

3.3 数値の丸め方

丸めの幅の1桁下が"5"であるが，その"5"となっている根拠が明確でない場合（例えば，1.25）には，基本的には＜規則A＞を用いる．しかし，電子計算機による処理では，＜規則B＞が用いられることがある．"5"の後ろに"0"以外の数字が明確にある場合には，この規則は当てはまらない．その場合，(a) として処理すればよい．"5"の後ろに"0"以外の数字があると，与えられた数値に等しく近い，二つの隣り合う整数倍が存在しないことになる．

＜規則A＞

丸めた数値として偶数倍のほうを選ぶ．つまり，丸めの幅の桁の数字が，"0,2,4,6,8"であれば丸めの幅の1桁下は切り捨て，"1,3,5,7,9"であれば切り上げる．例えば，丸めの幅が，"0.1"，与えられた数値が1.25の場合，丸めた数値は，1.2となる．同じく，丸めの幅が，"0.1"，与えられた数値が1.35の場合，丸めた数値は，1.4となる．丸めた結果は，丸めの幅"0.1"の2倍，4倍の偶数倍となっている．

＜規則B＞

丸めた数値として大きい整数倍のほうを選ぶ．丸めの幅が，"0.1"，与えられた数値が1.25の場合，丸めた数値は，1.3となる．同じく，丸めの幅が，"0.1"，与えられた数値が1.35の場合，丸めた数値は，1.4となる．丸めの幅が，10^nとなる場合（nは整数），四捨五入を行っていることになる．

"有効数字○桁に丸める"と"小数点以下○桁に丸める"とを混同してはならない．1.2345を"有効数字2桁に丸める"では，1.2となるが，"小数点以下2桁に丸める"では，1.23となる．また，丸めは通常1段階で行う．したがって，例えば1.2451を1.25とした後，1.3としてはならない．

参 考 文 献

1) JIS Z 8301 : 2008（規格票の様式及び作成方法）
2) JIS Z 8401 : 1999（数値の丸め方）

4. 化学分析用器具及び洗浄

4.1 ガラス器具

4.1.1 種類，体積などの規格

溶液試料を測定対象とする化学分析において用いるガラス器具は，ビーカー，フラスコ，蒸発皿，試験管，漏斗，分液漏斗，共栓瓶，デシケーター，冷却器，ガス洗浄瓶（洗気瓶），はかり瓶（秤量瓶），比重瓶，ろ過瓶などであり，主に，固体の分析試料の分解や塩類の溶解，水溶液の加熱，冷却，希釈，蒸発，濃縮，分取，混合，分離，ろ過，保存などを行うときに使用される．これらガラス器具の容量，形状，寸法及び質量などについて，JIS で詳しく規定している[1]．例えば，ビーカーは，呼び容量が 50，100，200，300，500，1 000，2 000，3 000，5 000 mL であり，口形状はリップ付きとし，こぼし口を付けることが必要である．ビーカーの容量を指定するときは，"ビーカー 200 mL"と表現する．

上記のほかに，化学分析用ガラス器具に使用されるものとして，薬品瓶[2]，ガラス管[3]，ガラス棒[4]，時計皿などがある．

4.1.2 品　質

(a)　ガラス器具はほうけい酸ガラス及びソーダ石灰ガラスからできており，それらガラスの品質を表 4.1 に示す．表 4.1 からわかるように，ガラスは等級によって特性が大きく異なる．例えば，ほうけい酸ガラス-1（記号 JR-1）は，ほかの 2 種に比べ線膨張係数が小さいことから，熱衝撃に強いことがわかる．さらに，アルカリ溶出量が少ないことから，ガラス器具中で処理している溶液への器具からの汚染が少ないこともわかる．ここでいうアルカリ溶出量とは，ガラスから溶出するガラスの主成分元素の一つであるナトリウム量を測定し，

表 4.1 ガラス器具の品質[1]

等級（記号） 品質項目	ほうけい酸ガラス-1 (JR-1)	ほうけい酸ガラス-2 (JR-2)	ソーダ石灰ガラス (JR-3)
線膨張係数（×10^{-7}/K）	35 以下	55 以下	95 以下
アルカリ溶出量（mL/g）	0.10 以下	0.20 以下	2.0 以下
（µg/g）	31 以下	62 以下	620 以下
肉まわり	平均していること		
形状及び外観	正しく，かつ，きずがないこと		
生　地	未溶解物及び異物の混入がないこと 特殊なものを除き透明であること		
ひずみ	ひずみ検査器による干渉圏が著しく現れないこと		

酸化ナトリウム（Na_2O）量に換算した値（µg/ガラス 1 g）を指す．測定は，ガラス器具の材質であるほうけい酸ガラス又はソーダ石灰ガラスを粉末（粒径 300〜500 µm）にし，これらのそれぞれ 2 g をほうけい酸ガラス-1 でできた全量フラスコ 50 mL のそれぞれに入れ，蒸留水を標線まで満たした後，98℃に 60 分間保ち，溶出したナトリウムを硫酸標準液で中和滴定するものである．

(b) ガラス器具をガラス細工で加熱成形した場合，ガラス内部にひずみが必ず発生する．このひずみは，器具を十分焼きなまして除去するよう指示されている．ガラス器具の内部にひずみがある場合，器具に衝撃を加えたときや急熱したときにガラス器具が簡単に破壊されることがあるので危険である．

また，ガラスの生地に未溶解物や異物（気泡であることが多い）が混入していないことが器具の強度を保つ上で重要である．

4.1.3 取扱い

ガラス器具の使用においては，実験中の事故を避け，器具からの成分元素溶出による試料溶液の汚染を防止し，薬品の侵食による劣化を防ぐため，次のような注意が必要である．

(a) 器具の破損防止のため，急熱や急冷を避け，強い衝撃を与えない．

(b) ガラスの主成分である酸性物質の二酸化けい素及び三酸化二ほう素は，アルカリ性溶液と容易に反応し侵食されることから，アルカリ性溶液の保存や反応容器として可能な限り使用しない．

(c) ふっ化水素酸はガラスを速やかに侵食するので使用しない．

(d) 熱濃りん酸はガラスを徐々に侵食するので注意が必要である．

(e) 蒸留水，イオン交換水及び酸溶液などを保存した場合でもガラスの主成分元素や微量成分元素（アルミニウム，カリウム，鉄など）が必ず溶出するので，微量元素を分析する場合は注意が必要である．

(f) 水溶液中の微量溶存イオンなどがガラス器具の内壁表面に吸着され，溶液中濃度が低下することがある．これを防ぐには，溶液の酸濃度を濃くすることが行われる．例えば，酸濃度を数 mol/L 以上にするなどである．

4.1.4　ガラス製体積計

化学分析において，溶液を正確に一定体積にする操作，及び一定体積をはかり取る操作が頻繁に行われる．このような操作で使用するガラス器具がガラス製体積計[5]である．それらはビュレット，メスピペット，全量ピペット，全量フラスコ，首太全量フラスコ，メスシリンダーなどである．ガラス製体積計の名称，呼び容量，容器の体積の許容誤差の幅及びその取扱い方などは9章で述べる．

4.2　石英ガラス器具

4.2.1　特性及び取扱い

(a) 石英ガラスは純粋な二酸化けい素（SiO_2）からなり，熱膨張係数が極めて小さく（5.4×10^{-7}/K），急熱や急冷に耐え，バーナーの直火で加熱してもひび割れしない．

(b) 石英ガラス器具はガラス細工の加熱成形で，ほうけい酸ガラス器具の

場合と同様に内部にひずみが生じ，衝撃に弱い状態になる．このひずみは，器具を十分に焼きなまして除く．

(c) 溶出する微量元素が極めて少なく，試料溶液への汚染は小さい．

(d) ふっ化水素酸，アルカリ性溶液及び熱濃りん酸に侵食される．

(e) 硫酸水素ナトリウム，硫酸水素カリウム，二硫酸ナトリウム及び二硫酸カリウムのような酸性融剤，又はこれらの混合融剤の融解で侵食されない．したがって，融解用容器であるるつぼとして使用できる．るつぼのふたも石英ガラス製のものを用いる．

(f) バーナーで加熱している石英ガラス器具に金属元素酸化物などを接触させると，反応が起こり，侵食される．

4.2.2 使用例

(a) 鉄鋼中のほう素[6),7)]（吸光光度法，ICP発光分光分析法），りん[8)]（吸光光度法）及びアルミニウム[9)]（電気加熱原子吸光法）を定量する場合，石英ガラスビーカー及び時計皿を用いて試料を酸分解する．また，溶液中のほう素をほう酸トリメチルとして蒸留分離するために石英ガラス製の蒸留装置を用いる．それは，ほうけい酸ガラス器具を使用した場合，ガラスの主成分元素のほう素や微量成分元素のアルミニウムが溶出し，試料溶液を汚染するからである．

(b) ジルコニウムやニオブを含有する鉄鋼中のりん[8)]（吸光光度法）を定量する場合，試料の酸分解にふっ化水素酸を必要とする．その際，りんの汚染を極力少なくするために，汚染の危険が小さい石英ガラスビーカーと時計皿を使用する．

4.3 プラスチック器具

4.3.1 特性及び取扱い

(a) ほうけい酸ガラス器具からの元素混入汚染を防止するために，それに代わるものとして，白金，石英ガラス及び軟質ガラス製の器具が使われている．

4.3 プラスチック器具

しかし，これらも耐薬品性に限界があり，白金では王水，強アルカリ性溶液が使用できない．石英ガラス及び軟質ガラスはふっ化水素酸及びアルカリ性溶液の使用が制限される．したがって，それらに代わる器具として，化学分析用プラスチック器具が使われる．

(b) 器具の種類としては，ピペット，全量フラスコ，シリンダー，ビーカー，試験管，時計皿，洗浄瓶，試薬瓶，かくはん棒などがある．

(c) プラスチック器具の素材は，ふっ素樹脂（四ふっ化エチレン樹脂 PTFE，四ふっ化エチレン-パーフルオロアルキルビニルエーテル共重合樹脂 PFA など），ポリエチレン（高密度ポリエチレン HDPE，低密度ポリエチレン LDPE），ポリプロピレン（PP），ポリスチレンなどである．

(d) ふっ素樹脂（PTFE，PFA）は耐薬品性（耐酸，耐アルカリ，耐有機溶媒）に優れており，王水，ふっ化水素酸，濃塩酸，濃硝酸，濃硫酸，濃りん酸などには侵食されない．一方，ポリエチレン及びポリプロピレンは，ふっ化水素酸には耐性はあるが，王水，濃塩酸，濃硝酸，濃硫酸，濃りん酸に対して耐性が小さくなる．ポリスチレンは耐薬品性に劣っている．

(e) ふっ素樹脂（PTFE，PFA）は耐熱性に優れ，使用の上限温度が約260℃である．一方，ポリエチレンのそれは約65℃及びポリプロピレンは約110℃であるので，熱溶液で器具が変形する．

(f) プラスチックはその製造過程で可塑剤，安定剤，帯電防止剤，難燃剤などが添加される．それらは金属塩を含む場合があるため，プラスチック器具からそれら金属塩が溶出し，試料溶液を汚染することがある．

(g) プラスチック器具は，圧縮成形法，押出成形法，射出成形法などによって加工成形される．そのときに用いる金型や冶具からプラスチック器具の表面が汚染されることがあるので，微量元素分析を行う場合は注意が必要である．

(h) プラスチック器具は気体を通すものがあるので，水溶液の保存にはふっ素樹脂（PFA）製及び高密度ポリエチレン製の密栓付の瓶を使用する．

4.3.2 使 用 例

(a) ふっ素樹脂(PTFE)製ビーカー及び時計皿が,鉄鋼中の微量けい素[10]（吸光光度法），りん[8]（吸光光度法），アルミニウム[9]（電気加熱原子吸光法），セレン[9]（電気加熱原子吸光法）などを定量するための試料溶解容器として用いられる．同様に，鉄鉱石中のナトリウム[11]やカリウム[12]などを定量するための試料の酸溶解用容器として使用し，他に，ふっ素樹脂（PTFE）被覆回転子，プラスチック製ピペット・全量フラスコ・保存容器を使用する．ナトリウムやカリウムは実験器具や実験者の人体を含めた環境から汚染しやすい元素であるので注意を払う必要がある．さらに，ほたる石中のひ素[13]（気化分離―吸光光度法）の定量のために，試料を塩酸，硝酸，硫酸及び臭素水の混酸で加熱溶解し，三酸化硫黄の白煙が発生するまで加熱を続けるためにふっ素樹脂（PTFE）ビーカー及び時計皿が使用される．

(b) ポリプロピレン製ビーカー及び時計皿が，鉄鋼中の微量けい素[10]（吸光光度法）を定量するための試料分解容器として使用されている．

4.4 白 金 器 具

4.4.1 種類，体積などの規格
化学分析用白金器具である白金るつぼ[14]とふた，及び白金皿[15]のそれぞれの種類，記号，形状，寸法，容量（白金るつぼ：10～50 ml，白金皿：35～200 ml），質量及び白金の純度などの規格，並びに器具の外観チェックなどが規定されている．

JIS に規定された形状，寸法，容量，質量のもの以外に，形状，寸法，容量を変えずに質量だけを増やし，るつぼ底を厚くし，実験中によく起こるるつぼ底の変形を防止し，使いやすくするなど，特注した器具を利用する方法がある．

4.4.2 取 扱 い
(a) 白金るつぼや白金皿などは柔らかく，機械的な力で簡単に変形するの

4.4 白金器具

で，衝撃を与える取扱いはしない．また，器具表面に傷が付きやすいのでクレンザーを用いた洗浄などはしない．

(b) 白金器具はふっ化水素酸によって侵食されない．また，ふっ化水素酸と塩酸，又は硝酸，又は硫酸との混酸にも安定である．

(c) 白金は高純度であることから，白金器具から試料溶液は汚染されにくい．しかし，微量のパラジウム，ロジウム，ルテニウム，イリジウム，金，銀，銅，鉄などが溶出する場合がある．したがって，超微量元素分析の際の汚染防止の観点から，白金器具は化学分析用プラスチック器具，特に，ふっ素樹脂（PTFE，PFA など）製の器具に取って代わられている部分がある．

(d) 王水，及び塩酸と硝酸の任意の割合の混酸，並びに塩酸と過酸化水素水の混酸から発生する塩化ニトロシルや塩素などによって白金は侵食され，溶け出す．同様に，塩素以外のハロゲン元素（臭素，よう素）が発生する溶液についても使用を避けたほうがよい．

(e) 白金は水酸化ナトリウムなどの水酸化アルカリの水溶液と反応し溶ける．特に，溶液を加熱したときに溶解が顕著になる．

(f) 酸性融剤である硫酸水素ナトリウムや二硫酸ナトリウムなどのアルカリ金属塩による融解に使用できる．この場合，極微量の白金が侵食され溶け出す．

(g) 弱塩基性融剤である炭酸ナトリウムなどのアルカリ金属炭酸塩，及び四ほう酸ナトリウム，炭酸ナトリウムそれに炭酸カリウムの3種類の混合融剤，並びに炭酸ナトリウムとほう酸の混合融剤などによる融解に使用できる．

(h) 水酸化ナトリウムなどの水酸化アルカリ塩や過酸化ナトリウムなどの強アルカリ性融剤，及び硝酸ナトリウムや塩素酸カリウムなどの強酸化性融剤は白金を侵食するので融解に使用してはいけない．過酸化ナトリウムで融解が必要な場合，ジルコニウムるつぼ又はガラス質カーボンるつぼを用いる[16]．

(i) 炭素の存在下で加熱されたときに容易に金属にまで還元される重金属塩（鉛，すず，ビスマス，金，銀，銅，ひ素，アンチモンの塩など）をろ紙でろ過後，ろ紙とともに白金器具中で灰化してはいけない．塩が，ろ紙から生じ

た炭素によって金属にまで還元され，白金と合金を作り白金器具をもろくし，薬品に侵されやすくし，破損したりする場合がある．

(j) りん，ひ素，硫黄，ほう素などの単体，又はりん化物，ひ化物，硫化物のように，加熱によって単体を生じる塩は白金器具中で加熱してはいけない．これら単体は白金と容易に化合物を作り，その部分を弱くするために白金器具を破損する．

(k) 白金るつぼをバーナーによって加熱するときに用いる三角架は良質な磁器製のものを用いる．バーナーで加熱した白金るつぼは，±0.1 mg 範囲で恒量になりやすいため，重量分析用の風袋として用いる．

(l) 白金るつぼをバーナーの還元炎で加熱してはいけない．白金器具がもろくなるので必ず酸化炎を用いる．

(m) バーナーや電気炉の加熱で赤熱状態になっている白金器具を取り扱うときは，白金覆い付きのるつぼばさみ（トング）やピンセットを用いる．白金覆いのないもの及び先端がさびているものは白金器具を傷める．

4.4.3 使 用 例

(a) 鉄鋼中のけい素を重量分析法で定量する場合，白金るつぼを重量測定用風袋として使用する．例えば，鉄鋼を適当な酸で溶解して得た水溶液に過塩素酸又は硫酸を添加し，加熱を続け，酸の白煙を発生させ溶液中のけい素をけい酸として析出させる．これをろ過によって分け，ろ紙とともに白金るつぼ中で灰化し，二酸化けい素（SiO_2）を得る．この質量をはかり，けい素の質量に換算する．しかし，この二酸化けい素には，試料主成分である鉄などが汚染物として混入するため，分析値は高値となる．このため，白金るつぼにふっ化水素酸と硫酸を添加し，加熱することで二酸化けい素を揮散させ，汚染物の鉄などを残す．この質量を差し引くことで，正確な二酸化けい素の質量を得ることができる．るつぼに残った鉄などは，二硫酸塩の融解で取り除くことができる．これは，同一の白金るつぼを灰化，二酸化けい素揮散，残渣融解と，異なった操作に引き続き使う特別な例[10]である．

(b) 鉄鋼の酸溶解残渣をろ過によって溶液から分離した後，ろ紙とともに白金るつぼ中で灰化し，この溶解残渣を二硫酸カリウム，又は炭酸ナトリウム，又は炭酸ナトリウムと四ほう酸ナトリウムの混合融剤で融解する．融成物は，放冷後，酸で溶解し，溶液とする．

 (c) ほたる石[13]中のふっ素やけい素を定量するために，ほたる石を炭酸ナトリウム，また，りんを定量するために炭酸ナトリウムと四ほう酸ナトリウムの混合融剤で，白金るつぼ中で融解する．

 (d) ほたる石[13]中のアンチモンを定量するため，また，鉄鋼中のナトリウム[11]，カリウム[12]を定量するため，試料の酸溶解容器として白金皿を使用する．

4.5 磁器器具

 (a) 化学分析用磁器器具としては，るつぼ，蒸発皿，漏斗，カセロールなどがある．しかし，磁器器具は温度の急激な変化や衝撃に弱く，ひび割れなどが起こりやすいため，近年その利用が非常に少なくなっている．化学分析用磁器るつぼ[17]及び磁器蒸発皿[18]について，耐熱性，恒量性，耐酸性，形状，寸法などが規定されている．

 (b) 使用例[19]として，吸湿性の少ない粉末状鉄鉱石の乾燥容器として用いるものがある．粉末試料を磁器平底蒸発皿に薄く広げ，105～110℃の空気浴で2時間乾燥後，デシケーター中で放冷する．

 (c) 金属試料などの中の炭素及び硫黄を酸素気流中で燃焼させ，炭素[20,21]及び硫黄[22,23]をそれぞれ二酸化炭素並びに二酸化硫黄にして赤外線吸収法で定量する方法では，燃焼が1 250℃以上で行われることから，化学分析用磁器燃焼ボート[24]及び磁器燃焼管[25]並びに高周波磁器燃焼るつぼなどが燃焼用磁器器具として使用される．

4.6 化学分析用器具の洗浄

化学分析用器具は常に清浄にして用いる．器具の表面に傷や曇りがあるもの，汚れが認められるもの，また，静電気でほこりが付着した状態にあるものは使用しない．器具を洗浄液に浸漬して洗浄する場合，超音波洗浄器を用いることで，浸漬時間を短縮できることがわかっている．洗浄は，特に指定されたもの以外は，次のいずれかによって行う．

4.6.1 ガラス器具，石英ガラス器具，磁器器具の洗浄

(a) ガラス器具，石英ガラス器具及び磁器器具の場合，器具の表面が水で一様に濡れた状態であれば清浄と判断し，洗浄は十分である．一方，表面に水滴が認められる状態では清浄でなく，洗浄は不十分と判断する．このときは，再度洗浄をする．洗浄後の器具の乾燥及び保存は，粉塵のない清浄な場所で行う．実験に使用したビュレットや全量ピペットのような精密なガラス体積計などは，使用後直ちに酸や水，次いで，蒸留水やイオン交換水で十分に洗浄し，汚れが残らないようにする．

(b) ガラス器具は，器具表面に油脂やその他の有機物が付着しているか否かに関わらず，ガラスの洗浄を目的とした弱アルカリ性タイプの洗浄剤又は中性タイプ洗浄剤の溶液に数時間から1昼夜浸漬する．洗浄剤の溶液は，洗浄剤が約2～10％となるように水に溶かして調製する．浸漬後，十分水道水で洗った後，蒸留水又はイオン交換水で2～3回すすぎ洗いをする．超微量のナトリウム，カリウムなどのアルカリ金属元素を分析するために用いる石英ガラス器具などについては，更にこれを硝酸(1+100)又は硫酸(1+100)に5～30分間程度浸してから十分に水道水で洗い，最後に，蒸留水又はイオン交換水で2～3回すすぎ洗いをする．

(c) 無色の共栓ガラス瓶の洗浄法について，JIS K 0094[26)]で規定している．それによれば，ガラス瓶は水道水で洗い，その後，化学分析用のA1の水（水の種別は表5.1を参照）で洗浄する．金属元素や有機物を分析するための溶液

4.6 化学分析用器具の洗浄

を入れるガラス瓶については，更に，次のように洗浄する．水道水，A1 の水で順次洗浄した後，温硝酸 (1+10) 又は温塩酸 (1+5) で洗う．さらに，硝酸 (1+65) で満杯にし，密栓をして 16 時間以上静置する．それを A1 の水で洗った後，A2 の水，次いで A3 の水で洗う．

陰イオン分析用水溶液を入れる瓶は，水道水で洗い，それから A1 の水で洗う．次に，A2 の水で満杯にし，静置しておく．最後に，A2 の水，続いて A3 の水で洗浄する．

(d) クロム酸混液（例えば，二クロム酸カリウムの 10% 溶液の 1 容と硫酸の 3 容を混合したもの）は，油脂などの有機物が付着しているガラス器具などを洗浄するための洗浄液である．鉄鋼中の窒素定量用ガラス器具の洗浄は，使用直前にクロム酸混液に数時間浸漬させる方法[27]が推奨されている．しかし，洗浄液に含まれる 6 価クロム [$Cr(VI)$] の毒性及び環境への影響を考慮し，使用禁止への方向にある．また，クロム酸混液による洗浄後に器具に付着する 6 価クロムを 2 価の鉄塩 [$Fe(II)$] などにより 3 価クロム [$Cr(III)$] へ還元する操作の煩わしさから，この洗浄方法は使用されなくなってきた．

(e) ビーカーなど精密を要しない器具は，炭酸水素ナトリウム又はクレンザー入り洗剤で洗浄ブラシを用いて洗う．洗浄後のクレンザーは，水洗いだけではガラス表面に付着したままになるので，水を流しながらきれいな洗浄ブラシで器具全体を満遍なくこすることで洗い落とす．水洗後，蒸留水又はイオン交換水で 2～3 回すすぎ洗いをする．

クレンザー使用の洗浄の繰り返しによりガラス表面が徐々に曇った状態になる．特に，石英ガラスは簡単に傷が付き曇りガラス状態になるので，洗浄にはクレンザーなどの研磨剤を使ってはいけない．

(f) ビーカーやピペット先端に鉄の酸化物，過マンガン酸塩から生じた酸化マンガン (IV) 及び金属元素の塩が付着した場合，温濃塩酸に浸して溶解させて取り除く．すずやチタンなどの酸化物が付着した場合は，熱濃硫酸と反応させることで溶解させ除去する．銀塩はアンモニア水に浸すことで溶解する．

(g) ガラス器具，石英ガラス器具は酢酸又は塩酸で洗浄[6]し，水で十分洗

浄した後，蒸留水又はイオン交換水で2～3回すすぎ洗いをする．

(h) 磁器るつぼ，磁器蒸発皿などはガラス洗浄液に数時間から1昼夜浸漬するか，炭酸水素ナトリウム又はクレンザー入り洗剤で洗浄ブラシを用いて洗う．水で十分洗浄後，蒸留水又はイオン交換水で2～3回すすぎ洗いをする．磁器るつぼの付着物は，二硫酸カリウム（又はナトリウム），及び硫酸水素カリウム（又はナトリウム）を用いて加熱融解する．熔融塩が冷えてから塩を温水で溶解し，十分に水洗いする．それから蒸留水やイオン交換水ですすぎ洗いをする．ただし，るつぼと反応し，褐色などの染みとなったものはこの方法によっても除去できない．

4.6.2 プラスチック器具の洗浄

(a) ガラス器具などと同様に，弱アルカリ性タイプ洗浄剤又は中性タイプ洗浄剤を蒸留水で適宜希釈した洗浄液を調製し，これにプラスチック器具を数時間から1昼夜浸漬する．溶液は，例えば，洗浄剤が約2～10％となるようにする．浸漬後，十分水洗いした後，蒸留水又はイオン交換水で2～3回すすぎ洗いをする．

(b) プラスチック器具は，洗浄後，乾燥状態で保存している間に静電気でほこりが付く場合が多い．特にふっ素樹脂（PTFE, PFA など）製器具で顕著である．これを防ぐため，洗浄後の器具を硝酸(1+10) などに漬け置き状態にして保存する．使用の際に取り出し，十分水洗いした後，蒸留水又はイオン交換水で2～3回すすぎ洗いをする．

(c) 共栓ポリエチレン瓶の洗浄法について JIS K 0094 [26] で規定している．洗浄法は 4.6.1 項(c)と同じである．

(d) 鉄鉱石中のナトリウムを原子吸光法で定量するための分析操作中に使用するふっ素樹脂（PTFE）製ビーカーと時計皿及びふっ素樹脂（PTFE）で被覆した回転子は，塩酸(1+2) 中で15分間加熱して洗浄する [11]．プラスチック製のピペット，全量フラスコ，保存容器は塩酸(1+2) で洗浄する．十分に水洗いした後，蒸留水又はイオン交換水で2～3回すすぎ洗いをする．

4.6 化学分析用器具の洗浄

(e) ポリエチレン瓶は酢酸で洗浄[6]し，水で十分に洗浄した後，蒸留水又はイオン交換水で2～3回すすぎ洗いをする．

4.6.3 白金器具の洗浄

(a) 白金器具の表面が曇った状態になったときは，炭酸水素ナトリウムを水で湿らせ，指に付けて磨く．磨いた後は水洗を十分行い，蒸留水やイオン交換水で洗浄する．クレンザー入り洗剤は器具に傷を付けるので使用しない．

(b) 白金るつぼ内にこびりついた汚れは，次のような方法で除去する．

① ふっ化水素酸と硝酸の混酸を入れて加熱する．混酸を捨て，十分水洗いし，蒸留水やイオン交換水で洗う．

② 二硫酸カリウム（又はナトリウム），及び硫酸水素カリウム（又はナトリウム）を入れて加熱融解する．塩が冷えてから温水で溶かし出し，白金るつぼを十分に水洗する．それから蒸留水やイオン交換水ですすぎ洗いをする．

③ 炭酸ナトリウムを入れて加熱融解する．塩が冷えてから塩を温水で溶かし出す．白金るつぼを水洗した後，希薄酸，例えば塩酸(1+20)や硝酸(1+20)に浸す．十分水洗いした後，蒸留水やイオン交換水で洗浄する．

(c) 微量カルシウム定量における汚染を除くために塩酸(1+1)で洗浄を行う[28]．

参 考 文 献

1) JIS R 3503 : 1994（化学分析用ガラス器具）
2) JIS R 3522 : 1995（ガラス製薬品びん）
3) JIS R 3644 : 1998（ガラス管類）
4) JIS R 3645 : 1998（ガラス棒）
5) JIS R 3505 : 1994（ガラス製体積計）
6) JIS G 1227 : 1999（鉄及び鋼―ほう素定量方法）
7) JIS G 1258-7 : 2007（鉄及び鋼―ICP発光分光分析方法―第7部：ほう素定量方法―ほう酸トリメチル蒸留分離法）
8) JIS G 1214 : 1998（鉄及び鋼―りん定量方法）

9) JIS G 1257-追補2：2000（鉄及び鋼—原子吸光分析方法），附属書33
10) JIS G 1212：1997（鉄及び鋼—けい素定量方法）
11) JIS M 8207：1995（鉄鉱石—ナトリウム定量方法）
12) JIS M 8208：1995（鉄鉱石—カリウム定量方法）
13) JIS M 8514：2003（鉄鋼用ほたる石—分析方法）
14) JIS H 6201：1986（化学分析用白金るつぼ）
15) JIS H 6202：1986（化学分析用白金皿）
16) JIS M 8226：2006（鉄鉱石—ひ素定量方法）
17) JIS R 1301：1987（化学分析用磁器るつぼ）
18) JIS R 1302：1980（化学分析用磁器蒸発ざら）
19) JIS M 8202：2000（鉄鉱石—分析方法通則）
20) JIS Z 2615：1996（金属材料の炭素定量方法通則）
21) JIS G 1211：1995（鉄及び鋼—炭素定量方法）
22) JIS Z 2616：1996（金属材料の硫黄定量方法通則）
23) JIS G 1215：1994（鉄及び鋼—硫黄定量方法）
24) JIS R 1306：1987（化学分析用磁器燃焼ボート）
25) JIS R 1307：1995（化学分析用磁器燃焼管）
26) JIS K 0094：1994（工業用水・工場排水の試料採取方法）
27) JIS G 1228：1997（鉄及び鋼—窒素定量方法）
28) JIS G 1257：1994（鉄及び鋼—原子吸光分析方法），附属書21及び22

5. 化学分析に用いる水及び試薬

5.1 水

(a) 化学分析では，水は純水や超純水を指す．これらは，水道水を原水として，蒸留，再蒸留，イオン交換，逆浸透並びにこれらを複数組み合わせた精製によって得られる蒸留水，再蒸留水，イオン交換水，逆浸透水などである．これらの水の中に含まれている不純物の含有率の程度によって，水を4つの種別に分け，その質が規定されている[1]．これら化学分析用の水の種別と質を表5.1に，主な用途及び精製法を表5.2に示す．近年，水の精製技術の進歩により，各種精製法を組み合わせた精製装置が市販されており，表5.1にある水A4の質より良い超純水の入手が容易になっている．

(b) 実験目的に合う特殊な水を必要とする場合，次のように水質を制御する．
① 溶存酸素を含まない水：水A2又はA3をほうけい酸ガラスや石英ガラスのフラスコに入れ，約5分間煮沸して溶存酸素を除いた後，ピロガロー

表5.1 化学分析用の水の種別と質[1]

項　目	種別及び質			
	A1	A2	A3	A4
電気伝導率［mS/m（25℃）］	0.5 以下	0.1[1][2] 以下	0.1[1] 以下	0.1[1] 以下
有機体炭素（TOC）（mg/L）	1 以下	0.5 以下	0.2 以下	0.05 以下
亜　鉛　　　　　　（μg/L）	0.5 以下	0.5 以下	0.1 以下	0.1 以下
シリカ　　　　　　（μg/L）	—	50 以下	5.0 以下	2.5 以下
塩化物イオン　　　（μg/L）	10 以下	2 以下	1 以下	1 以下
硫酸イオン　　　　（μg/L）	10 以下	2 以下	1 以下	1 以下

注[1] 水精製装置の出口水の値．
　[2] 最終工程のイオン交換装置出口に精密ろ過器を直接接続した場合の水の値．

表 5.2　化学分析用の水の用途と精製方法 [1)]

項　目	種　別			
	A1	A2	A3	A4
用　途	器具類の洗浄 A2〜A3の原水	一般的な試験用 A3〜A4の原水	試薬の調製 微量成分の試験用	微量成分の試験用
精製方法	最終工程でイオン交換法又は逆浸透膜法などによって精製，又はこれと同等の質が得られる方法で精製	A1の水を用い，最終工程でイオン交換装置・精密ろ過器などの組合せによって精製，又はこれと同等の質が得られる方法で精製	A1又はA2の水を用い，最終工程で蒸留法によって精製，又はこれと同等の質が得られる方法で精製	A2又はA3の水を用い，石英ガラス製の蒸留装置による蒸留法，又は非沸騰形蒸留装置による蒸留法で精製，若しくはこれと同等の質が得られる方法で精製

ルの水酸化カリウム溶液を通して酸素を除いた空気や窒素雰囲気中で放冷する．又は，煮沸する代わりに，酸素を十分に除去した高純度窒素2級[2)]を水中に約15分間通気して溶存酸素を除く．溶存酸素を含まない水を取り出すには，水が空気に触れないように酸素を除去した窒素やアルゴンで圧送する．

② 炭酸を含まない水：水A2又はA3をほうけい酸ガラスや石英ガラスのフラスコ中で約5分間煮沸して溶存気体及び炭酸を除いた後，水酸化カリウム溶液を通過させて二酸化炭素を除いた空気雰囲気中で放冷する．

③ 100℃における過マンガン酸カリウムによる酸素消費量(COD_{Mn}, chemical oxygen demand）試験用の水：A4の水又は同等の水とするが，過マンガン酸カリウムにより酸素消費量を確認しておく[3)]．

④ 有機体炭素（TOC, total organic carbon）試験用の水：水A3又はA4で炭酸を含まない水とする．

⑤ 全酸素消費量（TOD, total oxygen demand）試験用の水：④と同様に精製した溶存酸素を含まない水を用いる．

5.2 試　　薬

"試薬"[4]は，化学的方法による物質の反応，検出，測定，分析，分離，精製，及び測定の基準物質などとして用いられる純度の高い化学物質をいう．それぞれの使用目的に応じた品質が保証され，少量使用に適した供給形態の化学薬品である．"化学薬品"は化学的用途に用いられる比較的精製された薬品を指し，化学薬品，工業薬品，医薬品などを含めた薬品の総称の中の一つである．

化学分析に用いる試薬は，JIS にある最高級品位のものとする．ただし，特殊な目的に使用する試薬はこの限りではない．

5.2.1　固体試薬，液体試薬の取扱い及び保存

(1)　試薬の取扱い

(a) 実験に使う試薬であることを試薬瓶のラベルで必ず確認する．

(b) 試薬瓶の栓を開けたときに蒸気の出る塩酸，硝酸，ふっ化水素酸などは，ドラフトチャンバーの中で開封し，他の薬品や器具類及び環境を汚染させない．

(c) 固体試薬を取り分ける際に，汚れた匙や金属製の匙を使用しない．

(d) 試薬を天びんではかり取る場合の容器はガラス製のひょう量瓶，ひょう量皿，時計皿など恒量にできるものを使用する．水酸化ナトリウムのような強アルカリ性で潮解性のある試薬はプラスチック製のひょう量瓶やひょう量皿を使用する．ひょう量に使用した容器に付着した試薬は蒸留水などを用いてビーカーなどへ洗い移す．

(e) 液体試薬は，必要量よりやや大目の分量を洗浄済みの乾燥した容器に取り分けた後，その取り分けた溶液からピペットで正確な量をはかり取る．この方法は，ピペットを試薬瓶の中に入れないで済むため，元の瓶の中の試薬を汚染させない．取り分けた容器に残った試薬は元の試薬瓶の中に戻してはいけない．戻すことによって元の試薬が汚染されることを防止するためである．

(2)　試薬の保存

試薬は，蒸発，吸湿，潮解，風解，気体吸収，酸化，還元，光変性などによ

り変質することがある.試薬が変質し,品質が低下しないように取り扱い,保存する必要がある.

(a) 蒸発しやすい試薬,例えば,塩酸,硝酸,ふっ化水素酸,酢酸,アンモニア水などは試薬瓶の栓を開けただけで蒸気が発生し,大気中に拡散する.つまり,これらの試薬の栓を開けたまま放置すると,お互いに汚染しあうことになり,試薬の変質につながる.したがって,試薬瓶から取り出す場合,基本的に,1種類ずつ扱い,使い終えたら瓶の栓をしっかりして汚染を拾わないように,また,他の薬品に与えないようにする.

(b) 吸湿性や潮解性のある塩化カルシウム,塩化マグネシウムのような塩化物,硝酸ナトリウム,硝酸ニッケルのような硝酸塩,及び水酸化ナトリウムなどは空調された低湿度の実験室で手早く取り扱う.

(c) 硫酸銅(Ⅱ)五水和物などのように,保存の間に,水和している水が徐々に失われ試薬が変質することがある.これは試薬が風解(efflorescence)するためである.

(d) 塩基性の水酸化ナトリウム,酸化カルシウムなどは空気中の二酸化炭素と反応し,徐々に炭酸塩を作り変質する.新しく封を切った試薬は,可能な限り大気にさらす時間を短くする.

(e) 価数が変化する原子を含む硫酸アンモニウム鉄(Ⅱ)六水和物[モール塩,$Fe(NH_4)_2(SO_4)_2 \cdot 6H_2O$)]やよう化カリウムは,空気酸化を受けて鉄(Ⅱ)が鉄(Ⅲ)になり,よう化物イオン(I^{-1})は単体のよう素(I_2)になるため,どちらも試薬が褐色に変色してくる.試薬が大気に触れている時間を極力短くする.

(f) 過マンガン酸カリウム,硝酸銀,過酸化水素水などは光が当たることによって分解を起こし,変質することから,遮光性の褐色瓶に入れ暗所に保存する.冷蔵庫などは良い保存場所である.

5.2.2 液体試薬及び溶液の濃度の表し方

塩酸，硝酸，アンモニア水などのような試薬は，試薬名を示すだけでそれぞれの試薬において決まった濃度であることを含んでいる．それが適用される試薬名及び濃度を表 5.3 に示す．溶液で，二クロム酸カリウム溶液及び硫酸アンモニウム鉄(II)溶液（溶液に少量の酸が添加されている）のように，溶媒名が付いていない場合は水溶液のことを指す．ここでは，液体試薬及び溶液の濃度の表し方を示す．

(1) モル，モル濃度

化学の領域で物質量を表す国際単位系（SI）の基本単位はモル（mol）である．1 モルは，0.012 kg の炭素12に含まれるアボガドロ数（6.02×10^{23} 個）と同じ構成要素（原子，分子，イオンなど）を含む系の物質量と定義する．

表 5.3 水と試薬の体積混合比で濃度を表すことのできる溶液試薬 [5]

試薬名	化学式	濃度 %（質量分率）	参　考		
			モル濃度 （約）mol/L	密度(20℃) g/cm³(g/mL)	JIS
塩　酸	HCl	35.0〜37.0	11.7	1.18	K 8180 : 2006
硝　酸	HNO_3	60〜61	13.3	1.38	K 8541 : 2006
過塩素酸	$HClO_4$	60.0〜62.0	9.4	1.54	K 8223 : 2006
ふっ化水素酸	HF	46.0〜48.0	37.0	1.15	K 8819 : 2007
臭化水素酸	HBr	47.0〜49.0	8.8	1.48	K 8509 : 1994
よう化水素酸	HI	55.0〜58.0	7.5	1.70	K 8917 : 1994
硫　酸	H_2SO_4	95.0 以上	17.8 以上	1.84 以上	K 8951 : 2006
りん酸	H_3PO_4	85.0 以上	14.7 以上	1.69 以上	K 9005 : 2006
酢　酸	CH_3COOH	99.7 以上	17.4 以上	1.05 以上	K 8355 : 2006
過酸化水素	H_2O_2	30.0〜35.5	—	1.11	K 8230 : 2006
アンモニア水	NH_3	28.0〜30.0	15.4	0.90	K 8085 : 2006

備考　表と異なる濃度の試薬を使用した場合は，試薬名の後に濃度又は密度を記載すること．

モル濃度（molarity）は，単位体積（1 dm³＝1 L）の溶液に含まれる溶質を物質量（単位はモル）で表した溶液濃度で，単位は"mol dm⁻³"又は"mol L⁻¹"である．したがって，ある物質Aの1モルを水1 dm³（L）に溶解した溶液はある物質Aの1 mol dm⁻³（mol L⁻¹）溶液である．例えば，0.05 mol dm⁻³のしゅう酸ナトリウム［(COONa)₂，式量133.998］溶液は次のようにして調製する．0.05 mol dm⁻³は1 mol dm⁻³の1/20であるから，乾燥済みのしゅう酸ナトリウム1モルの質量（133.998 g）の1/20である6.700 gをはかり取り，水に溶解し，正確に1 dm³とする．モル濃度を単位"M"で表示する場合があるが，この単位はSIでは認められていない．

(2) 試薬名 ($a+b$)

表5.3に示す過酸化水素を除く酸及びアルカリ試薬について，試薬の容量a×n mLを水の容量b×n mLで希釈した場合，希釈された試薬濃度は"試薬名（$a+b$）"又は"化学式（$a+b$）"と表す．例えば，硝酸1×100 mLを水2×100 mLで希釈した場合，希釈されてできた硝酸濃度は硝酸(1+2)又はHNO₃(1+2)と表す．表5.3に示す硝酸は60～61％（質量分率）であるが，他に65～66％（質量分率），69～70％（質量分率）の硝酸が市販されている．同様に，過塩素酸及びアンモニア水についても，表5.3に記載されたもの以外に濃度の異なるものが市販されている．

5.2.3 試薬溶液の作り方と保存及び廃棄

(1) 試薬溶液の作り方

試薬の溶液，原子吸光測定用などの標準液及び中和・沈殿・酸化・還元・錯滴定用など試薬溶液の調製方法並びにそれら溶液の保存法に関する規格[6]がある．

(a) 容量分析で使用する滴定用標準液は次のようにして作る．標準となる試薬（容量分析用標準物質）を容量分析法の規定[7]の指示に従って乾燥させ，化学天びんで正確にはかり取りビーカーに入れる．これに水や酸などを加えて溶解した後全量フラスコに移し，水で正確に一定の体積にする．例えば，二ク

ロム酸カリウム溶液は，150℃，60分間加熱乾燥させた二クロム酸カリウムを天びんで正確にはかり取り，ビーカーに入れ，水に溶かした後全量フラスコに移し，水で定容にすることで調製する．また，化学形態を正確に一定にできない試薬の場合，例えば，エチレンジアミン四酢酸二水素二ナトリウム二水和物（EDTA2Na）の溶液は，EDTA2Naを天びんで正確にはかり取り，水で溶解し，全量フラスコに移し，水で定容にした後で，亜鉛標準液などを用いて標定（standardization）し，EDTA2Naの濃度を決める．

(b) 検量線作成用標準液は，標準となる金属や無機試薬を，化学天びんで正確にはかり取り，ビーカーに入れ，酸や水を加え分解・溶解する．必要ならば加熱する．放冷後これを全量フラスコに移し，水で正確に一定の体積にする．

(c) 固体試薬は，天びんではかり取ってビーカーに入れ，水や酸を徐々に添加し，かき混ぜながら溶解する．必要ならば静かに加熱する．溶解中に発熱する試薬の場合は，ビーカーを流水や氷水で冷却する．

(d) 表5.3にある酸及びアルカリ試薬を希釈する場合，ビーカーに必要量の水を取り，これにはかり取った酸やアルカリ溶液を徐々にかき混ぜながら加えることが原則である．希釈による発熱が大きい試薬，例えば，硫酸の希釈では，ビーカーを流水や氷水で十分に冷却する．原則に逆らった方法，例えば，硫酸に水を加える希釈法は絶対にやってはいけない．急激な発熱で，溶液が突沸して飛び散り，ケガの元となるので，極めて危険である．

(e) 硫酸を含む混酸を調製する場合，混合する相手の酸に硫酸をよくかくはんしながら注ぎ入れて混合する．発熱がある場合は流水で冷却する．硫酸を含まない混酸を作る場合は，ほとんどの酸で混合の順序は問わない．

(2) 試薬溶液の保存

試薬を溶解し調製した溶液を保存する場合は，溶液が変質しないように冷暗所で保存する．保存容器は，ほうけい酸ガラス，硬質ポリエチレン，ふっ素樹脂（PFA）などでできた広口共栓瓶，細口共栓瓶などを用いる．保存瓶には，品名，濃度，溶媒の種類，調製日付，試薬製造会社名，調製者名などを記入したラベルを貼る．

(a) 硫酸とりん酸の混酸は保存しても変質しないが，混酸の種類によっては変質し保存できないものがある．塩酸と硝酸の混酸（王水を含む）及び塩酸と過酸化水素水の混合溶液などは，混合すると同時に塩化ニトロシル（NOCl）や塩素（Cl_2）などの気体が発生し，混酸の組成が変化するため保存できない．

(b) 水酸化ナトリウム溶液のようなアルカリ性溶液はガラスを侵食するのでガラス瓶は保存容器として不適当である．プラスチック製の容器に保存する．

(c) 価数が変化する原子を含む硫酸アンモニウム鉄（Ⅱ）六水和物（モール塩）やよう化カリウム溶液は，空気酸化を受けて鉄（Ⅱ）が鉄（Ⅲ）になり，よう化物イオン（I^-）は単体のよう素（I_2）になるため長期の保存はできない．これらの溶液は使用の都度調製する．

(d) 硝酸銀溶液，過マンガン酸カリウム溶液などは光や熱により変質するので，それを避けるため，褐色瓶又は黒色紙で覆った瓶などに入れ，冷暗所で保存する．保存瓶の口付近に付着した溶液は変質しやすく，銀（Ag）や酸化マンガン（Ⅳ）（MnO_2）が析出するので注意する．

(e) 全量フラスコを用いて調製した溶液は試薬瓶に移して保存する．全量フラスコに入れたままにしておいた場合，全量フラスコの栓のすり合わせ部分に付着した溶液が乾燥し，析出した試薬が溶液に落ち，溶液濃度が変化することがある．また，チタン（Ⅳ）及びすず（Ⅳ）の 6 mol dm^{-3} 塩酸溶液が全量フラスコのすり合わせ部分に付着した状態で乾燥して生じた塩は溶液の酸で溶けないため，全量フラスコの底に沈殿のように残る．

(3) 試薬溶液の廃棄

試薬溶液を廃棄する場合，廃棄薬品処理専門の施設や業者に処理を依頼する．その場合，溶液に含まれる試薬成分とその濃度，溶媒の種類と濃度及び体積，pH など，溶液の素性がわかる情報を添付する必要がある．試薬溶液の pH を中性近くに調整したとしても，また，大量の水で希釈したとしても廃薬品を決して下水に流してはいけない．有機溶媒が混入した溶液についても同様である．

5.2.4 試薬として用いる気体
(1) 取扱い

化学分析に用いる気体としては，酸素，窒素，水素，ヘリウム，アルゴン，アセチレン，一酸化二窒素（亜酸化窒素，笑気），二酸化炭素（炭酸ガス），アンモニア，塩素，PRガス（アルゴン90％とメタン10％の混合気体）などがある．これら気体は鋼製のガスボンベに圧縮された状態（14.7 kPa），又は液化した状態で充填されている．窒素，水素，ヘリウム，アルゴンなどはその純度が99.999 9％以上の超高純度（U）規格のものが市販されている．

これらの気体は高圧であるだけでなく窒息性，可燃性及び毒性のものもあるため，取扱いに際しては高圧ガス取締法，消防法，毒物及び劇物取締法などが適用される．したがって，これらの気体については，安全面から，保管量，保管方法，作業環境，取扱い資格者であることなど，法令に従って取り扱う必要がある．

さらに，ガスボンベは外面の色から充填されている気体の種類が識別できるように，容器保安規則に従って色分けされている．例えば，酸素は黒色，水素は赤色，アセチレンは褐色，二酸化炭素は緑色，アンモニアは白色，塩素は黄色，その他，窒素，ヘリウム，アルゴンなどは灰色で塗装されている．そして，ガスボンベに記入される気体名は，アンモニアは赤色の文字で，その他は白色の文字である．可燃性気体であることを示す"燃"の文字を水素では白色の文字で，その他のアンモニア，アセチレンなどは赤色の文字で記入する．又は，水素ボンベに"可燃性ガス"の文字とともに赤色の炎の絵が印刷されたシールが貼付されている場合もある．アンモニア，塩素など，毒性があることを示す"毒"の文字は黒色で記入する．

ボンベにガス圧力調整器を取り付けるためのボンベの口金（接続口）のねじの形状は可燃性ガスでは左ねじ（逆ねじ）で，その他では右ねじである．例外として，ヘリウムは不燃性ガスであるが左ねじである．一酸化二窒素，二酸化炭素などのボンベに取り付けるガス圧力調整器は，ヒーター内蔵機構付きのものとする．

(2) 使用例

(a) 金属材料中の水素を不活性ガス融解—ガスクロマトグラフ法で定量する場合,高純度水素［99.99％(v/v)以上］が検量線作成に使われる[8),9)].一定体積の水素をはかり取り,大気圧及び温度を補正して水素の質量に換算し,その値を使用する.

(b) 酸素は,金属や無機試料中の炭素及び硫黄を燃焼法で定量するときの助燃ガス[10),11)]として利用される.酸素は高純度であっても,微量の水分,二酸化炭素,炭化水素系ガス,硫黄含有ガスなどを含むため,分析装置の気体流路管内に組み込まれている精製装置で純化して使用する.

(c) 不活性ガスであるヘリウム,アルゴン,窒素は化学分析において次のように使用される.ヘリウムは,不活性ガス融解—赤外線吸収法又は熱伝導度法で金属試料や無機試料中の酸素[12)]及び窒素[13)]を定量するときの試料融解雰囲気及びキャリヤーガスとして用いる.アルゴンは,不活性ガス融解—熱伝導度法によって水素[8),9),14)]を定量するときの試料融解雰囲気及びキャリヤーガスとして用いる.さらに,誘導結合プラズマ発光分光分析用[15)]及び誘導結合プラズマ質量分析用[16)]のプラズマガス,補助ガス,キャリヤーガスとして用いる.

アルゴンや窒素は,鉄鉱石中に含まれる酸可溶性鉄(Ⅱ)を容量分析法で定量するため,試料を塩酸分解するときの雰囲気ガス[17)]として用いる.これは,分解操作によって鉄鉱石から溶出した鉄(Ⅱ)が空気酸化によって鉄(Ⅲ)となることを防止するためである.アルゴンや窒素は,ピロガロールの水酸化ナトリウム溶液を通し,混入している不純物酸素を除去する.

(d) 一酸化二窒素—アセチレン又は空気—アセチレンを混合した気体[18)]は,原子吸光分析用の原子化熱源としてのフレームに使用される.

(e) PRガスは,蛍光X線分析装置のX線検出器の一つであるガスフロー形比例計数管の中に流す気体として使用[19)]する.

参 考 文 献

1) JIS K 0557：1998（用水・排水の試験に用いる水）
2) JIS K 1107：2005（窒素）
3) JIS K 0102：2008（工場排水試験方法）
4) JIS K 0211：2005［分析化学用語（基礎部門）］
5) JIS K 0050：2005（化学分析方法通則）
6) JIS K 8001：1998（試薬試験方法通則）
7) JIS K 8005：2006（容量分析用標準物質）
8) JIS H 1619：1995（チタン及びチタン合金中の水素定量方法）
9) JIS H 1664：1988（ジルコニウム及びジルコニウム合金中の水素定量方法）
10) JIS G 1211：1995（鉄及び鋼―炭素定量方法）
11) JIS G 1215：1994（鉄及び鋼―硫黄定量方法）
12) JIS Z 2613：1992（金属材料の酸素定量方法通則）
13) JIS G 1228：1997（鉄及び鋼―窒素定量方法）
14) JIS Z 2614：1990（金属材料の水素定量方法通則）
15) JIS K 0116：2003（発光分光分析通則）
16) JIS K 0133：2007（高周波プラズマ質量分析通則）
17) JIS M 8213：1995［鉄鉱石―酸可溶性鉄(Ⅱ)定量方法］
18) JIS G 1257：1994（鉄及び鋼―原子吸光分析方法）
19) JIS K 0119：2008（蛍光X線分析通則）

6. 質　　　量

6.1　概　　説

6.1.1　質量と重量

"重量又は重さ（weight）"という言葉は，物体の量を示す"質量（mass）"よりも日常的に使われている．地球上の物体は地球の中心に向かう力（重力加速度 g）を受けており，その力が重量である．すなわち，重量は質量単位ではなく"力"と同じ性質の量を示す用語であり，測定場所の違い（緯度，標高など）によって変化し，物体固有の量ではない．例えば，東京（$g=979.763$ cm/s^2）で感度校正した 1 000.000 g 分銅を，鹿児島（$g=979.472$ cm/s^2）で測定すると 999.703 g になる．重力加速度が異なる場所（重力の違いにより，日本全国を 16 の地域に区分）へはかりを移動させたならば，精密に検定された分銅を用いて校正し直す必要がある．重量 W と質量 M との関係は次式で表される．

$$W = M \cdot g \tag{6.1}$$

特に，ある物体の標準重量は，その物体の質量と標準重力加速度（国際度量衡供給業務で採用された数値は 980.665 cm/s^2）の積である．したがって，標準となりうるのは物体固有の性質である質量であるから，重量ではなく質量という用語を使用する．

6.1.2　質量の単位

国際単位系（SI）の基本単位の一つである質量の単位量はキログラム（kg）で，1889 年以降人工物で定義された物体で現示する唯一の基準である．国際キログラム原器（白金 90％―イリジウム 10％，直径 39 mm，高さ 39 mm の円筒形）はパリに保管されている．国際原器は表面への不純物吸着による汚染を被

るため，決められた方法で洗浄された直後の質量を国際原器の参照質量として定義し，各国の標準器を校正するのに使用している．各国は，自国に所有する同様のキログラム原器を，約30年に一度パリにある国際キログラム原器と比較校正する．我が国のキログラム原器（No. 6）の質量変化は，100年間で+7 μgである．質量の単位の長期的な安定性を保証する必要性から，国際度量衡総会では，物体によらない基礎定数や原子定数に基づくより普遍的な質量単位の新しい定義のための研究推進を勧告している．

キログラムは，その名称の中に接頭語を含んでいる唯一のものであり，10進の倍量及び分量を使って質量を表す場合，単位の名称"グラム"に接頭語の名称を，単位の記号"g"に接頭語の記号をそれぞれ付加してつくる．例えば，10^{-6} kg は 1 μkg ではなく，1 mg と書く．

はかりに使用される質量単位を表6.1に，特殊の計量にだけ使用できる計量単位を表6.2に示す．

表6.1 はかりに使用される質量単位[5]

計量単位	記号	定　義
トン	t	キログラムの1 000倍
キログラム	kg	国際キログラム原器の質量
グラム	g	キログラムの0.001倍
ミリグラム[1]	mg	キログラムの0.000 001倍

注[1] ミリグラムは，計量結果には使用してはならない．

表6.2 特殊の計量にだけ使用される計量単位[5]

特殊の計量	計量単位	記号	定　義
宝石の質量の計量	カラット	ct	キログラムの0.000 2倍
真珠の質量の計量	もんめ	mom	キログラムの0.003 7倍
金貨の質量の計量	トロイオンス	oz	キログラムの0.031 103 5倍

6.2 はかり（天びん）

　質量測定には，分銅と被計量物とをはかり（天びん，balance）などを用いて直接比較する方法と，分銅で校正したはかりの目盛などから間接的に被計量物の質量を求める方法に大別され，質量の基準が分銅により現示されているので前者のほうが精度で優れる．ここで用いる計量器がはかり（物体に作用する重力を利用して，その物体の質量を測定するために使用される計量器）である．ここでは，日常的に現用されている"天びん"という用語を用いる．主要な天びんを次に示す．

　(a)　上皿天びん　ひょう量（はかれる最大の質量）が 100～500 g で，ひょう量の 1/1 000 以下の質量差が読み取れる等比式，定ひょう量直示式の天びん又は電磁式電子天びんで，上皿式のもの．

　(b)　化学天びん（chemical balance）　ひょう量が 100～200 g で，0.1 mg の質量差が読み取れる等比式又は定感量直示式の化学用天びん．

　(c)　精密天びん（precision balance）　ひょう量が 100～200 g で，0.1 mg の質量差が読み取れる等比式，定ひょう量直示式又は電磁式電子天びん．風防を装備し，風の影響を受けることなく正確な質量測定ができる．

　(d)　微量化学天びん（microbalance）　ひょう量が 10～20 g で，0.001 mg の質量差が読み取れる等比式又は定感量直示式の化学用天びん．

　天びんは，上記のように最大ひょう量値等による分類のほか，機械式と電子式に大別することができる．また，つり合わせ機構（さお，ばね，電磁力），操作の方法（自動，非自動），読み取り方式（指針，光学式，電気式，ダイヤル式，自動式），用途などによって分類することもできる．使用する天びんは，ひょう量，目量([1])，天びん皿の大きさ，用途などを基本に選定する．一般的に用いられている主な天びんには次のようなものがある．

　　注([1])　目量（めりょう）は，隣接する目盛標識のそれぞれが表す物象の状態の量の差で，最小表示，読取限度と同じである．感量（天びんが反応するこ

とができる質量の最小変化）も含まれる．電子天びんではデジタル表示の最小ステップを示す．

(a) 直示天びん（direct-reading balance）　つまみ回転によって内蔵分銅の掛け替えを半自動的に行い，使用された内蔵分銅の値を示す数字と，それより低い桁の値とを光学的投影目盛に表すことによって，測定質量が直接表示される天びん．

(b) 電子天びん（electrobalance, electronic force balance）　被計量物の質量による重力を，抵抗ひずみ計（ロードセル）の出力で表す，又は電磁力で平衡をとって表す天びん．前者をロードセル式（変位法による），後者を電磁式（零位法による）という．電磁式の電子天びんは，操作が簡単で精度が高く，コンピュータなどとの接続は容易であるが，ロードセル式に比べ，構造が複雑で，小型化は難しいという欠点がある．

6.3 電磁式電子天びん

従来の機械式の天びんから電子式の天びんに置き換わりつつあることから，ここでは実用面で広く普及している分解能（接近した質量値の差を識別できる能力で，"目量／ひょう量"に等しく，この値が小さいほど分解能が高い．）の高い電磁力平衡方式（電磁式）の電子天びんを取り上げる．

6.3.1 原　　理

電磁式電子天びんは，はかり機構部，復元力発生機構部，変位検出機構部，制御機構部及び信号処理・表示部からなる．最も重要な部分は復元力発生機構部で，天びん皿に被計量物を載せることによって生じた位置の変化を検出し，元の位置に戻すために電磁力を利用して測定する（図6.1）．すなわち，機械式で使用される分銅の代わりに，強い磁場の中に置いたフォースコイルに流す電流 I に比例して発生する電磁力 F［フレミングの左手の法則，式(6.2)］を用いて荷重とつり合わせる．

6.3 電磁式電子天びん

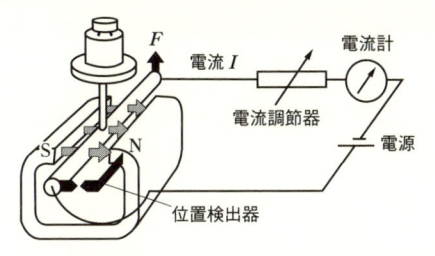

図6.1 電磁式電子天びん復元力発生機構部の基本原理[2]

$$F = LBI \tag{6.2}$$

ここに，L：磁場内のコイルの長さ
B：磁場の強さ

あらかじめ電流値を質量で目盛っておけば，流れる電流の強さから質量値を求めることができる．電磁力とつり合っているのはあくまでも重量であるから，質量値を求めるためには正確な分銅を用いて天びんを校正しなければならない．

6.3.2 設置上の注意

電子天びんは，温度変化が少なく，湿度が低く，清潔で水平な台の上に設置する．エアコンの吹出し口，換気口，開いたドアや窓の近く，直射日光が当たるような温度変化の激しいところに設置しない．室温変化は±2℃/h以下が望ましい．また，人の出入りや動きが多いところ，ほこりや腐食性ガスの発生する場所などは避け，振動のない頑丈な机の上（できれば除振台を使用）に置く．以上のことから，専用の天びん室を設けることが望ましい．微量天びんの場合には，特に恒温，恒湿の部屋に設置する．

6.3.3 使用上の注意

天びんは高い精度をもつ精密機器であるから，取扱いはていねいに行い，次の基本的な注意事項を守らなければならない．

(a) 天びんの水平を天びん付属水準器で確認する．水平でない場合，天びんの水平調整足を回し，水準器の気泡等が円の中心になるように調節する．

(b) 天びんの電源を入れた後,十分時間をおいてからゼロ点を確認する.天びんの機種によるが,30分～4時間以上の予熱時間(電源投入後から初期の計量性能を満たして計量が可能になるまでの時間)が必要であることから,常時通電状態にしておくとよい.

(c) 天びん皿,表示器,天びんの内部やその周辺を常に清浄にする.汚れている場合には,羽根,ガーゼなどを用いて掃除する.

(d) 被計量物の質量が,天びんのひょう量を超えていないか確認する.ひょう量全域にわたって風袋消去できる天びんでは,実際に測定可能な被計量物の量は,ひょう量から容器などの質量を差し引いた分になることに注意する.

(e) 天びんを移動したときなど,必要に応じて感度校正を行う.

(f) 被計量物や分銅を天びん皿に載せるときは,その中央に置く.一つの皿上に数個以上を載せるときは,重いものを中央に置く.

(g) 天びん作動中に,被計量物や分銅を取り除いたり追加したりしない.

(h) 分銅は必ず付属のピンセットで取り扱う.素手で分銅に触れないようにする.

(i) 測定者の体温によって天びん内に対流が起こり,ゼロ点変動や指示の不安定が生じる.天びんからできるだけ身体を離し,長いピンセットなどを用いて被計量物を天びん内に入れるようにする.

6.4 分　　銅

分銅(weight)とは,"物理的及び計量的特性,すなわち形状,寸法,表面性状,公称値(表す量)及び最大許容誤差(基準器にとった値と,それに対して許容される限界の値との差)に関して規定された質量の実量器(material measure,使用中に,ある量の既知の値を恒常的に再現する器具)"をいう.分銅は,質量を現示する標準器として質量計測の信頼性を確保する上で重要な役割を果たしている.それらのもつ質量と表示されている質量の等しいものが分銅で,異なるものが"おもり"である.

6.4 分　銅

6.4.1 分銅の種類

重さの基準，標準として古くから使用されている多種多様な分銅は，我が国のキログラム原器（特定標準器）から分量法などによって作られる．質量のトレーサビリティ体系図を図 6.2 に示す．分銅の形状には，円筒形，板状，円盤形，枕形，線状，増おもり形などがあり，公称値，等級，用途などを考慮して分銅を選ぶ．例えば，円筒分銅（1 g～20 kg）は計量法，JIS 等の規格に適合し，板状分銅は 1～500 mg の小質量用である．分銅を目的別に分類すると，JCSS 分銅（標準分銅）と基準分銅に大別される．

(1) JCSS 分銅（標準分銅）

JCSS（Japan Calibration Service System）制度（計量法に基づくトレーサビリティ制度）により登録された認定事業者が発行する JCSS 標章付校正証明書の付いた分銅が，一般ユーザーの求めに応じて供給される．JCSS 標章は，

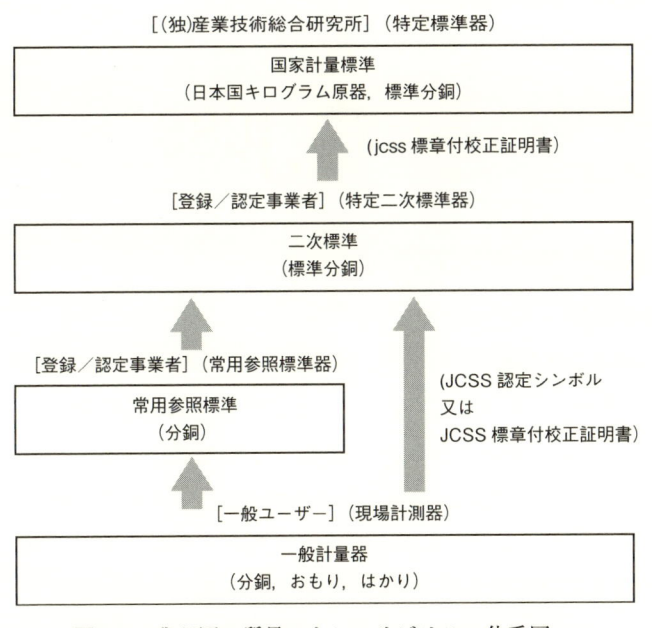

図 6.2　我が国の質量のトレーサビリティ体系図

校正した結果が国家計量標準へのトレーサビリティがとれている証拠であり，JCSS分銅が特定標準器（国家計量標準）にトレーサブルな国家認定の校正証明書付き分銅となる．例えば，公称値100 gの分銅に対する校正証明書に，協定質量（20℃の状態で1.2 kg/m^{3}の密度の空気中において，8 000 kg/m^{3}の密度をもつ参照分銅とつり合ったときの質量）による校正値が100 g−0.15 mg，拡張不確かさ（包含係数$k=2$）が0.15 mgと記載されている場合，真の質量が99.999 85 ± 0.000 15 gの範囲に約95％の確率で存在することを表している．不確かさの要因として，標準器（参照分銅の校正値）の不確かさ，測定方法の不確かさ，空気浮力補正の不確かさ，質量及び重力変化の不確かさなどがあげられる．

　JCSS標章付校正証明書に有効期限はないが，材質が鋳鉄製以外の分銅では2〜3年ごとにJCSS校正を受けることが推奨される．なお，国際試験所認定協力機構（ILAC）及びアジア太平洋試験所認定協力機構（APLAC）の相互承認協定（MRA：Mutual Recognition Arrangement）に対応したJCSS認定シンボル（図 6.3）付校正証明書は，国際基準を満たしていることを表す．

図 6.3　国際MRA対応JCSS認定シンボル

(2) 基準分銅

　取引・証明に使う天びん（特定計量器）の検定や検査に使う分銅で，（独）産業技術総合研究所及び都道府県の計量検定所等が基準器検査を行い，基準器検査成績書を付けて供給される．精度に応じて，特級，一級，二級，三級に分けられ，形状，構造，材質，密度，表面粗さや磁化率が細かく規定されている．有効期限はないが，2年に1回定期検査を行って精度の維持を図る．なお，1993年の計量法改正により，一般の事業所では基準分銅を利用できなくなった．計量法，基準器検査規則に基づく"精密分銅"（三級基準分銅以下の精度）

6.4 分銅

は主として機械式天びんに使用されるが，高精度な計量器検査には向かない．

このほかに，1994 年国際法定計量機関（OIML：Organisation Internationale de Metrologie Legale）によって勧告された規格に基づく OIML 分銅がある〔OIML R 111-1：2004（Weights of classes E_1, E_2, F_1, F_2, M_1, M_{1-2}, M_2, M_{2-3} and M_3—Part1：Metrological and technical requirements）〕．この規格では，1 mg～50 kg までの公称値の分銅について 9 段階に等級分けし，それら質量値の最大許容誤差を規定するとともに，そのための技術的要求事項として形状，材質，体積，磁性特性，表面などの項目を規定している．これは国際規格であるが，国内では基準分銅があるため法定計量上意味はない．この国際勧告に準拠して JIS B 7609：2008（分銅）が制定された．分銅の協定質量の最大許容誤差を表 6.3 に示す．等級間の最大許容誤差は，原則的に上位から下位へ 1 等

表 6.3 分銅の協定質量の最大許容誤差[4]

単位　mg

公称値	E_1級	E_2級	F_1級	F_2級	M_1級	M_{1-2}級	M_2級	M_{2-3}級	M_3級
5 000 kg	—	—	25 000	80 000	250 000	500 000	800 000	1 600 000	2 500 000
2 000 kg	—	—	10 000	30 000	100 000	200 000	300 000	600 000	1 000 000
1 000 kg	—	1 600	5 000	16 000	50 000	100 000	160 000	300 000	500 000
500 kg	—	800	2 500	8 000	25 000	50 000	80 000	160 000	250 000
200 kg	—	300	1 000	3 000	10 000	20 000	30 000	60 000	100 000
100 kg	—	160	500	1 600	5 000	10 000	16 000	30 000	50 000
50 kg	25	80	250	800	2 500	5 000	8 000	16 000	25 000
20 kg	10	30	100	300	1 000	—	3 000	—	10 000
10 kg	5	16	50	160	500	—	1 600	—	5 000
5 kg	2.5	8.0	25	80	250	—	800	—	2 500
2 kg	1.0	3.0	10	30	100	—	300	—	1 000
1 kg	0.5	1.6	5.0	16	50	—	160	—	500
500 g	0.25	0.8	2.5	8.0	25	—	80	—	250
200 g	0.10	0.3	1.0	3.0	10	—	30	—	100
100 g	0.05	0.16	0.5	1.6	5.0	—	16	—	50
50 g	0.03	0.10	0.3	1.0	3.0	—	10	—	30
20 g	0.025	0.08	0.25	0.8	2.5	—	8.0	—	25
10 g	0.020	0.06	0.20	0.6	2.0	—	6.0	—	20
5 g	0.016	0.05	0.16	0.5	1.6	—	5.0	—	16
2 g	0.012	0.04	0.12	0.4	1.2	—	4.0	—	12
1 g	0.010	0.03	0.10	0.3	1.0	—	3.0	—	10
500 mg	0.008	0.025	0.08	0.25	0.8	—	2.5	—	—
200 mg	0.006	0.020	0.06	0.20	0.6	—	2.0	—	—
100 mg	0.005	0.016	0.05	0.16	0.5	—	1.6	—	—
50 mg	0.004	0.012	0.04	0.12	0.4	—	—	—	—
20 mg	0.003	0.010	0.03	0.10	0.3	—	—	—	—
10 mg	0.003	0.008	0.025	0.08	0.25	—	—	—	—
5 mg	0.003	0.006	0.020	0.06	0.20	—	—	—	—
2 mg	0.003	0.006	0.020	0.06	0.20	—	—	—	—
1 mg	0.003	0.006	0.020	0.06	0.20	—	—	—	—

級ごとに約3倍大きくなるように規定されている．また，分銅の協定質量の拡張不確かさは，表6.3に与えられる最大許容誤差の1/3以下でなければならない．E_1級及びE_2級の分銅については，校正機関による校正証明書の添付を義務付けている．基準分銅の特級はF_1級，一級はF_2級，二級はM_1級，三級はM_2級に対応する．

6.4.2 分銅の用途

分銅の使用目的は，
① 特定計量器（取引・証明用天びん）の定期検査用
② ISO 9000，GMP（Good Manufacturing Practice），GLP（Good Laboratory Practice）などの体制構築用
③ 生産，品質管理，研究開発等での自主的管理用

に分けられる．近年，品質管理の国際適合への要請から②の目的に使用されることが多く，国家標準とのトレーサビリティがとれているJCSS分銅が要求される．①の目的に使用する分銅は基準分銅で，使用は公的機関，計量器メーカー，計量士などに限定される．

6.5 電磁式電子分析天びんを用いる一般的な計量操作

(a) 天びんの水準器を利用して，天びんが水平に設置されていることを確認する．
(b) 表示をONにする（0.000 0 gを表示）．
(c) 予熱時間を十分にとった後，天びん皿にはかり瓶を載せて風防扉を閉める．
(d) 風袋消去（TARE）キーを押す（0.000 0 gを表示）．
(e) 被計量物を天びん皿に載せ，風防扉を閉める．
(f) パネルの表示が安定したところ（安定検出マークの表示）で指示値を読み取る．

(g) はかり瓶等を天びん皿から下ろし，表示を OFF にする．

6.6 計量値に影響する要因

電磁式電子天びんの分解能が向上した結果，質量測定は環境条件から受ける誤差要因が重大になる．

6.6.1 天びんの計量値に対する空気の浮力補正

正確な質量を必要とするとき，被計量物と分銅との密度に差があれば空気の浮力補正が必要であり，計量値に対する空気の浮力補正は次式で表される．

$$M_0 = M\left[1 + \rho\{(1/d) - (1/d')\}\right] = M(1+K) \tag{6.3}$$

ここに，M_0：空気の浮力補正後の数値（g）

M：空気中における計量値（g）

ρ：計量時の空気の密度（g/cm^3）

d：被計量物の密度（g/cm^3）

d'：分銅の密度（g/cm^3）

K：浮力補正係数といい，単位質量当たりの補正量を表す．

例えば，密度 1 g/cm^3 の物質を計量すると，一般の天びんでは分銅及び空気の密度をそれぞれ 8 000 kg/m^3 及び 1.2 kg/m^3 として浮力の補正がしてあるので，天びんによる計量値は真の値より約 0.1 % ほど軽い．正しい質量値を得るためには，密度だけではなく体積も影響を及ぼす．

6.6.2 計量に及ぼす影響

質量測定の正確さに影響する要因としては，6.3.3 項で列挙した項目に加えて次のことが考えられる．

(a) 測定に用いた分銅の正確さ　分銅は，清浄な状態に保ち，湿気，ほこり，腐食性ガスの少ないところに保管する．乾燥剤を入れたデシケーター内に収納し，金属製ロッカーに保管することが推奨される．分銅は，表面に清浄なガス

を吹き付ける，又は柔らかいブラシでほこりやそのほかの異物を取り除いてから使用する．著しい汚れがある場合には，アルコール，蒸留水，洗剤又は界面活性剤で洗浄してもよい．洗浄後は，分銅を安定化させるためにならし時間（等級により異なる）を必要とする．分銅は汚染や摩耗によって質量が変化するので，ときどき分銅の校正を行う必要がある．

(b) 天びんなどの精度又は目盛の校正の正確さ

(c) 測定環境に伴う影響の補正の正確さ 温度によって感度は変化するので（表 6.4），室温が変わったときには感度校正が必要である．通電経過時間により温度が変化することから，感度校正は測定直前に行うのがよい．

表 6.4 電子天びんの感度の温度係数

表示桁数	ひょう量 /g	最小表示 /mg	感度の温度係数 / 質量 ppm ℃$^{-1}$
5桁	200	10	10〜20
6桁	200	1	2〜3
7桁	200	0.1	1〜2
7桁	40	0.01	1〜2

(d) 測定の巧拙 被計量物を入れた容器は素手ではなく，るつぼばさみ，紙片などでつかむ．

(e) 被計量物の状態のよし悪し

被計量物に関して，以下のようなことがあげられる．

（ⅰ）温度 被計量物は天びん室の温度になっているか確認する．室温と大きな温度差のある被計量物を天びん内に入れると，対流（5〜20分間程度継続発生する）などによりゼロ点変化や表示不安定になる．被計量物を入れたデシケーターなどは，計量前に天びん室に置いておくとよい．

（ⅱ）静電気 相対湿度 60〜80％が適する．一般に 50％以下の湿度で多くの物質は帯電し，静電気のために測定誤差を生じたり，表示が不安定になる．天びん内に水を入れた容器を置いて湿度を上げる，被計量物を導電性のあるアルミ箔などで包むなどの措置が有効である．

（ⅲ）磁気 磁性のある物質を測定すると，表示が不安定になることがある．

被計量物をつり下げて測定するか，天びん皿に非磁性のスペーサー（ビーカーなど）を置くなど天びん皿から遠ざけて測定する．

(iv) 蒸発・揮発・吸湿性　計量には，ふたのできる容器を使用する．

6.7 電磁式電子天びんの点検

天びんが正しい値を指示することを確認するためには，前述の 6.4 節のほかに，標準分銅を用いて正常に作動していることをチェックしておく必要があり，日常点検（使用前点検）と定期点検（定期検査）が行われる．電子天びんの点検・検査に使用する分銅は，電子天びんの性能（ひょう量，目量）に見合った質量，等級，形状，材質等を考慮して選定する．校正用の分銅を内蔵（計量法上は"おもり"）して自動感度校正機能を付属した天びんもあるが，内蔵分銅の誤差に十分注意し，定期的に外部分銅を用いて正確さを検証する必要がある．

(a) 日常点検　毎日あるいは使用前に行う点検作業で，普段測定している被計量物の重さに近く，精度は誤差の許容範囲の 1/3 の等級分銅を選ぶ．

(b) 定期点検　一定の時期又は使用期間を定めて定期的に行う点検作業で（年1回で十分と思われる），天びんの最大ひょう量に近く，精度は誤差の許容範囲の 1/3 の等級分銅を選ぶ．

電子天びんは，直線性（計量値が，ゼロ点とひょう量点を結ぶ直線から外れている程度），再現性（繰返し性：同一の被計量物を何回計量しても常に同一の計量値を示す能力），偏置（四隅）誤差（被計量物を天びん皿の中央に載せてはかったときの計量値と，任意の位置に載せてはかったときの計量値との差）及び感量に対して性能を検査する．

① 直線性試験（器差テスト）：ひょう量付近を含めた3点以上の測定点を定めて行う．
② 再現性試験：ひょう量の 1/4 を3回繰り返し負荷して行う．
③ 偏置誤差検査：ひょう量の 1/4 又は 1/3 を天びん皿に偏置負荷して行う．

天びんを ISO 9000, GMP, GLP などのグローバル規模の品質システムに適合させるためには, 国家標準とトレーサビリティのある分銅を用いて直線性, 再現性, 偏置誤差などの項目を検査する JCSS 校正（不確かさの値が表記される）が必要である.

6.8 JIS における質量値の表し方

通常の JIS による数値の表し方に準拠する（表6.5）. 試料のはかり取りなどの場合, "約 1 g を 0.1 mg の桁まではかる." のように, はかり取りに必要な桁を示すこともある.

表6.5　質量値の表し方

記述	具体的な数字
1 g, 1.0 g, 1.00 g	丸めた結果が示された値になることを意味する.
1 ± 0.01 g	1 g を基準として, 丸めた結果が 0.99 g から 1.01 g の範囲に入るような値であることを意味する.
1〜2 g	丸めた結果が 1 g から 2 g の範囲に入るような値であることを意味する.
約 1 g	1 g に近い値を意味する.

引用・参考文献

1) 質量の精密測定マニュアル編集委員会編（1981）：質量の精密測定マニュアル, 絶版, 日本規格協会
2) 穂積啓一郎（1989）：微小質量測定, ぶんせき, Vol. 14, No. 7, p.514
3) 日本計量機器工業連合会編（2004）：はかり用語
4) JIS B 7609：2008（分銅）, p.5
5) JIS B 7611-1：2005（非自動はかり—性能要件及び試験方法—第1部：一般計量器）, p.8,9
6) JIS B 7611-2：2005（非自動はかり—性能要件及び試験方法—第2部：特定計量器）

7. 温　　度

7.1　温度の単位と測定計器

温度の単位は，国際単位系（SI）では基本単位として熱力学温度（thermodynamic temperature）のK（ケルビン，水の三重点の熱力学温度の1/273.16）を用い，固有の名称と記号で表されるSI組立単位としてセルシウス温度℃も用いてよいことになっている．セルシウス温度（t）は，熱力学温度（T）とその定義定点で絶対零度とも呼ばれるT_0との差，$t=T-T_0$に等しく，$T_0=273.16$ Kである．この値は温度標準である，"1990年国際温度目盛"（International Temperature Scale, ITS-90）によって得られた値と等しい．

温度計は接触式と非接触式に分けることができ，その種類は多く，測定目的に合ったものを選んで用いる．装置，器具，熱媒体，試薬，試料などの温度又は水温，気温，室温などをはかるには，液体封入ガラス製温度計，抵抗温度計，熱伝温度計，光高温計などの温度計を用いる．

JIS Z 8710：1993（温度測定方法通則）は温度測定方法について規定しているが，各種の測定方法とともに温度計の種類や特徴についても記載している．図7.1に温度計の種類と使用範囲を示す．

7.2　温度計の校正と温度の測定方法

温度計は特に正確さを必要とする場合は，JIS Z 8710：1993（温度測定方法通則）に従ってあらかじめ校正を行う．また，ガラス製温度計（liquid-in-glass thermometer）は化学分析でよく用いられるが，計量法に基づいて検定され，補正表の付いたものを用いるのが望ましい．校正をする場合はJIS Z 8705：1992（ガラス製温度計による温度測定方法）によって行う．校正は恒温槽を

82   7. 温 度

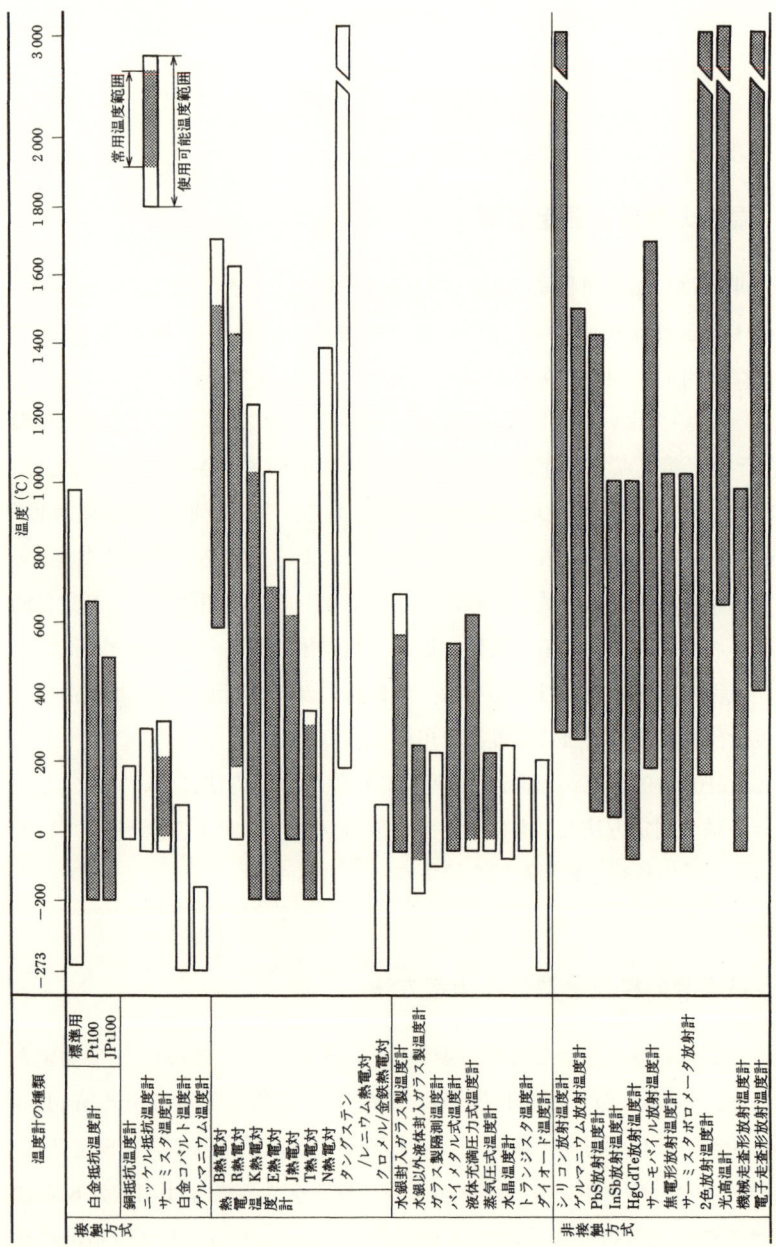

図 7.1 温度計の種類と使用温度範囲[1]

参考 JP100は, JIS C 1604では, 将来廃止する予定である.

用いて，必要とする精度で既に校正されている標準温度計と比較するのが最も簡単で正確である．氷点や水の沸点のような定点を利用する方法もあるが，水の沸点を利用する場合は十分な注意のもとに行わないと不正確になる．

温度の正しい測定方法は，前記のJISに詳しく記載されており，そのほかJIS Z 8704 : 1993（温度測定方法―電気的方法），JIS Z 8706 : 1980（光高温計による温度測定方法）及び JIS Z 8707 : 1992（充満式温度計及びバイメタル式温度計による温度測定方法）がある．温度計の示度と測定対象の温度との差が測定前の温度計の示度と測定対象の温度との差の $1/e$（e は自然対数の底，$e ≒ 2.72$）になるまでの時間（秒）を時定数というが，熱的につり合うまでの時間はかなり長く，時定数がその目安になる．時定数は，例えばよくかき混ぜられている水温槽の場合 2〜10 秒であり，静止した空気の場合はその約 50 倍といわれている．

7.3 JISにおける温度・温度差の表し方

7.3.1 数値の表し方とその意味

温度及び温度差の表し方は，セルシウス度の場合，アラビア数字の次に"℃"をつける．温度を指定するときの数値は，次のいずれかによって表す．必要がある場合は，使用する温度計の種類とはかり方を示さなければならない．セルシウス度の場合を例にとり，"℃"をつけて示す．

(a) "30℃"，"500℃" などのように表す．このように小数点以下の指定がない整数で表す場合は，示されている温度を基準として ±1℃ 又は ±5％ のいずれか大きいほうの差を許容した値であることを意味する．Kを用いるときは，指定した温度の ±1 K 又は指定した温度から 273.16 を差し引いた値の ±5％ のいずれか大きいほうの差を許容した値であることを意味する．

(b) "20 ± 0.5℃"，"700 ± 50℃" などのように許容範囲 "±" をつけて表す．この場合は，それぞれ 20℃ を基準として 0.5℃ の差，700℃ を基準として 50℃ の差を許容することを意味する．

(c) "10～20℃"のように"～"をつけて表す．この場合は，最低温度と最高温度の間の任意の値であることを意味する．この温度範囲の最低値は1桁下の目盛の数値を切り捨てた温度を，最高値は切り上げた温度を意味する．

(d) "約50℃"のように"約"をつけて表す．この場合は，50℃に近い値であることを意味し，(a)のように厳密に考えなくてよいとき，又は(b)のように許容範囲をはっきり示さなくてもよいときなどに用いる．

上記に示した温度の表し方は，実際に化学分析操作を行う際に知らなければ困る問題で，勝手な解釈で操作をして分析結果に影響を与えることになりかねない．これらの表し方は，JIS Z 8301：2008（規格票の様式及び作成方法）の"附属書Ⅰ（規定）数値・量記号・単位記号・数式""1.1.1　数値の表し方"，"1.1.3　許容差の表し方"，及びZ 8401：1999（数値の丸め方）に決められた方法に従っている．本書の3章"数値の表し方及び丸め方"を参照されたい．

7.3.2　温度に関係する定義

温度に関する分析条件などの用語の定義がJIS K 0050：2005（化学分析方法通則）やJIS K 0211：2005［分析化学用語（基礎部門）］に規定されているのでこれらに従う．

JIS K 0050：2005の"7.試験場所の状態"の"a)　温度"の項には，

① 標準温度は20℃とする．
② 試験場所の温度は常温（20±5℃）又は室温（20±15℃）のいずれかにする．
③ 冷所とは1～15℃の場所とする．

と規定されている．なお，標準温度については，"9.1.2　標準温度"の項を参照されたい．

また，同じJIS K 0050の"8.1　水及び試薬"の項には，水は用いる温度によって次のように区分するとし，

① 冷水（15℃以下の水）

② 温水（40〜60℃の水）

③ 熱水（60℃以上の水）

と規定している．

引用・参考文献

1) JIS Z 8710 : 1993（温度測定方法通則），p.7
2) 武藤義一ほか（1984）：JIS 使い方シリーズ 化学分析マニュアル，絶版，日本規格協会
3) JIS Z 8710 : 1993（温度測定方法通則）
4) JIS K 0050 : 2005（化学分析方法通則）
5) JIS K 0211 : 2005［分析化学用語（基礎部門）］
6) JIS Z 8301 : 2008［規格票の様式及び作成方法 附属書Ⅰ（規定）数値・量記号・単位記号・数式］
7) JIS Z 8401 : 1999（数値の丸め方）

8. 時　　間

8.1　時間の単位と測定計器

　時間の単位は，国際単位系（SI）では秒（s）を基本単位とし，これに併用される単位として，分（min），時（h），日（d）がある．
　時間をはかるには，各種の時計，砂時計，タイマーなどの時間計を用いる．時間計は時刻を示す，いわゆる時計を用いることもできるが，ストップウォッチなどの専用の時間計を用いると便利である．水晶発振器を利用した時計は正確で，日間誤差が1秒以内であり，特に正確なものは月間誤差が数秒以内のものも市販されている．

8.2　JISにおける時間の表し方とその意味

　化学分析の操作時間などを数値で表すときには，次に示すいずれかの表し方を用いる．これらの表し方は基本的には7章で述べたように，JIS Z 8301：2008（規格票の様式及び作成方法）の"附属書I（規定）数値・量記号・単位記号・数式""1.1.1　数値の表し方"，"1.1.3　許容差の表し方"，及びJIS Z 8401：1999（数値の丸め方）に決められた方法に従っている．3章"数値の表し方及び丸め方"を参照されたい．
　上記の数値の表し方などに基づいて，また従来から一般的に用いられてきていることも含めて，化学分析操作における時間に関する表現の具体例を次に示す．

　(a)　所定の時間を表すときは，"10秒"，"20分"，"30日"などのように表す．特に正確な時間が必要なときは，注意を喚起するために"正確に20分間放置する"などのように表すこともある．

(b) 時間に所定の許容範囲を示す場合は，"30±1秒"，"20±1分"などのように許容範囲に"±"をつけて表す．この場合は，それぞれ 30 秒を基準として 1 秒の差，20 分を基準として 1 分の差を許容することを意味する．

(c) 時間に最低と最高の幅を示す場合は，"2〜5分"のように"〜"をつけて表す．この場合は，示されている最低と最高の間の任意の時間を採用してもよいことを意味する．

(d) 厳密でなく，およその時間を示す場合は，例えば"約 2 分"のように"約"をつけて表す．この場合は，2 分に近い値を意味し，(a)のように厳密に考えなくてもよいとき，あるいは(b)のように許容範囲をはっきり示さなくてもよいときなどに用いる．

以上のような時間の表し方以外に，一般に次のような表現の仕方をするので心得ておく必要がある．

(a) 例えば，溶液の煮沸を 10 分行う場合には，原則としてその単位の次に"間"をつけ，"10 分間"のように表す．ただし，"10 分後"，"20 分以内"などの場合には"間"をつけない．

(b) "直ちに"と示す場合には，次の操作を引き続き 30 秒以内で行うことを意味する．

(c) "数分間"，"数時間"などと表すことは原則として避け，やむを得ないときにだけ用いることにするが，それぞれ 4〜6 分間，4〜6 時間を意味する．また，"1 夜間"とは 16〜20 時間を意味する．

参 考 文 献

1) 武藤義一ほか（1984）：JIS 使い方シリーズ，化学分析マニュアル，p.68，絶版，日本規格協会
2) JIS K 0050：2005（化学分析方法通則）
3) JIS Z 8301：2008［規格票の様式及び作成方法 附属書 I（規定）数値・量記号・単位記号・数式］
4) JIS Z 8401：1999（数値の丸め方）

9. 体　　積

9.1　体積の単位と体積計

9.1.1　体積の単位

国際単位系（SI）では長さの基本単位がメートル（m）であり，組立単位として体積の単位は m^3，dm^3，cm^3，mm^3 などを用いる．しかし，化学分析ではリットルの単位が使用されることが多く，単位記号には ℓ，l，L が用いられている．最近では l と L のいずれかを用い，同一文書内では混同しないようにすることになっている．ただし，"l" は数字の "1" と見間違えやすいので，"L" を用いる例が多くなってきている．"L" の 1/1 000 は "mL（ミリリットル）" である．

1 リットルは古くは純水 1 kg が 1 気圧，最大密度の温度（3.98℃）で占める体積としていたが，その 1/1 000 である 1 mL と 1 稜（りょう）の長さが 1 cm の立方体の体積 1 cm^3 とは厳密には同一でなく，1 mL = 1.000 028 cm^3 であった．しかし，1964 年に国際的にリットルを立方デシメートルの特別の名称とみなすことにしたことにより，L = dm^3，すなわち，1 mL = 1 cm^3 となった経緯がある．ただし，このようなことからリットルは高い精度の結果を表現するときには使用しないことにしている．

9.1.2　標準温度

体積計は温度変化によって体積が変化し，ある一定温度のときだけ表示体積になる．この温度を標準温度といい，我が国をはじめ多くの国が 20℃ を採用している[1]．標準温度は，試験室の平均的な温度であることが望ましいが，我が国は南北に長いのでかなりの気温差があり，以前は 15℃ としていたこともある．しかし，国際的にも共通のほうが便利であり，試験室の空調化も一般

的となり，ほぼ快適な温度でもある 20℃ は標準として適しているといえよう．

 注(^{1}) 標準温度は物理・化学のデータの基準温度としても使われる．ただし，気体の標準状態は 0℃，1 気圧である．

9.1.3 化学用体積計

化学分析では液体の体積をはかることが多く，特に容量分析法ではビュレットをはじめ，メスピペット，全量ピペット，全量フラスコ，メスシリンダーなどをよく用いる．首太全量フラスコ及び乳脂計を含めてこれらは JIS R 3505:1994（ガラス製体積計）に規定されており，これらの計量器をまとめてガラス製体積計と呼んでいる．体積計の最大目盛値又は表示体積を"呼び容量"という．液体や気体の体積をはかるものとしてはほかに，プッシュボタン式液体用体積計，円錐形液量計，円筒形液量計，ガスビュレット，気体計量管，注射筒，マイクロシリンジなどがある．

これらの体積計を用いる際に，共通的な取扱い上の注意をまとめると次のようになる．

(a) 操作方法に示されている数値が，10 mL か 10.0 mL かによって用いる体積計は異なり，数値の意味と体積計の許容差を考えて適切なものを選ばなければならない．また，特に正確を要するときには校正を行う（9.3 節"ガラス製体積計の校正"参照）．

(b) 異なった体積計を 2 種類以上用いてはかり取ってはいけない．また，同じ体積計でも 2 回以上用いて和を求めることもできるだけ避ける．

(c) 体積計の洗浄は十分に行い，ビュレット，ピペット，全量フラスコでは特に内壁に水滴が残らないように注意する．また，ワセリンなどを除くにはアセトン又はエーテルとアルコールの混合溶媒を用いるとよい．

(d) 体積計は加熱して乾燥してはならない．通常は使用前にはかり取る溶液を少量用いて 3 回くらいとも洗いすれば乾燥しないですむことが多い．

(e) 体積計の目盛を読み取るときの目の位置は，ビュレットなど円筒型の体積計では液面と水平に（水平視定），円錐形では液面よりやや斜め上からと

する．なお，液面の位置は無色の液ではメニスカスの最低部の裏側に白い紙をあてると最下線が消えて見やすくなる．着色液では上縁部が見やすいが常に同じ位置で読むようにしなければならない．

(f) 液を入れたまま長い間放置してはならない．

(g) 栓付きの体積計では共通すり合わせのものが互換性があって便利であるが，そうでない場合は栓を糸などで体積計本体と結んでおく．また，使用後に保管するときは，栓が付かないように紙などをはさんでおく．

9.2 体積計の種類，規格，取扱い方

9.2.1 ビュレット

(1) 種類

ビュレットは，標準液を入れてその所要量を測定する場合のほか，任意の体積の液を正確にはかり取るときに用いる．通常は呼び容量 50 mL，最小目盛り 0.1 mL で図 9.1(a) のようなコック付きの無色のものを用いるが，過マンガ

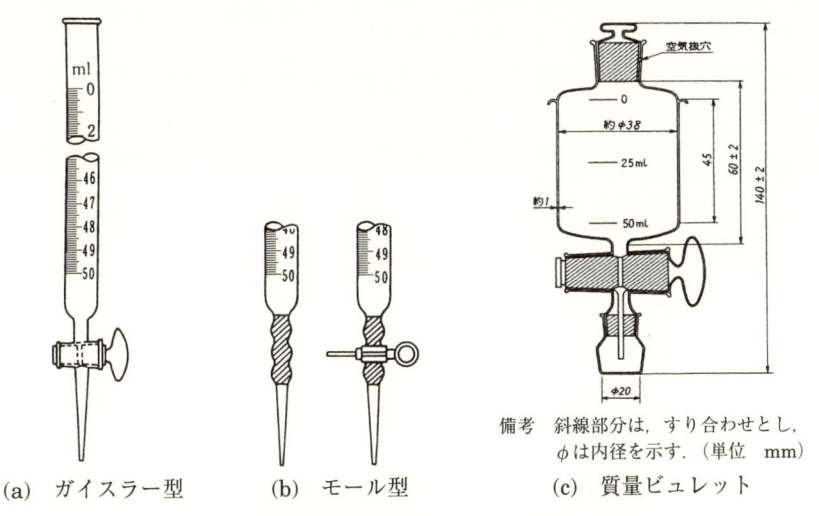

(a) ガイスラー型 (b) モール型 (c) 質量ビュレット

図 9.1 各種のビュレット [1), 2)]

ン酸カリウム溶液や硝酸銀溶液など光で分解しやすい溶液などには褐色のものを用いたほうがよい．また，1 mol/L 以上のアルカリ溶液にはガラスコックの代わりに図9.1(b)のようなピンチコック付き又はガラス球入りのゴム管を接続したもの（モール型）やふっ素樹脂製のコック付きのものを用いることが望ましい．

また，微量の滴定では呼び容量1〜5 mLで最小目盛 0.005〜0.02 mL のミクロビュレットやセミミクロビュレットを用いる．このほかに，液を入れる瓶が付いていて空気圧で液をビュレットに供給しゼロ目盛に定まるため付きビュレット，自動滴定装置などに用いる注射器状のものでピストンを定速モーターで動かし，その時間から液の体積（排出量）を知るピストン式ビュレット，精密な体積を知るために液の排出量をその質量から求める図9.1(c)のような質量ビュレットなど種々のものがある．

(2) 規　格

ビュレットの構造や機能などについては，JIS R 3505 : 1994（ガラス製体積計）に規定している．表9.1に示すように，ビュレットの呼び容量は 1 mL, 2 mL, 5 mL, 10 mL, 25 mL, 50 mL, 100 mL のものがあり，それぞれの各部寸法，体積許容差が規定されている．

また，コックからの漏水は全量の水を満たし5分間放置したときに，体積許容差以内でなければならないとされているので，使用にあたっては注意する必要がある．

(3) 取扱い方

(a) コックのすり合わせ部分の水分をよくふいて乾かした後，良質のワセリンを穴が詰まらないように薄く塗る．ふっ素樹脂製コックの場合はワセリンを塗らなくてよい．滑らかに回転しなかったり液が漏れるときは，アランダム，コランダム，エメリーなどの研磨剤粉末（約10〜15 μm）を水で湿しコックにつけてすり直しをする．

(b) ビュレットが乾いていないときには，使用する液の少量を入れ，傾けながら回転して管壁を洗浄した後にコックを開いて液を排出し，この操作を3

9.2 体積計の種類，規格，取扱い方

回くらい行った後コックを閉じる．

(c) ビュレットをわずかに傾けて液をゼロ目盛の約 10 mm 上まで静かに入れる．このとき目盛部分を手で持たないようにし，また気泡が管壁に付かないように注意する．漏斗を用いて液を満たしてもよいが使用時には取り去っておく．

(d) ビュレットをビュレットばさみで垂直に保持し，コックを少し開いて液を少量ずつ排出させて液面を正しくゼロ目盛に合わせる．このときコックよりも下のノズル部分に気泡が残っていないことを確かめる．もし，残っているときはコックを全開し液を強く出して気泡を取り除く．

(e) 滴定などでビュレットから液を滴下するには図 9.2 のようになるべく

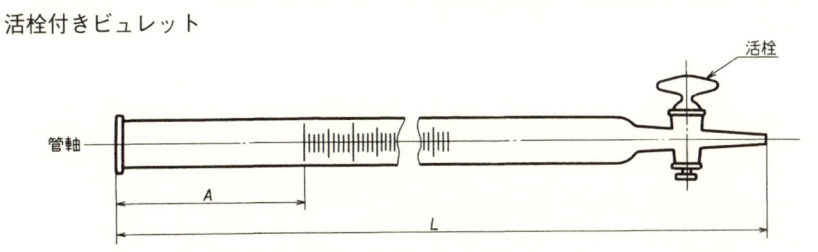

表 **9.1** ビュレットの構造と機能の規定[3]

活栓付きビュレット

項　目		呼び容量						
		1 ml	2 ml	5 ml	10 ml	25 ml	50 ml	100 ml
L (mm)		650 以下	670 以下	800 以下	870 以下	870 以下	870 以下	870 以下
A (mm)		50 以上	50 以上	50 以上	50 以上	50 以上	50 以上	50 以上
目量(最小目盛)(ml)		0.005 / 0.01	0.01	0.02	0.02 / 0.05	0.05	0.1	0.1 / 0.2
目盛が付された部分の長さ (mm)		150 以上	200 以上	250 以上	250 以上	300 以上	500 以上	500 以上
体積の許容誤差(ml)	クラス A	±0.01	±0.01	±0.01	±0.02	±0.03	±0.05	±0.05	±0.1
	クラス B	±0.02	±0.02	±0.02	±0.05	±0.05	±0.1	±0.1	±0.2

片手で，コックが緩んで液が漏らないように指で押し込み気味にして回す．コックの回し加減で流出速度を調節する．液が1滴ずつ排出できるようにあらかじめ練習しておく．

(f) 目盛を読むときは液を排出させてから一定時間後とし，最小目盛の1/10まで正確に読む．図9.3のようにすると読みやすい．使用後は液を排出し水で十分洗浄し，コックを開いたまま逆さに保持しておく．

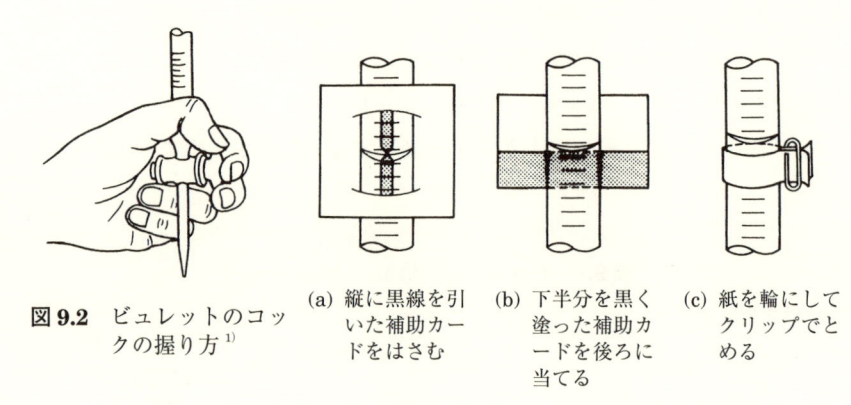

図 **9.2** ビュレットのコックの握り方[1]

(a) 縦に黒線を引いた補助カードをはさむ
(b) 下半分を黒く塗った補助カードを後ろに当てる
(c) 紙を輪にしてクリップでとめる

図 **9.3** ビュレット目盛の読み取り方[1]

9.2.2 ピペット

(1) 種類

全量ピペットは表9.2のような形で一定体積の液を正確にはかり取る場合に用い，標線まで満たした20℃の液を排出したときの体積が表示体積になる．表9.2に示すように，呼び容量が最少0.5 mL以下のものから最大200 mL以下のものまで段階的に各容量のものがある．安全装置付，自動式など多くの変形のものもある．

また，メスピペットはビュレットより簡単に任意の体積の液をはかり取る場合に用いる．表9.3のようなものがよく使われる．2 mL以下のものは全体が同じ径であり，また目盛が均一な径の部分だけのものと先端までのもの（先端

ピペット）とがある．1 mL 以下のもの，ゴム球を付けて使うスポイト式の駒込ピペット，注射筒を直結したもの，自動式のものなどもある．

(2) 規　格

全量ピペットは JIS では表9.2のように，また，メスピペットは JIS では表9.3のように規定されている．

(3) 取扱い方

全量ピペットは次のように取り扱う．

(a) ピペットの上端近くを親指と中指，薬指で支え，下端を液中 20～30 mm 程度浸し，上端に口を当てて液を吸い上げる．浸し方が浅いと液面がピペットから離れて空気を吸い込み，液が口に入る恐れがある．全量フラスコなどの場合は特に深く浸したほうがよい．また，毒性のある液，有機溶媒，比重の大

表 9.2　全量ピペットの形状と機能の規定[3]

項　目		呼び容量								
		0.5ml 以下	2 ml 以下	5 ml 以下	10 ml 以下	20 ml 以下	25 ml 以下	50 ml 以下	100 ml 以下	200 ml 以下
排水時間（s）		3～20	5～25	7～30	8～40	9～50	10～50	13～60	25～60	40～80
体積の許容誤差(ml)	クラスA	±0.005	±0.01	±0.015	±0.02	±0.03	±0.03	±0.05	±0.08	±0.1
	クラスB	±0.01	±0.02	±0.03	±0.04	±0.06	±0.06	±0.1	±0.15	±0.2

備考 1. 目盛が付された部分の内径は，呼び容量が 100 ml 以下では 8 mm 以下，200 ml 以下では 8.5 mm 以下でなければならない．
　　 2. 上端から目盛線までの長さ（安全球を含む．）は，80 mm 以上でなければならない．

きい液などのときは，口で吸わないでピペット用ゴム球（ピペッター）を付けて操作する．

(b) 液を標線の上約 20 mm のところまで吸い上げたとき図 9.4 のように人差し指で上端をふさぐ．このときピペットの上端や指が濡れていてはいけない．

(c) ピペットを液面から持ち上げ，ほぼ垂直に保持して先端をビーカーな

表 9.3 メスピペットの形状と機能の規定[3]

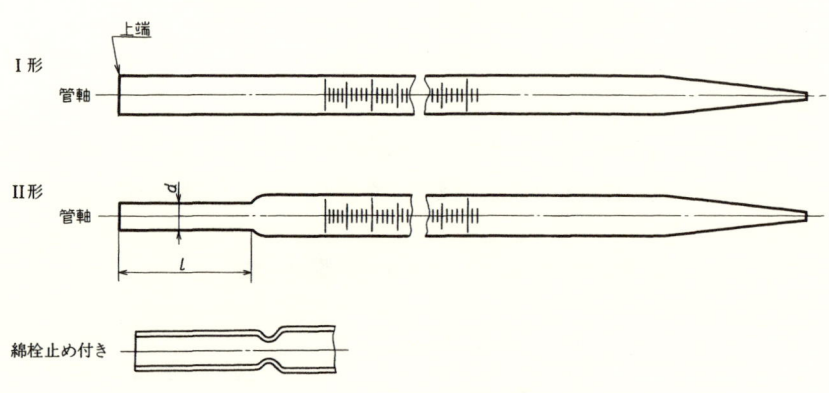

項 目		呼び容量								
		0.1〜0.5ml	1 ml	2 ml	3 ml	5 ml	10 ml	20 ml	25ml	50 ml
D (mm)		8 以下	8 以下	8 以下	8 以下	—	—	—	—	—
d (mm)		—	—	—	8.5 以下	8.5 以下	8.5 以下	8.5 以下	8.5 以下	8.5 以下
l (mm)		—	—	—	20 以上	20 以上	20 以上	20 以上	20 以上	20 以上
目量(最小目盛)(ml)		0.01 以下	0.01	0.02	0.02	0.05	0.1	0.1	0.1　0.2	0.2
排水時間 (s)		—	2 以上	2 以上	3 以上	3 以上	3 以上	3 以上	3 以上	3 以上
体積の許容誤差(ml)	クラスA	±0.005	±0.01	±0.015	±0.03	±0.03	±0.05	±0.1	±0.1	±0.2
	クラスB	—	±0.015	±0.02	±0.05	±0.05	±0.1	±0.2	±0.2	±0.4

備考 1. 呼び容量が 2 ml 以下は I 形，3 ml は I 又は II 形，5 ml 以上は II 形の形状とする．
　　 2. 上端から最上部の目盛線までの長さは，80 mm 以上でなければならない．
　　 3. 上部に吸い込みの危険を防止するための綿栓止めが付いていても差し支えない．
　　 4. 排水時間がこの規定に適合しない場合は，呼び容量が 1 ml 及び 2 ml には "< 2S"，3 ml 〜50 ml には "< 3S" の表示がなければならない．
　　　 なお，この場合の体積許容誤差はクラス B を適用する．

どの容器の内壁に軽く触れ，人差し指を少し緩めて液をごくわずかずつ排出させ，液面を標線に正しく合わせた後，人差し指に力を入れて液の排出を完全に止める．

(d) 移し入れる容器上にピペットを静かに移動し，その内壁に軽く触れながら人差し指を離して液を排出する．排出し終わったならばそのまま約15秒間保った後ピペットを取り去る．

(e) 使用後は水などで十分洗浄した後，先端がどこにも触れないようにピペット台などに置く．

この操作方法では液がピペット先端内にわずかに残るが差し支えない．残液処理の方法として，液の排出後上端を指でふさぎ球部を手で握り温めて内部の空気の膨張で液を押し出す方法，又は上端から軽く吹いて押し出す方法もあるが，いずれにしても常に同一の方法によることが大切である．

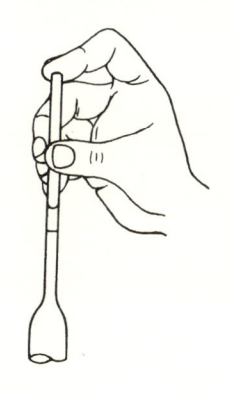

図 **9.4** ピペットの持ち方 [1]

9.2.3 全量フラスコ
(1) 種 類

標準液の調製又は試料溶液などを一定体積に薄める場合などに用いる．表9.4に併記したような形で受け用のものには "受用"，"In" 又は "TC"，排出

体積を測定するものは"出用","Ex"又は"TD"の標識が付されている．普通用いるのは受け用で，20℃の液を標線まで満たしたときの表示体積になり，出し用は標線まで満たした液を排出したときの体積が表示体積になる．全量フラスコのほかに，JIS R 3505 には首太全量フラスコ及び乳脂計が規定されている．また容量としては，10 mL 以下のものや，2 000 mL より大きいものも市販されている．

(2) 規　格
全量フラスコは JIS では表 9.4 のように規定されている．

(3) 取扱い方
固体試薬を用いて溶液を調製する場合，溶解しにくい物質や溶解・希釈の際の発熱又は吸熱量が多い場合には，あらかじめビーカーなどの中で完全に溶解し，又はある程度希釈してほぼ常温になってから全量フラスコに移し，ビーカーは水などで数回洗って移す．標線の下 10 mm ぐらいまでときどき振り混ぜながら水などを満たし，最後はピペットなどで液面が標線に正しく合うまで水などを滴下する．洗浄瓶を用いると入れ過ぎることがしばしばある．栓をして振り混ぜる．

9.2.4　メスシリンダー

メスシリンダーは，おおよその液の体積をはかる場合に用い，受け用である．高さが内径の 5 倍以上ある円筒形で，JIS では表 9.5 に示すように規定されている．

9.2.5　その他の体積計量器

上記以外の体積計量器はたくさんある．例えば，メートルグラスとも呼ばれる円錐形液量計（10～1 000 mL），メスシリンダーより内径の大きい円筒型液量計や手付きの円筒型（10～2 000 mL）もある．これらはメスシリンダーより精度は悪いが用途に合わせて用いることができる．

また，気体試料などの体積をはかる器具として，ガスビュレット，気体計量

9.2 体積計の種類,規格,取扱い方

表 9.4 全量フラスコの形状と機能の規定[3]

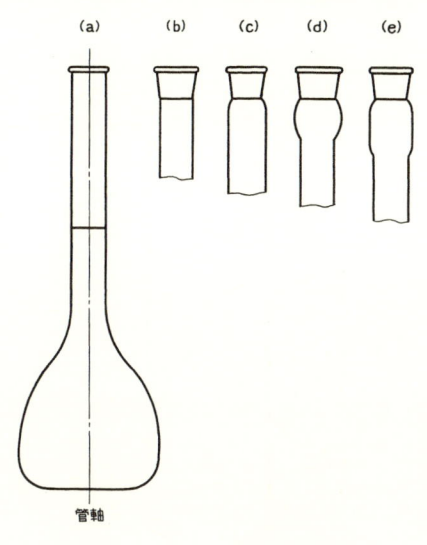

項　目		呼び容量							
		5 ml	10 ml	20 ml	25 ml	50 ml	100 ml	200 ml	250 ml
目盛線が付された部分の内径[(1)](mm)		10 以下	10 以下	12 以下	12 以下	14 以下	14 以下	17 以下	17 以下
体積の許容誤差(ml)	クラス A	±0.025	±0.025	±0.04	±0.04	±0.06	±0.1	±0.15	±0.15
	クラス B	±0.05	±0.05	±0.08	±0.08	±0.12	±0.2	±0.3	±0.3

項　目		呼び容量							
		300 ml	500 ml	1 000 ml	2 000 ml	2 500 ml	3 000 ml	5 000 ml	10 000 ml
目盛線が付された部分の内径[(1)](mm)		24 以下	24 以下	25 以下	30 以下	34 以下	35 以下	50 以下	65 以下
体積の許容誤差(ml)	クラス A	±0.25	±0.25	±0.4	±0.6	±1.5	±2.0	±2.0	±5.0
	クラス B	±0.5	±0.5	±0.8	±1.2	—	—	—	—

注[(1)] 目盛線が付された部分が円筒形でないときは,内径の最も広い部分の長さとする.
備考 1. 出用の体積の許容誤差は,表の値の 2 倍とする.
　　　なお,この場合の実体積は,全量の水を自由流出させた後,滴下の状態になってから 30 秒間に排出された量までとする.
　　2. 図の (a) 及び (b) の上部はすり合わせのないもの,(c),(d) 及び (e) の上部はすり合わせがあるものの例とする.

9. 体　積

表 9.5　メスシリンダーの形状と機能の規定[3]

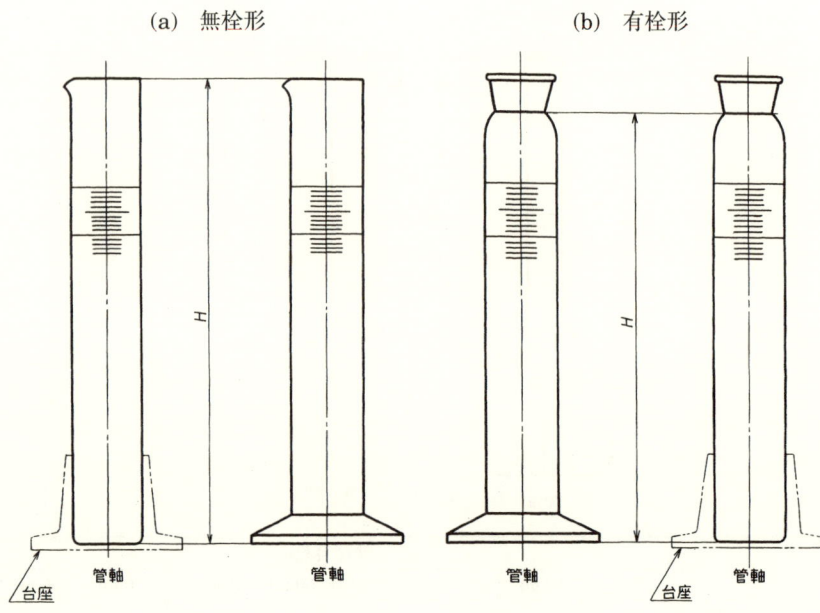

(a) 無栓形　　　　　　　　(b) 有栓形

項　目		呼び容量								
		5 ml	10 ml		20 ml	25 ml		50 ml		100 ml
H(mm)		130 以下	185 以下		215 以下	215 以下		225 以下		260 以下
目量(最小目盛)(ml)		0.1	0.1	0.2	0.2	0.2	0.5	0.5	1	1
体積の許容誤差(ml)	クラス A	±0.1	±0.2		±0.2	±0.25		±0.5		±0.5
	クラス B	±0.2	±0.4		±0.4	±0.5		±1.0		±1.0

項　目		呼び容量							
		200 ml		250 ml		300 ml		500 ml	1 000 ml	2 000 ml
H(mm)		335 以下		335 以下		335 以下		390 以下	470 以下	570 以下
目量(最小目盛)(ml)		2	5	2	5	2	5	5	10	20
体積の許容誤差(ml)	クラス A	±1.0		±1.5		±1.5		±2.5	±5.0	±10.0
	クラス B	±2.0		±3.0		±3.0		±5.0	±10.0	±20.0

備考　台座は，ほうけい酸ガラス以外でもよい．

管，ガスメーター，注射筒，マイクロシリンジなどがある．マイクロシリンジはガスクロマトグラフィーや高速液体クロマトグラフィーにおいて試料を装置に導入する場合によく使われる．気体用は気密が保たれるようにしてあり，容量は 1～10 mL 程度．液体用は容量 0.1～100 mL 程度で針の部分が交換できるようになったものやプランジャーが曲がらないようにガイドを付けたものもある．

一定量の溶液を簡単に分取できる体積計にプッシュボタン式液体用微量体積計がある．JIS K 0970 : 1989（プッシュボタン式液体用微量体積計）にはこの体積計について次のように規定している．

> "容器から他の容器へ溶液を移し替える目的で，吸入した一定量の液体の全量を排出することができるエアクッションをもつプッシュボタン式液体用微量体積計で，吸入できる全容量が 5 μL 以上 1 000 μL 以下の手動式のもの．"

この体積計の構造の一例を図 9.5 に，はかり取りにおける精度について表 9.6 に示す．

表 9.6 プッシュボタン式液体用微量体積計の性能の規定 [4)]

単位 ％

表示容量（μl）	5 以上 8 未満	8 以上 15 未満	15 以上 25 未満	25 以上 75 未満	75 以上 150 未満	150 以上 350 未満	350 以上 750 未満	750 以上 1 000 以下
正確さ	±6.0	±4.0	±3.5	±2.5	±2.0	±1.5	±1.2	±1.0
変動係数	≦2.0	≦1.5	≦1.0		≦0.7	≦0.5	≦0.3	

9.3 ガラス製体積計の校正

9.3.1 ビュレットの校正

(a) 十分に洗浄したビュレットに室温とほぼ同じ温度の水を入れ，正しく 0 mL の目盛に液面を合わせておく．

(b) 共栓付き三角フラスコ（300 mL）の質量を 1 mg の桁まで正しくはかった後，このフラスコ中に実際に滴定を行うときと同じくらいの速さで水を 5

9. 体　積

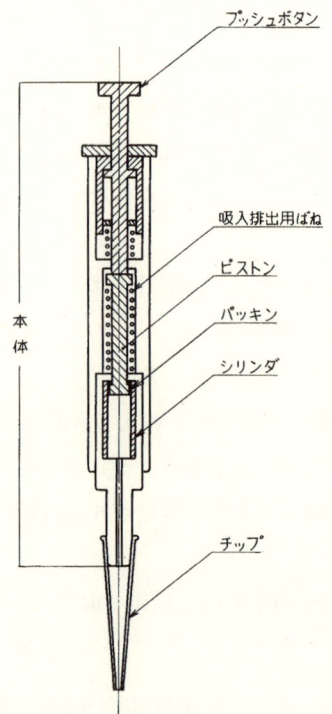

図9.5　プッシュボタン式液体用微量体積計の構造の一例[4]

mL の目盛まで排出させて2分後にそのときの目盛を正しく読み取る（5.00 mL でなくてもよい）．共栓をしてその質量をはかる．

(c) この操作を，0 → 10 mL，0 → 15 mL，…，0 → 50 mL のように続ける．

(d) 別に水温，室温，気圧を測定し，次の式によって校正値を求める．

$$D = W/\{[1\,000\,000 - (P+P')]/1\,000\} - C \tag{9.1}$$

ここに，D：C（mL）に対する補正値（mL）

　　　　　W：0 → C mL の水の質量（mg）

　　　　　P：標準状態（室温20℃，101.325 kPa）における質量の補正値（mg）（表9.7参照）

　　　　　P'：室温と気圧が20℃，101.325 kPa から外れていることに

9.3 ガラス製体積計の校正

よる質量の補正値（室温 ± 1℃ につき ∓4.0 mg，気圧 ± 0.133 kPa につき ± 1.3 mg）

C：ビュレットの目盛の読み（mL）

以上の校正値を縦軸に，ビュレットの目盛を横軸にとってプロットした点を直線で結び校正曲線を作る．

なお，表 9.7 は，室温 20℃，気圧 101.325 kPa のとき，それぞれの水温の水 1 000 mL([1]) を 1 L の体積計を用いて採取し，その空気中でのひょう量値（W）を次式を用いて算出し，水温と 1 000 000 − W(mg)（＝P）([2]) との関係を示したものである．

表 9.7 標準状態における補正値（P）[1]

水温 ℃	0.0	0.1	0.2	0.3	0.4	0.5	0.6	0.7	0.8	0.9
5	1 462	1 462	1 462	1 462	1 462	1 462	1 462	1 462	1 462	1 462
6	1 462	1 464	1 465	1 466	1 468	1 470	1 471	1 472	1 474	1 476
7	1 477	1 480	1 482	1 484	1 487	1 490	1 492	1 494	1 497	1 500
8	1 502	1 506	1 511	1 516	1 520	1 524	1 529	1 534	1 538	1 542
9	1 547	1 552	1 558	1 564	1 569	1 574	1 580	1 586	1 591	1 596
10	1 602	1 610	1 617	1 624	1 632	1 640	1 647	1 654	1 662	1 670
11	1 677	1 686	1 694	1 702	1 711	1 720	1 728	1 736	1 745	1 754
12	1 762	1 772	1 781	1 790	1 800	1 810	1 819	1 828	1 838	1 848
13	1 857	1 868	1 878	1 888	1 899	1 910	1 920	1 930	1 941	1 952
14	1 962	1 974	1 985	1 997	2 008	2 020	2 032	2 043	2 055	2 066
15	2 078	2 092	2 105	2 118	2 132	2 146	2 159	2 172	2 186	2 200
16	2 213	2 227	2 242	2 256	2 271	2 285	2 299	2 314	2 328	2 343
17	2 357	2 372	2 388	2 404	2 419	2 434	2 450	2 466	2 481	2 496
18	2 512	2 529	2 545	2 562	2 578	2 595	2 612	2 628	2 645	2 661
19	2 678	2 696	2 713	2 730	2 748	2 766	2 783	2 800	2 818	2 836
20	2 853	2 872	2 890	2 908	2 927	2 946	2 964	2 982	3 001	3 020
21	3 038	3 058	3 077	3 096	3 116	3 136	3 155	3 174	3 194	3 214
22	3 233	3 254	3 276	3 298	3 319	3 340	3 362	3 384	3 405	3 426
23	3 448	3 470	3 491	3 512	3 534	3 556	3 577	3 598	3 620	3 642
24	3 663	3 686	3 708	3 730	3 753	3 776	3 798	3 820	3 843	3 866
25	3 888	3 912	3 935	3 958	3 982	4 006	4 029	4 052	4 076	4 100
26	4 123	4 148	4 172	4 197	4 221	4 246	4 271	4 295	4 320	4 344
27	4 369	4 394	4 420	4 446	4 471	4 496	4 522	4 548	4 573	4 598
28	4 624	4 650	4 679	4 704	4 730	4 756	4 783	4 810	4 836	4 862
29	4 889	4 917	4 944	4 972	4 999	5 027	5 055	5 082	5 110	5 137
30	5 165	5 192	5 220	5 248	5 275	5 302	5 330	5 358	5 385	5 412
31	5 440	5 470	5 499	5 528	5 558	5 588	5 617	5 646	5 676	5 706
32	5 735	—	—	—	—	—	—	—	—	—

$$W = V[1 + a(t-20)]d_t / [1 + \rho(1/d_t - 1/d')] \tag{9.2}$$

ここに，W：t ℃の水 1 000 mL の質量 （g）

V：20 ℃のときの 1 L の体積計の体積（1 000 mL）

a：ガラスの体膨張係数（0.000 010 K^{-1}）

d_t：t ℃の水の密度（g/cm^3）

ρ：標準状態における相対湿度 50％の湿潤空気の密度

（0.001 199 g/cm^3）

d'：分銅の密度（8.0 g/cm^3）

注(^{1}) 20℃の水の密度としては，0.998 21 g/cm^3 が使われている．

(^{2}) 室温と気圧が，それぞれ 20℃，101.325 kPa から異なる場合は，室温 ±1℃について∓4.0 mg，気圧±0.133 kPa について±1.3 mg の補正を行わなければならない．

9.3.2 全量ピペットの校正

(a) 1 mm 目盛の方眼紙を図 9.6 のように 20 mm の長さに細長く切って目盛紙とし，十分に洗浄した全量ピペットの標線に目盛紙の中央線を合わせてはり付ける．

(b) 共栓付き三角フラスコ（100 mL）の質量を mg の桁まで正しくはかった後，室温とほぼ同じ温度の水をピペットに吸い上げ，液面を目盛紙の下端 B に正しく合わせた後，水を三角フラスコ中に排出させ，共栓をしてその質量をはかる．

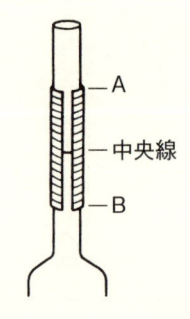

図 9.6 ピペットの校正 [1)]

9.3 ガラス製体積計の校正

(c) 再び水を吸い上げて液面を目盛紙の上端 A に正しく合わせた後,下端 B までの水を (b) の三角フラスコ中に排出させ,共栓をしてその質量をはかる.

(d) 別に水温,室温,気圧を測定し,次の式によって正しい標線の位置を算出する.

$$S = [\{1\,000\,000 - (P + P')\}/f - W_B]/(W_A - W_B)/20 \tag{9.3}$$

ここに, S：正しい標線の位置（目盛紙の下端 B からの目盛数）

P, P'：式(9.1)と同じ.

f：1 000 mL/ 補正する全量ピペットの呼び容量（mL）

W_A：目盛紙上端 A までの水の質量（mg）［（二度目に水を入れてはかった質量）−（空の三角フラスコの質量）］

W_B：目盛紙下端 B までの水の質量（mg）［（初めに水を入れてはかった質量）−（空の三角フラスコの質量）］

(e) 目盛紙を取り去り,別に細長く切った 20 目盛の方眼紙に計算で得た目盛 S をインキなどで記し,その表面を内側にしてピペットの標線に中央線を重ねてはり付ける.以後この新しい標線を用いる.

なお,ピペットに刻まれてある標線を用いたときの体積を求め,表示体積の代わりに使うか,又はこれと表示体積との差を校正値としてもよい.計算は次の式による.

$$V_{20} = 1\,000 \times W/[1\,000\,000 - (P + P')] \tag{9.4}$$

ここに, V_{20}：20℃における標線までの体積（mL）

W：標線までの水の質量（mg）

P, P'：式(9.1)と同じ.

メスピペットの校正はビュレットに準じて行う.

9.3.3 全量フラスコの校正

(a) 十分に洗浄した全量フラスコを逆さにして自然乾燥するか,又は水洗後,エタノール,次にジエチルエーテルでゆすぎ,空気を通じて乾燥する.

(b) ピペットの場合と同様に目盛紙をはり付けた後,その質量をはかる.

はかるときの正確さは，呼び容量が 50 mL のときは ± 0.02 mg，100 mL のときは ± 0.05 mg のように 0.5/1 000 又はそれ以下の誤差に抑える．

(c) 室温とほぼ同じ温度の水を目盛紙の下端 B まで入れてその質量をはかった後，更に水を目盛紙の上端 A まで入れて質量をはかる．

(d) 別に水温，室温，気圧を測定し，ピペットのときと同じ計算式によって正しい標線を求め，新しい標線を記した目盛紙にはり換える．メスフラスコに刻まれてある標線の体積をピペットの場合と同様に正しく求めておいてもよい．

9.4 JIS における計量関係の表現

9.4.1 数値の表し方とその意味

(a) "10 mL"，"10.0 mL" などのように単に数値を示す．この場合には，丸めた結果が示された値になることを意味する．

(b) "5 ± 0.2 mL" などのように "±" を付けて許容範囲を示す．この場合には，5 mL を基準として丸めた結果が 4.8 mL から 5.2 mL の範囲に入るような値であることを意味する．

(c) "10〜15 mL" などのように "〜" を付けて最低と最高とを示す．この場合には，丸めた結果が 10 mL から 15 mL の範囲に入るような任意の値であることを意味する．

(d) "約 2 mL" などのように "約" を付けて示す．この場合には，2 mL に近い値であることを意味し，(a) のように厳密に考えなくてよいとき，又は (b) のように許容範囲をはっきり示さなくてもよいときなどに用いる．

9.4.2 体積計の体積の表し方

体積計を指定する場合には，"100 mL の全量フラスコ"，"50 mL のビュレット" などのように呼び容量を前に付けて表す．

9.4.3 溶液の分取

"溶液を分取する"とは,溶液をメスフラスコなどを用いて正しく一定体積にした後,ピペットなどを用いてその一定量を分けてはかり取ることを意味する.

引 用 文 献

1) 武藤義一ほか (1984):JIS 使い方シリーズ 化学分析マニュアル,p.52, 57, 58, 60, 62,絶版,日本規格協会
2) JIS K 8005:2006(容量分析用標準物質),p.4
3) JIS R 3505:1994(ガラス製体積計),p.7-10, 12
4) JIS K 0970:1989(プッシュボタン式液体用微量体積計),p.2

10. pH

10.1 pHの定義

1909年,セーレンセン(Sørensen)によって提案されたpHの定義は,

$$pH = -\log c_H \tag{10.1}$$

であった.ここに,c_Hは水素イオンのモル濃度(mol/L)である.その後,水素イオン濃度の代わりに水素イオン活量a_Hを用いた式(10.2)の定義に改められた(1924年).

$$pH = -\log a_H \tag{10.2}$$

pHは量記号で,無次元の量である.水素イオン活量a_Hと水素イオン濃度c_Hとの関係は,$a_H = f_H c_H$で表される.ただし,f_Hは水素イオン活量係数である.pHは,従来ペーハーと呼ばれることが多かったが,JIS等では"ピーエッチ"と読むことに決めている.

式(10.2)によるpHは実測不可能な単一イオンの活量を含んでいるので,これは概念的な定義で実測できない値である.実際のpH測定にあたっては,pH指示電極を試料溶液に浸してその電位Eを測定し,ネルンスト(Nernst)式を用いてpHを計算する.

$$E = E' + (RT/F)\ln a_H = E' - 0.059\,1\,pH \quad (25℃) \tag{10.3}$$

ここに,R:気体定数
　　　　T:熱力学温度
　　　　F:ファラデー定数

電位EとpH値とは直線関係にあり,E'はpH標準液を用いて求める.

物理化学的に測定が可能な実用的pH体系が幾つか提唱されているが,世界的に統一された体系はなく,各国が独自のpH体系を基に国内でのトレーサビリティを維持している[*].我が国では,JIS Z 8802 : 1984(pH測定方法)に

おいて，ガラス電極を用いる pH 計による水溶液の pH 測定だけに限定し，できるだけ式(10.2)の定義に近い pH 値が得られる方法を決めている．すなわち，同温度の 2 種類の水溶液 X 及び S のそれぞれの pH 値を $\mathrm{pH}(X)$ 及び $\mathrm{pH}(S)$ で表すと，それらの pH 値の差は次式により表される．

$$\mathrm{pH}(X) - \mathrm{pH}(S) = (E_\mathrm{s} - E_\mathrm{x})/\alpha \tag{10.4}$$

ここに，E_x 及び E_s：それぞれ水溶液 X 及び S 中でガラス電極と比較電極（参照電極）とを組み合わせた電池の起電力

α：比例定数

したがって，$\mathrm{pH}(S)$ と α が既知であれば $\mathrm{pH}(X)$ が求められる．このように，pH 値の標準は $\mathrm{pH}(S)$ の水溶液 S が基準となることから，国が純度を決定した試薬から調製した一定濃度の水溶液が示す pH を基準としている．

10.2 ガラス電極を用いる pH 測定

pH 測定には幾つかの方法があるが，ここでは JIS Z 8802 を基に，主にガラス電極を用いる pH 計による測定方法を取り上げる．

10.2.1 pH 計（pH メーター）

ガラス膜を利用したガラス電極と比較電極の組合せは，$10^7 \sim 10^9\,\Omega$ 程度の非常に大きい内部抵抗を有する電池であることから，その起電力を正確に測定するためには，電池の内部抵抗より測定器の入力インピーダンスのほうがかなり大きくなくてはならない．したがって，pH 測定には，一般に高入力インピーダンス（$10^{13}\,\Omega$ 程度）電圧計や電位差計が用いられる．

pH 計は，検出部，増幅部，指示部からなり，使用目的によって携帯用，卓

---

* 2002 年，IUPAC（International Union of Pure and Applied Chemistry：国際純正・応用化学連合）より Harned cell による定義が勧告され，改正の可能性がある．
　Measurement of pH. Definition, standards, and procedures (IUPAC Recommendations 2002), *Pure & Appl. Chem.*, Vol. 74, No. 11, p. 2169.

上用，定置用に分けられ，その性能によって表 10.1 に示す 4 形式がある．検出部は，ガラス電極，比較電極，温度補償用感温素子（ない場合もある）及びこれらを保持するホルダーからなる．増幅部は，検出部の起電力を増幅し，かつ温度補償のための演算を行い，指示部に必要なレベルの電気信号に変換する能力をもつ．具体的には，ゼロ校正のためのゼロ調整ダイヤル，スパン校正のためのスパン調整ダイヤル及び pH 標準液の温度に合わせるための温度補償用ダイヤル（設定のない pH 計もある）を付属する．指示部は，測定結果を表示する指示計又は記録計のいずれか又は両方を用いるものからなる．指示方式は，アナログ式又はディジタル式のいずれか又は両方である．

表 10.1 pH 計の形式と性能及び pH 標準液の温度依存性

pH 計の形式	繰返し性[1]	直線性[2]	pH 標準液の温度の測定精度	校正中の pH 標準液の温度の安定性
0	±0.005	±0.03 以内	±0.1℃	±0.2℃
I	±0.02		±0.5℃	±0.5℃
II	±0.05	±0.06 以内	±0.5℃	±2℃
III	±0.1	±0.1 以内		

注[1] 任意の 1 種類の pH 標準液を用いて 3 回測定したときの指示値より求める．
[2] 中性りん酸塩 pH 標準液及びフタル酸塩 pH 標準液を用いて pH 計を校正した後，ほう酸塩 pH 標準液に浸してその値を読む．洗浄・水分除去後，再び同じほう酸塩 pH 標準液に浸して指示値を読む．この測定を 3 回行い，得られた平均値と用いたほう酸塩 pH 標準液の pH 値との差より求める．

10.2.2 ガラス電極

厚さ 0.02〜0.2 mm 程度のガラス薄膜を，水素イオン活量がそれぞれ a_1，a_2 の溶液 1 及び溶液 2（溶媒は同一）の間に挿入すると，膜の両側の溶液に膜電位 E_M が現れる．

$$E_M = \pm (RT/F)\ln(a_2/a_1) \tag{10.5}$$

式(10.5)の符号は，陽イオンでは正，陰イオンでは負をとる．$a_1 = a_2$ の場合には $E_M = 0$ になるはずであるが，ガラス膜などではわずかな電位差（不斉電位，asymmetry potential）が生じる．膜電位を pH 測定に利用したものがガラス

電極であり，二つの溶液のpHが1異なる場合，25℃で約59.1 mV（= 2.302 6 RT/F）の起電力が生じる［式(10.3)］．ガラス電極（glass electrode）は内部電極（例えば，銀—塩化銀電極）と内部液を含み，内部液には通常pH 7の溶液（一定濃度の塩化カリウムを含むりん酸塩緩衝液など）が用いられるから，電極膜に生じた起電力を測定すれば求める溶液のpH値がわかる．

ガラス膜を水や希酸溶液に漬けると表面が加水分解され，厚さ数十マイクロメートル（μm）程度の水和したけい酸のゲル層がガラス表面に形成される．けい酸ゲル層で覆われたガラス膜を溶液に浸すと，ゲル層中のけい酸イオンに結合していた水素イオンは一部解離し，けい酸の骨格は溶液に対して負の電位をもつようになる．この起電力は水素イオンの解離を抑えるように働き，けい酸イオン骨格に結合した水素イオンが解離しようとする力とつり合ったところで平衡が成り立つ．この平衡に達したときの電位の絶対値は，ゲル層中のけい酸の解離しようとする傾向が強いほど大きくなる．すなわち，溶液中の水素イオンの濃度が小さいほど，膜は溶液に対して大きい負の電位を示すことから，ガラス内部と溶液内部との間の起電力は，溶液中の水素イオンの濃度に応じた値を示すことになる．

ガラス電極は平衡時間が早く，再現性のよい膜電位を利用したものであり，酸化剤や還元剤の影響を受けない．また，測定可能なpH範囲は1〜13と広い．ガラス電極は，使用温度範囲によって，常温用（0〜60℃）と高温用（40〜100℃）に区分される．それらの性能は，JIS Z 8805 : 1978（pH測定用ガラス電極）の規定に適合していなければならない．

ガラス電極のガラス膜に生じた起電力を測定するには，比較電極（reference electrode）が必要である．比較電極（作用電極又は指示電極との電位を測定又は制御するために基準とする電極）は，種々の形状をした液絡部（内部液と試料溶液とが接する部分），内部液，比較電極内部液，内部電極，電極リード線などから構成され，内部電極には主に銀—塩化銀電極やカロメル電極が用いられる．ガラス電極で生じる起電力は溶液の温度によって変化するので，その変化を補償するための素子（温度補償用感温素子）が必要となる場合がある．

これらを一体化した複合電極,一本電極もある.用途に応じて種々の形をしたガラス電極が市販されている.

10.2.3 pH標準液

pH計を用いてpH測定を行う際には,pH標準液(緩衝液)を用いて必ずpH計の校正を行わなければならない.したがって,pH標準液は国際的に統一されている必要があり,1985年のIUPAC勧告において0.05 mol/kgフタル酸水素カリウム水溶液を基準値pH標準液(reference value pH standard)と定めている.0~95℃の温度におけるpHの最も信頼性の高い値を表10.2に示す.表に記載されていない温度における値は補間して求める.我が国では,(独)産業技術総合研究所が所有する基準物質から,トレーサビリティのあるpH標準液を調製する供給体系が確立されている.JCSS (Japan Calibration Service System) 制度(計量法に基づくトレーサビリティ制度)では,小数点以下第3位まで保証した第1種(精度±0.005 pH)と第2位までとした第2種(精度±0.015 pH)のpH標準液(6品目10種類)が供給されている(表10.3).なお,式(10.2)の濃度単位にはmol/kgが採用されているが,表10.3に示すmol/Lを用いてもその値はほとんど違わない.

表10.2 種々の温度における0.05 mol/kgフタル酸水素カリウムpH標準液のpHの値[1]

$t/℃$	pH	$t/℃$	pH	$t/℃$	pH
0	4.000	35	4.018	65	4.097
5	3.998	37	4.022	70	4.116
10	3.997	40	4.027	75	4.137
15	3.998	45	4.038	80	4.159
20	4.001	50	4.050	85	4.183
25	4.005	55	4.064	90	4.21
30	4.011	60	4.080	95	4.24

表10.3　pH標準液の種類と品質・組成

名　称	JCSS pH標準液のpH値　上段：第1種(25℃)　下段：第2種(25℃)	調製pH標準液の組成
しゅう酸塩pH標準液	1.679 1.68	0.05 mol/L 四しゅう酸カリウム水溶液
フタル酸塩pH標準液	4.008 4.01	0.05 mol/L フタル酸水素カリウム水溶液
中性りん酸塩pH標準液	6.865 6.86	0.025 mol/L りん酸二水素カリウム－0.025 mol/L りん酸水素二ナトリウム水溶液
りん酸塩pH標準液	7.413 7.41	—
ほう酸塩pH標準液	第1種は規定されていない 9.18	0.01 mol/L 四ほう酸ナトリウム水溶液
炭酸塩pH標準液	第1種は規定されていない 10.01	0.025 mol/L 炭酸水素ナトリウム－0.025 mol/L 炭酸ナトリウム水溶液

10.3　pH測定方法

ここでは一般的なpH測定方法の例として，JIS Z 8802を中心に記述する．

10.3.1　pH計の準備

(a) 使用前にあらかじめpH計の電源を入れ，30分間以上暖機する．
(b) ガラス電極（検出部）先端を水で繰り返し3回以上洗い，水滴はきれいなろ紙などで拭いておく．

10.3.2　pH計の校正

ガラス電極を用いる測定の場合，水素電極と異なりpHと起電力との比例定数は理論値と一致しない．したがって，2種類以上の標準液を用いてpH計を

校正する必要がある．測定目的等によって，第1種と第2種のpH標準液のいずれかを選定する．pH計の校正は，ゼロ校正とスパン校正とで行う．

(a) 水分を拭いたガラス電極を中性りん酸塩pH標準液に浸し，pH計の指示が安定したところで，中性りん酸塩pH標準液の温度に対応する値にゼロ調整ダイヤルを調整して校正する（ゼロ校正）．温度補償用ダイヤル又はデジタルスイッチの設定があるものは，目盛値をpH標準液の温度に合わせる．

(b) 試料溶液のpH値に応じて選定した標準液に水滴を拭いたガラス電極を浸し，pH計の指示が安定したところで，pH標準液の温度に対応する値にスパン調整ダイヤルを調整して校正する（スパン校正）．測定の正確さは，標準液のpH値の正確さによって決まる．試料溶液のpH値が7以下の場合にはフタル酸塩pH標準液又はしゅう酸塩pH標準液，pHが7を超える場合にはりん酸塩pH標準液，ほう酸塩pH標準液又は炭酸塩pH標準液を用いる．なお，試料溶液のpH値が11以上の場合には，炭酸塩を含まない0.1 mol/L水酸化ナトリウム水溶液又は25℃における飽和水酸化カルシウム水溶液を用いることができる．それぞれの水溶液の20℃におけるpHの値は，13.1及び12.63である．

(c) ゼロ校正とスパン校正の操作を交互に行い，それらのpH値が使用したpH計の形式の繰返し性範囲（表10.1）内でpH標準液の温度に対応するpH値と一致するまで校正する．

10.3.3　pH測定操作

(a) pH計を校正した後，電極を水で十分に洗浄し，水分を除く．

(b) ガラス電極を直ちに試料溶液に浸し，pH計の指示が安定したところでpH値を読み取る．このときの水温を記録する．

(c) ガラス電極を洗浄後，同様な手順で測定を繰り返して平均値を求め，試料溶液のpH値とする．

(d) 測定終了後，ガラス電極は十分に水洗してから水中に漬けておく．

10.3.4 測定結果の記録

pH 測定値とともに，測定時の試料溶液の温度及び用いた pH 計の形式を記録する．また必要に応じ，試料名，電極の形式・種類，校正に用いた pH 標準液の名称・品質，pH 計の名称（製造業者，型式など），校正時の pH 標準液の温度，測定年月日，測定者名などを記載する．

10.4 pH 測定上の留意点

10.4.1 pH 計設置の際の注意

(a) 電気・磁気的な雑音，酸の蒸気やほこりの多いところは避ける．
(b) 直射日光が当たらず，なるべく温度変化の少ない所が望ましい．
(c) 増幅・指示部のアースをとる．

10.4.2 ガラス電極等使用の際の注意

(a) 10.2.2 項からも明らかなように，ガラス膜の表面に水和したけい酸のゲル層が存在しなければガラス電極として機能しないので，ガラス膜は乾燥させずに常時水などと接触させて水和させておく．長く乾燥状態にあったガラス電極は，使用に先立って一夜（数分でよいともいわれている）水中に浸した後使用する．複合電極の場合には，比較電極の内部液と同じ溶液（通常は飽和塩化カリウム水溶液）に漬けておく．

(b) ガラス電極先端部が特に汚れている場合には，必要に応じて洗剤，0.1 mol/L 塩酸などで短時間洗い，更に流水で十分に洗う．

(c) 比較電極に内部液が十分入っているか確認する．また，飽和形比較電極の場合，塩化カリウムの結晶が析出して固く詰まっていないことを確かめる．

(d) 測定中は，比較電極の内部液補充口のふたが開放されていることを確認する．ただし，スリーブ形液絡の場合は閉じたままで使用する．

10.4 pH 測定上の留意点

10.4.3 校正及び測定の際の注意

(a) 誤差をできるだけ少なくするためには，試料溶液の pH 値に近い pH 標準液か，その値を挟む pH 値をもつ 2 種類の pH 標準液を用いて pH 計を校正することが望ましい．

(b) pH 標準液の保証年月を必ず確認し，容器は使用する pH 標準液で共洗いする．試料溶液の採取の場合も同様に共洗いする．また，ガラス電極も pH 標準液又は試料溶液で前もってすすぎ洗いする．異なる pH 標準液に移し替える場合，ガラス電極は必ず流水で洗う．

(c) 使用者の pH 標準液に対する扱い方が予測できないため，pH 標準液を開封した後は，原則として pH 値は保証されない．また pH 値は，保存容器内の空間部分が多くなるほど，保存温度が高くなるほど大きく変化する．特にアルカリ側 pH 標準液は空気中の二酸化炭素の影響で pH 値の変化が大きく，一度開封した pH 標準液を ±0.015 pH（第 2 種の精度）に維持できる期間は，酸性側 pH 標準液で 1 か月，アルカリ側 pH 標準液で 1 週間程度である．

(d) 調製 pH 標準液は，上質の硬質ガラス又はポリエチレン製の瓶中に密閉して保存するが，長期間の保存により二酸化炭素などを吸収して pH 値が変化することがあるので，新しく調製した pH 標準液の pH 値と同一であることを確認してから使用する．また，一度大気中に開放放置された調製 pH 標準液は使用してはならない．

(e) 測定中の試料溶液の温度は，表 10.1 に示した温度の安定性範囲内に保つようにする．また，試料溶液の温度は，校正時の pH 標準液の温度と同じにするべきである．両者の温度が異なる場合，校正した後に pH 計の温度補償用ダイヤルを試料溶液の温度に合わせることにより，その温度における試料溶液の pH をほぼ正しく求めることができる．

(f) 適用温度範囲は 0〜95℃ である．

(g) 試料溶液が緩衝性のない純水のような場合，正確な pH 値の測定はできない．

(h) 非水溶媒や混合溶媒の pH 測定では，液絡部で大きな液間電位差（liquid

junction potential difference；異なった組成の二つの液相間で各イオン種の移動速度の差によって生じる電位差）が生じ，しかも諸種の条件で大きく変動するのでpH測定は一般に困難である．

10.5 その他のpH測定方法

ガラス電極以外にpH測定に用いられる指示電極には，水素電極，キンヒドロン電極，アンチモン電極などがある．これらの電極はいずれも電極反応（酸化還元平衡）を利用したものであることから，共通の欠点として酸化剤や還元剤の共存の影響を受ける．

(a) 水素電極 水素イオンを含む溶液中に白金黒付白金電極を浸し，水素ガスを通じて調製した電極で，$2H^+ + 2e = H_2$の電極反応が安定にその平衡電位を示す．水素分圧が一定であれば，式(10.3)が成り立つ．電極電位の標準に用いられるものであるが，水素ガスを使用する不便さ，大気圧の変動に敏感などの短所がある．

(b) キンヒドロン電極 水に難溶性で，キノンとヒドロキノンとの分子間化合物であるキンヒドロンを飽和した溶液に平滑白金電極又は金電極を浸すと，

$$\text{キノン} + 2H^+ + 2e = \text{ヒドロキノン}$$

のような酸化還元平衡が成り立つ．キンヒドロンはキノンとヒドロキノンに解離し，両者の活量比は1となることから式(10.3)が適用できる．この電極は調製が簡単で，pH 1～8の範囲で迅速に高精度測定が可能であるが，ヒドロキノンはpH 8以上で解離や空気中の酸素による酸化が著しくなるという欠点を有する．

(c) アンチモン電極 アンチモン金属とその表面の難溶性三酸化二アンチ

モン被膜との間で，次の酸化還元平衡が成り立ち，式(10.3)が適用できる．

$$Sb_2O_3 + 6H^+ + 6e = 2Sb + 3H_2O$$

この電極は丈夫で，pH 3〜10 の範囲（この pH 範囲外では Sb_2O_3 が溶解）で長期間の使用に耐えるが，再現性は悪い．

このほかに，種々の pH に対応する標準色溶液を作っておき，この色と試料溶液中の指示薬の色とを比べる比色分析法があるが，操作が面倒であるためほとんど利用されない．一方，中和滴定用指示薬をしみ込ませて作った種々の pH 測定有効範囲を設定した pH 試験紙が市販されており，おおよその pH を簡易に測定する場合などに広く利用されている．

10.6　JIS における pH 値の表し方

通常の JIS による数値の表し方に準拠する（表 10.4）．

表 10.4　pH 値の表し方

記　　述	具体的な数字
pH 値 6, pH 値 6.0, pH 値 6.00	pH 値の許容差が，それぞれ±0.2，±0.1，±0.05 であることを意味する．
pH 値 6.5±0.5	pH 値 6.5 を基準として 6.0 から 7.0 の範囲に入る pH 値を意味する．
pH 値 6.0〜7.0	二つの pH 値（6.0 と 7.0）の間の任意の値を表す．
pH 値約 6	pH 値 6 に近い値を意味する．

引用・参考文献

1) 徳田耕一，仁木克己，伊豆津公佑訳 (1988)：pHs 尺度の定義，pH の標準値，測定および関連する述語（勧告 1984 年），*Electrochemistry*, Vol. 56, No. 2, p. 79
2) JIS Z 8802：1984（pH 測定方法）
3) JIS Z 8805：1978（pH 測定用ガラス電極）
4) JIS K 0802：1986（pH 自動計測器）
5) 佐藤弦，本橋亮一 (1987)：pH を測る，丸善
6) A. K. Covington, R. G. Bates, R. A. Durst (1985): Definition of pH scales, standard

reference values, measurement of pH and related terminology, *Pure & Appl. Chem.*, Vol. 57, No. 3, p. 531

11. 化学分析の基本操作

11.1 固体試料

化学分析の対象となる固体試料には,金属・合金,岩石・鉱物,土壌,セラミックス,電子材料などがある.ここでは,主に,金属・合金試料を化学分析する前に行う試料洗浄法及び保存法について述べる.

11.1.1 洗　　浄

(a) 化学分析用の金属及び合金の小片試料は,塊試料から,ファインカッター,フライス盤,ボール盤などの工具を使用し,切断や切削をして採取する.工具の刃の部分からは可能な限り油脂分をふき取っておく.試料切削工具などから鉄粉の混入の恐れがある場合,磁石で分離できるときは磁石を用いて取り除く[1〜3].採取された小片試料の表面が油脂などの有機物で汚染された場合,通常,エタノール及びジエチルエーテルなどの有機溶媒で洗浄[1〜4]した後,送風乾燥又は自然乾燥させる.有機溶媒による洗浄のときに,超音波洗浄[1]をすることがある.また,有機溶媒をしみ込ませたガーゼで試料表面を強く拭く[1]ことも行われる.

(b) 洗浄した試料をそのまま化学分析に供す場合,又は分析直前に,酸溶液などを用いて再洗浄する場合がある.それらの例を表11.1に示す.表11.1からわかるように,分析試料及び分析対象成分の違いによって洗浄法並びに再洗浄法が異なる.

(c) 高純度鉄試料をふっ化水素酸―過酸化水素水の氷冷混酸中で洗浄[5],又は酢酸―過塩素酸の氷冷混酸中で電解研磨[5]した後,蒸留水を用いデカンテーション(傾斜法)により3〜4回洗浄し,次にエタノール洗浄を2回行い,送風乾燥する.この試料をアルミニウム箔で包装し,デシケーター中で保存した

表 11.1 化学分析用切削小片試料採取後の洗浄法

分析試料	分析成分	小片試料洗浄 (順次洗浄)	再洗浄 (順次洗浄)	JIS
鉄鋼	銅	アセトン	—	G 1257 : 1994 附属書 22
銅	水素	ヤスリ研磨→ エタノール→ ジエチルエーテル→ アセトン	シアン化カリウム溶液→ 水(^{1})→エタノール→アセトン	Z 2614 : 1990
電気銅	ひ素, アンチモン, ビスマス, 鉛, 硫黄	エタノール→ アセトン	—	H 1101 : 1990
	銅		酢酸→水(^{1})→エタノール→アセトン	
	鉄		塩酸→エタノール→アセトン	
アルミニウム	水素	ヤスリ研磨→ エタノール→ ジエチルエーテル→ アセトン	水酸化ナトリウム溶液→水(^{1})→硝酸→水(^{1})→エタノール→アセトン	Z 2614 : 1990
亜鉛地金	鉛, 鉄, カドミウム, すず	エタノール→ ジエチルエーテル	—	H 1108 : 1989 H 1109 : 1989 H 1110 : 1989 H 1111 : 1989
鉛地金	銀, 銅, ビスマス, アンチモン, ひ素, すず, 鉄, 亜鉛	エタノール→ アセトン		H 1121 : 1995
すず地金	銅, 鉛, 鉄, ひ素, アンチモン		塩酸で煮沸 5 分, 又は 80 ℃ 30 分→水(^{1})→エタノール→アセトン	H 1141 : 1993
ニッケル地金	コバルト, 鉄, 銅, 鉛, マンガン, 炭素, 硫黄, けい素			H 1151 : 1999
カドミウム地金	鉛, 銅, 亜鉛, 鉄			H 1161 : 1991
銀地金	鉛, ビスマス, 銅, 鉄	エタノール→ アセトン	—	H 1181 : 1996
ジルコニウム, ジルコニウム合金	水素	ヤスリ研磨→ エタノール→ ジエチルエーテル→ アセトン	硝酸とふっ化水素酸の混酸に浸漬→超音波洗浄器を用いて水で 1 分→エタノール又はアセトンで 1 分	H 1664 : 1988

注(^{1}) 水は蒸留水, 再蒸留水, イオン交換水を意味する.

にもかかわらず2～3日で試料がさびることがある．このさびの発生を防止するには，電解研磨した試料を蒸留水でデカンテーションにより洗浄した後，蒸留水による超音波洗浄を2分間行い，更に蒸留水を交換し，もう1回超音波洗浄を行うか，超音波洗浄の代わりに煮沸直後の蒸留水で十分すすぎ洗いを行い，蒸留水を交換し，もう1回同じ洗浄を行う．このことは，酸洗浄後の酸の除去が不十分であると試料表面がさびやすくなることを示唆している．つまり，酸洗浄後の試料は十分に水洗することが重要である．

11.1.2 保　　存

(a) 小片試料の油脂分を洗浄で除去し，乾燥した試料は共栓付ガラス瓶に保存する．酸化されやすい試料の保存及び長期間保存する場合は，保存瓶中の空気をアルゴンなどの不活性ガスで置換しておく[2),3)]．

(b) マンガン鉱石[6)]及びクロム鉱石[7)]のような微粉末試料は，105～110℃における空気浴乾燥後，共栓付ガラス瓶に保存する．試料は保存中に変質しないように温度，直射日光，水分などの影響のない場所に保管する．なお，成分試験試料の保存期間は，通常，6か月間とする．

(c) 試料の一時的な，特殊な保存法[1)]として次のような例がある．金属中の水素を分析するために塊試料から切り出した小片試料中の水素が室温であっても逸散する恐れのある場合は，手早く分析するか，ドライアイス又は液体窒素を入れたジュワー瓶中に保存する．

11.2 水溶液試料

水質調査のために化学分析を必要とする水は，湖水，河川水，海水，生活廃水や工場廃水，地下水などである．調査成分は，金属元素成分，無機化合物，アンモニア，pH，有機炭素，クロロフィル，油脂・炭化水素，溶存酸素などである[8)]．これらの水試料の採取後から化学分析するまでの間に必要とする水試料の取扱い及び保存について述べる．

11.2.1 取 扱 い

分析用の水試料は，上記の各種の水から，JIS にある水の取扱い[8]，サンプリング指針[9],[10]，採取方法[11] などに従ってサンプリングしたものを用いる．水試料は，採水時又は採水直後に，懸濁物，沈降物，藻類，その他の微生物を除くためにろ紙又はメンブランフィルターを用いてろ過をする．また，水試料中の溶存成分（又はろ過性種）の評価のための分析をする場合，ろ過することによって不溶解物と分離する．ろ過は，孔径 $0.4 \sim 0.5$ μm のガラス繊維フィルター，ポリカーボネートフィルター，セルロース系メンブランフィルターなどを用いて行う．

水試料は，採水後速やかに，24 時間以内に分析する．水試料が時間とともに変性することがあるので，これを避けるためである．採水場所から分析所まで輸送する必要がある場合は，容器は水試料で満たし，容器上部に空気層を作らないようにする．これは，空気酸化を受ける成分がある場合，酸化されないようにするためである．輸送時は，水試料に振動を与えないように注意し，4℃に冷やして，その上，遮光状態にする．

11.2.2 保　　　存 [8]~[11]

(a) 採水した水試料は，ガラス容器が影響を及ぼす成分（けい素，ナトリウム，ほう素，カリウム，アルミニウムなど）を分析する場合，プラスチック（ポリエチレン，ポリプロピレン，ポリスチレン，ふっ素樹脂，ポリ塩化ビニル，ポリカーボネート，ポリエチレンテレフタレート樹脂など）製共栓付容器に保存する．有機物成分を分析する場合には，ほうけい酸ガラス，ソーダ石灰ガラス製の共栓付容器に保存する．

(b) 採取後の水試料の保存は，4℃の状態で，24 時間以内を限度とする．それを超える場合は，遮光された冷所（$0 \sim 10$℃）で保存する．冷所では凍結させない．長期間（1 か月を超えるもの）の貯蔵には -20℃で急速に凍結させる．水試料を凍結させた場合，凍結過程で最後に凍った部分に分析成分が濃縮されることがあるので，使用する前には試料を完全に解凍する必要がある．た

だし，pH の測定は水試料採取時に行うことが原則であるが，分析所まで輸送の必要がある場合，低温状態で輸送する．この場合でも，pH 測定は水試料採取後 6 時間以内に実施する．

(c) 水試料中の溶存金属成分やコロイド状金属成分は容器の内壁に吸着して，溶液から損失することがある．これを防止するために，採取直後の水試料に塩酸，硝酸，硫酸などを添加し，pH 約 1 にする．例えば，アルミニウム，鉄(Ⅱ)，全鉄，ひ素，すず，アルカリ金属元素などを定量するための水試料に酸を添加することで，保存期間が 1 か月となる．けい酸塩の定量のためには，硫酸を添加し，その上 2〜5℃ に冷却するが，保存時間の限界は 24 時間である．

11.3 乾　　燥

化学分析における乾燥は，物質中に混在する水を除去又は減少させることであり，乾燥により物質の化学組成の変化を伴わないことが条件となる．物質の化学組成の変化を伴う乾燥は脱水といわれる．乾燥は，通常，物質を加熱して行うが，乾燥剤を入れた密閉容器に置く方法，更に生物体や食品に使用される凍結乾燥法などがある．実際はこれらを組み合わせて使用することが多い．なお，試料の乾燥については，12.2 節を参照されたい．

11.3.1 乾　燥　剤

試薬などの物質を加熱によって乾燥した後，放冷し，室温（20±15℃）にまで放冷する必要がある．この場合，デシケーター中に乾燥剤を入れ，湿度を極端に少なくした状態の大気雰囲気で放冷することが行われる．乾燥剤としては，シリカゲルが使用されることが多い．実験の目的によって，塩化カルシウム（無水），濃硫酸，五酸化二りん酸などが使用される．

11.3.2 気体,液体,固体の乾燥

(1) 気体の乾燥

気体中に水蒸気として含まれる水分は,気体の流路管内に充填した乾燥剤に気体を接触させることで除去するか,流路管の途中部分を0℃未満の低温に冷却することで水分を凍結した状態でとらえ除去する.乾燥剤としては,粒状にした過塩素酸マグネシウム,モレキュラーシーブ(分子ふるい),塩化カルシウム,濃硫酸などが使われる.ただし,乾燥剤は気体と反応しないものを選択する.例として,固体試料中の炭素を燃焼—赤外線吸収法で定量するために使う酸素の乾燥に過塩素酸マグネシウムを使う[2].また,試料燃焼時に発生する水蒸気の除去(乾燥)剤として,同じく過塩素酸マグネシウムを用いる.

水分を凍結トラップするためのトラップ部の冷却には,デュアー瓶に入れた液体空気や液体窒素又は寒剤(氷と塩化ナトリウム又は塩化カルシウムの混合物,ドライアイスとメタノールの混合物など)が使われる.

(2) 液体の乾燥

化学分析で,液体を乾燥し無水状態にする必要のあるものは有機溶媒である.実験室レベルで無水の有機溶媒を作るために,有機溶媒と反応しない固体の乾燥剤を加えよく振り混ぜる.水を吸収した乾燥剤が固体のまま残る場合は,ろ過によって無水の有機溶媒を得る.これを蒸留によって更に精製する.例として,メタノール,エタノール,アセトンの無水状態を作るためにモレキュラーシーブを加え,またエーテルに対しては無水硫酸ナトリウムを加える場合がある.

化学分析において有機溶媒を乾燥させる例を示す.鉄鋼中のりん[12],モリブデン[13],ニオブ[14]などを定量するためにイオン会合体や錯体を形成させ,それらを4-メチル-2-ペンタノン,酢酸イソブチル,酢酸ブチル,1-ブタノールなどで抽出したときに,これら有機溶媒に溶け込んだ試料溶液中の水分を乾燥ろ紙(5種A)に吸収させ有機溶媒を乾燥させる方法がある.

(3) 固体の乾燥

金属,合金,鉱石,固体試薬などの固体物質には,表面吸着水,結晶内への

吸蔵水など，固体物質本来の組成や結晶構造に関係ない水が含まれる．化学分析では，これらの水を乾燥によって取り除き，固体物質本来の組成にした後，必要量をはかり取る．乾燥操作が最も重視される分析法は容量分析であり，容量分析用標準物質は適切な条件で乾燥されなければならない．また，検量線作成用標準液を調製するために使用する固体試薬は乾燥する必要がある．さらに，粉末試料を分析する場合，天びんではかり取る前に試料を適切な条件で乾燥する．

試薬，金属及び粉末状の鉱石などの乾燥条件は固体物質によって異なる．乾燥条件を表11.2に示す．アミド硫酸や塩化アンモニウムは室温の減圧デシケーター中で乾燥させる．酸化ひ素（Ⅲ），りん酸二水素カリウム，鉱石（粉末）などは105～110℃で乾燥させる．乾燥器には大気圧型のものと減圧できるものがあり，使用最高温度は約300℃である．それを超える温度が必要な場合は，化学用オーブンやマッフル炉などの電気炉を使う．二酸化けい素の乾燥のように1 000℃を必要とするものは，ガスバーナーを用いてもよい．

乾燥用容器として，約300℃以下の乾燥はほうけい酸ガラス製はかり瓶を，それ以上では白金皿や白金るつぼを使用するが，厳密な境界温度はない．

11.4 加　　熱

化学分析実験操作として加熱はよく行われる．加熱によって化学反応が促進される．加熱の熱源としては,燃焼熱,電熱（ジュール熱）及びマイクロ波（マイクロウエーブ）誘導により発生する熱によるものなどがある．前二つの熱は熱伝導や輻射によってビーカーなどに入った溶液に伝えて昇温する外部加熱型であり，後者は，溶液自体が発熱して昇温する内部加熱型である．

ここに加熱の表現[15]として，"温める"は60℃以下で加熱することを指し，"強熱する"は650±50℃で加熱することを意味する．"加熱板上で加熱"は電熱ホットプレートなどによる加熱，"水浴上で加熱"は沸騰している水浴上で加熱，又は，約100℃の水蒸気による加熱，"水浴中で加熱"は沸騰している水浴に

表 11.2 試薬及び鉱石の乾燥条件並びに放冷時の乾燥剤

試薬	乾燥条件 温度（℃）	乾燥条件 時間	デシケーター内放冷時の乾燥剤	JIS
アミド硫酸	室温（減圧硫酸デシケーター）	48	—	G 1228 : 1997
	室温（2.0 kPa 以下減圧シリカゲルデシケーター）	48	—	
酸化ひ素（Ⅲ）	105	2	シリカゲルA形1種	K 8005 : 2006
フタル酸水素カリウム	120	1		
よう素酸カリウム	130	2		
二クロム酸カリウム	150	1		
しゅう酸ナトリウム	200	1		
ふっ化ナトリウム	500	1		
炭酸ナトリウム	600	1		
亜鉛	室温（2.0 kPa 以下減圧シリカゲルデシケーター）	12		
銅	室温（2.0 kPa 以下減圧シリカゲルデシケーター）	12		
塩化ナトリウム	600	1		
	105〜110	24	シリカゲル	M 8207 : 1995
塩化カリウム	105〜110	24		M 8208 : 1995
バナジン酸アンモニウム	100〜105	1		G 1257 : 1994
二酸化けい素	1 000	1		G 1212 : 1997
硫酸カリウム	105	1		G 1215 : 1994
りん酸二水素カリウム	110	—		G 1214 : 1998
	105	—		H 1058 : 2006
塩化アンモニウム	室温（減圧硫酸デシケーター）	—	—	G 1228 : 1997
鉄鉱石（粉末）（低吸湿性）	105〜110	2	シリカゲル	M 8202 : 2000
鉄鉱石（粉末）（高吸湿性）	105〜110（窒素又はアルゴン雰囲気）	2		
マンガン鉱石（粉末）	105〜110	—		M 8203 : 2005
クロム鉱石（粉末）	105〜110	—		M 8261 : 2005

11.4 加熱

入れ加熱することを指す．

11.4.1 燃焼熱による加熱

燃焼による熱は，都市ガス，プロパンなどの燃料ガスを空気などの助燃ガスと混合して化学実験用のバーナーで燃焼させて得る方法，及びアルコールランプの燃焼で得る方法がある．化学分析の実験では前者が使われる．

バーナーでビーカー，フラスコなどを加熱するときは，三脚の上に耐熱セラミックス付の金網を置き，その上にビーカーなどを乗せて加熱する．白金るつぼをバーナーの直火で加熱するときは，るつぼを磁器製三角架に乗せて加熱する．ガラス製の試験管をバーナーの直火で加熱するときは，試験管が急激な温度変化を受けて破損することを避けるため，揺り動かしながら炎にかざして加熱する．

バーナーは，燃料ガスと助燃ガスの混合比及び流量によって炎の温度が変化する．メケルバーナーを使用して最高加熱温度約 1 050 ℃を得ることができるが，温度コントロールは難しい．実験中に誤って可燃物がバーナーの炎に触れると燃え上がる危険性があり，また，ガスの漏洩や排気ガス管理など安全対策が必要である．

燃焼炎は原子吸光分析用の原子化源として使用される．燃料ガスとしてアセチレンや水素が，助燃ガスとして空気，一酸化二窒素及び酸素などが用いられる．これは，霧吹きによって煙霧（エーロゾル）状にされた溶液試料が燃焼炎中に導入され，加熱されることで分析対象成分が基底状態原子になり，原子吸光が測定されるものである．

11.4.2 電熱による加熱

電熱による加熱によって，室温付近から約 1 500 ℃までの温度を得ることができる．電熱は，加熱温度の自動制御ができるところに大きな利点がある．電熱装置としては，熱板（電気ホットプレート），マントルヒーター，マッフル炉，管状炉，赤外線ランプなどがある．また，電熱で加熱された水や空気などの伝

熱媒体を通して加熱する水浴，空気浴などの加熱浴がある．原子吸光分析用原子化源である黒鉛炉及び酸素・窒素分析用インパルス炉も電熱を利用したものである．

(1) 熱板（電気ホットプレート）

熱板は最高温度約500℃まで使用でき，コントローラーにより任意の温度に設定できる．マグネチックスターラー付き熱板が鉄鉱石試料の酸分解に使用される[16),17)]．料理用のふっ素樹脂コーティングホットプレートは約200℃まで使用できるので，試料の酸分解などの熱源として使用できる．

(2) 管状炉

管状炉は，高純度炭化けい素発熱体やカンタル線発熱体（鉄―クロム―アルミニウム合金）を熱源とした電気炉で，炉の中心部を管状にしたものである．最高温度は約1 450℃であり，コントローラーにより温度が設定できる．管状炉の中に磁器管や石英ガラス管を入れ，試料などはこれらの管の中で加熱される．試料は，通常，磁器ボート，アルミナボート，石英ボートなどの容器に入れてから管状炉にセットされる．管状炉の加熱雰囲気は，大気，酸素，窒素，アルゴンなどにすることができる．鉄鋼中の炭素[2),18)]及び硫黄[3),19)]の定量を目的として，高純度酸素雰囲気中で試料を燃焼させるための熱源として管状炉を使用している．

11.4.3 浴による加熱

水浴なべに入れた水をバーナー又は熱板で加熱して発生する水蒸気を伝熱媒体として加熱することが水浴（ウォーターバス）又は湯浴による加熱である．現在は，温度制御が十分に行える恒温槽を用い，任意の温度の湯を伝熱媒体とする方法が多く使用されている．水浴は，一定温度で，むらなく加熱ができる利点がある．水浴に類似したものとして，水の代わりに，高い温度による加熱を目的としてシリコーン油などを伝熱媒体とした油浴があるが，現在，化学実験に利用されることは少ない．それに代わるものとして，アルミニウムブロックに規則的に縦穴を開け，それに試験管やアンプルなどを差し込み，アルミニ

ウムブロック全体を電熱で加熱するアルミブロック加熱方式(ヒートブロック加熱方式)が使われている.この方式は水浴と異なり,最高温度が200℃程度まで均一に(恒温槽のように)加熱できる特徴がある.

試料の酸分解が困難な場合,試料をふっ素樹脂容器(PTFE)に入れ,分解酸などを添加した後密閉し,ステンレス容器に入れ,これを約200℃にした電気乾燥器中で加熱する方法がある.つまり,ふっ素樹脂容器内の試料及び分解酸は空気浴により加熱される.この方法は難分解試料を分解させる加圧分解法である.加熱はふっ素樹脂を通した熱伝導で行われる(外部加熱型)ため,熱の伝わりが遅く,試料分解に12～20時間という長い加熱時間を必要とする.

また,砂を鋼鉄製の器に入れ,外部から加熱し,加熱物を砂の上に置くか埋めるかして加熱する方法が砂浴である.砂浴も油浴と同様,化学実験にはほとんど利用されない.

11.4.4 マイクロ波誘導及び高周波による加熱

(1) マイクロ波誘導による加熱

大気圧下のビーカー内で酸分解が困難な試料については,ふっ素樹脂容器に入れ,分解酸を入れ,密栓をし,家庭で使う電子レンジと同じ2 450 MHzのマイクロ波誘導によって液温を上げ(内部加熱型),分解を促進させる[20].ふっ素樹脂容器内では温度の上昇とともに,圧力が上がり,難分解試料の分解が容易となる.分解時間は,10～30分間程度であり,効率のよい試料分解法である.容器内の液温は約250℃以下となるように制御する.分解容器内の液温が上がるとともに圧力が上がる試料分解法は,前項で述べた加圧分解法と類似している.しかし,マイクロ波誘導による加熱方式は,分解時間が短く,温度コントロールができ,圧力が高くなりすぎた場合の安全弁をもつなどの利点がある.

(2) 高周波による加熱

金属及び無機試料は,助燃剤(タングステンやすず)の共存の下,高純度酸素雰囲気中で18 MHzの高周波をかけることで加熱され,燃焼が起こる.この方法によって,金属及び無機試料中の炭素[18]や硫黄[19]が二酸化炭素及び二

酸化硫黄となって試料から抽出され，定量される．

11.5 冷　　却 [15]

(a) "冷却"は，温度の高い水溶液や蒸気などに対し，水及び氷水などの熱媒体で冷却する水冷，又は冷えた空気などの熱媒体で冷却する空冷によって強制的に温度を下げることである．"放冷"は水溶液や熔融塩の温度が室温に下がるまで実験台などに静置しておくことを指す．

(b) 冷却により，物質の化学反応が抑制される方向へ変化する．例えば，ビーカーにはかり取った鉄粉を室温状態に置き，これに塩酸(1+1)を加えると鉄粉の分解が始まり，それとともに溶液の温度が上昇するため分解反応が徐々に速くなり，場合によっては溶液がビーカーからあふれ出ることがある．この場合，ビーカーを流水や氷水で冷却することで分解反応が沈静化され，適度な速さで鉄粉の分解ができるようになる．

(c) 蒸留水製造のための水の蒸留，ほう酸の濃硫酸―りん酸の混酸溶液にメタノールを添加することで発生するほう酸トリメチルの蒸留[21]，及びケルダール法による水酸化アルカリ溶液からのアンモニアの水蒸気蒸留[22]において，発生するこれら蒸気を水冷冷却管で冷却することで発生蒸気を液体として捕集できる．

(d) 氷と塩を混合して低温を作り出す寒剤で冷却する方法がある．例えば，砕いた氷に塩化ナトリウム，塩化アンモニウム，又は塩化カルシウムを混合することで，それぞれ$-21℃$，$-15℃$，$-54℃$の低温が得られる．

(e) 水銀の精製のために水銀を蒸留した場合，蒸留温度が約$300℃$と高いため，水銀蒸気は室温大気（$20±15℃$）による空冷冷却管を用いて冷却する．これにより水銀は液体で捕集できる．

(f) チタン，ジルコニウム及びジルコニウム合金のような金属試料中の水素を定量するための試料取扱い中に，試料から水素が逸散することを防ぐ観点から，ドライアイス又は液体窒素を入れたジュワー瓶中で試料を冷却しながら

保存する[1].

11.6 希釈, 蒸発, 蒸留, 濃縮

(1) 希 釈

ある物質の濃度を, 他の物質 (多くの場合は溶媒) を加えることで低くすることが希釈である. 例えば, ある酸溶液に水を加えることで酸濃度を低くしたり, 主成分濃度を低くしたりする. 原子吸光分析法や ICP 発光分光分析法では, 共存成分の影響を小さくするために溶液を水や酸で希釈する. 希釈によって, 分析対象成分濃度も低くなる.

(2) 蒸 発

溶液を加熱することで蒸気に変化させ, 溶液から揮散させることが蒸発である. 蒸発操作は, 溶液の体積を減らすとき, 及び酸を揮散除去するときなどに行われる. 水溶液からの水や塩酸, 硝酸などの酸の蒸発は, 加熱しなくとも, 室温で徐々に起こる. これは, ビーカーに水溶液を入れ, 密封しないで数日間の室温放置で液量が減少していることからわかる.

(3) 蒸 留

液体の加熱によって発生した蒸気を水冷することなどによって再び液体とすることが蒸留である. 蒸留は, 11.5 節 (c) にあるように, 沸点の異なる液体の混合物から分析対象成分を分離する場合に使用される操作である.

(4) 濃 縮

濃縮には蒸発濃縮及び分離濃縮がある. 蒸発濃縮は, 溶液中の分析対象成分の濃度が低い場合, 溶液を加熱し, 蒸発によって体積を減少させ, 分析対象成分濃度を高くするために使われる. このとき, 共存成分も濃縮される. 分離濃縮は, 分析対象成分を試料の主成分から分離した後, 少量の溶液とすることで分析対象成分の濃縮をはかるときに行う.

ここに, 蒸発, 濃縮, 希釈を順次利用した典型的な例を示す. それは, 酸溶液中のけい酸塩のけい素を二酸化けい素 (SiO_2) 重量法で定量する方法である.

つまり，試料溶液に過塩素酸又は硫酸を添加し，加熱によって溶液を蒸発させて濃縮し，更に，加熱を続け，過塩素酸又は硫酸の白煙を発生させることでけい酸塩から脱水が起こり，二酸化けい素が析出する．放冷後，水を十分加えて希釈し，酸濃度を低くしてから，ろ紙でろ過をすることで二酸化けい素を分離するものである．

11.7 分取，混合

(1) 分 取

化学分析における分取は，溶液を全量フラスコなどで正確に一定体積にした後，全量ピペット，ビュレットなどを用いて，その溶液の一定量をはかり取ることをいう．分析化学ではよく使用される操作である．最近は分取用体積計として，手動のプッシュボタン式液体用微量体積計，手動や電動の容量可変ピペットが普及している．

(2) 混 合

全量フラスコに2種類の溶液をはかり取って入れ，水を加えて一定の体積の溶液とするための操作は次のようである．全量フラスコの中に，まずA溶液を入れ，次にB溶液を入れた後，全量フラスコを静かに振ってこれらをよく混合する．全量フラスコの首の部分より少し下まで水を加え，同様によく振り混ぜる．さらに，首の部分にある標線に溶液のメニスカスの最も低くなった部分が合うまで水を加える．全量フラスコに栓をして，しっかり手で押さえ，全量フラスコを逆さまにして溶液をよく振り混ぜる．正常な位置に戻し，栓を取り，すり合わせ部に付いている溶液を全量フラスコ内に流し落とす．栓をして，再度全量フラスコを逆さまにして溶液をよく振り混ぜる．これを2～3回繰り返す．これで，2種類の溶液と水は均一な溶液となる．全量フラスコに数種類の溶液を入れ，これに水を加え標線まで満たして置いただけではこれら溶液は混じりあわないので，必ず上記のような混合する操作を行う．

11.8 ろ過

ろ過は，液体と微細な固体が混じりあっているものからこれらを分離するために，多孔性物質を用いて液体だけを通過させる操作である．ろ過で用いる多孔性物質としては，ろ紙，メンブランフィルター，ガラスフィルター（るつぼ形ガラスろ過器）などがある．

11.8.1 ろ紙によるろ過

(a) 化学分析用ろ紙[23)]は精選された綿繊維（セルロース）を使い清浄で均一な組織となるように作られた多孔性の紙である．ろ紙の種類と特徴及び用途を表11.3に示す．ろ紙は灰化したときに不純物として残る灰分が少ないもの

表11.3 化学分析用ろ紙の種類と特徴・用途

定性分析用		定量分析用	
種類	特徴・用途	種類	特徴・用途
1種	・粗大ゼラチン沈殿用 ・水酸化鉄は通過しない ・ろ水時間は80秒以下で，5種Aとほぼ同じ	5種A	・粗大ゼラチン沈殿用 ・灰分少ない ・水酸化鉄は通過しない ・ろ水時間は70秒以下で，1種とほぼ同じ
2種	・中くらいの大きさの沈殿用 ・硫酸鉛は通過しない ・ろ水時間は120秒以下 ・減圧ろ過に適する	5種B	・中くらいの大きさの沈殿用 ・灰分少ない ・硫酸鉛は通過しない ・ろ水時間は240秒以下
3種	・微細沈殿用 ・硫酸バリウムは通過しない ・ろ水時間は300秒以下 ・減圧・加圧ろ過に適する	5種C	・微細沈殿用 ・灰分少ない ・ろ紙の目は細かい ・硫酸バリウムは通過しない ・ろ水時間は720秒以下
4種	・微細沈殿用の硬質ろ紙で，ろ紙上の沈殿のかき集めが可能なほど表面硬化 ・耐圧，耐酸，耐アルカリ性 ・硫酸バリウムは通過しない ・ろ水時間は1 800秒以下	6種	・微細沈殿用の薄いろ紙 ・灰分少ない ・ろ紙の目は細かい ・硫酸バリウムは通過しない ・ろ水時間は480秒以下で，5種Cより早い

が望ましい．その灰分質量は，定量分析用ろ紙5種A，5種B，5種Cのいずれも，直径110 mmの円形ろ紙1枚の場合，0.16 mg以下であること，直径が半分の55 mmのろ紙では，比例的に1/4の0.04 mg以下であることが規定されている．ろ紙5種と同じように，微細沈殿用のろ紙6種では，厚さがろ紙5種より薄くなった分，灰分が少なくなり，直径110 mmの円形ろ紙1枚の場合，0.12 mg以下で，直径が半分の55 mmでは，0.03 mg以下であることが規定されている．定性分析用ろ紙の灰分質量は，一律に，ろ紙質量の0.2%以下でなければならない．

(b) ろ紙の用途として，一つは，溶液中の化学反応によって生成した沈殿を，重量法によって定量するために溶液から分離するためのろ過であり，もう一つは，金属，合金，鉱石，無機化合物などの分析試料を酸などによって分解し，溶液としたときに分解しないで溶液中に微粉末状で残る非金属介在物などを溶液から捕集するためのろ過である．

前者の例として，溶液中の硫酸を硫酸バリウムとして沈殿させ，これをろ紙5種C又は6種でろ過[19]して溶液から分けるものがある．さらに，けい酸を含む溶液に過塩素酸又は硫酸を添加し，加熱を続けてこれらの酸の白煙を強く発生させ，二酸化けい素を析出させ，これをろ紙5種Bでろ過[24]し，溶液から分ける．

後者の例として，鉄鋼試料を塩酸，過塩素酸，王水，塩酸—硝酸の混酸などのいずれかで分解したとき，分解しないで残る非金属介在物（アルミナ Al_2O_3，チタニア TiO_2 など）についてはろ紙5種B又は5種Cを用いてろ過し，分離する．

11.8.2 メンブランフィルター，ガラスフィルターによるろ過

(1) メンブランフィルターによるろ過

ふっ素樹脂（PTFE），セルロース混合エステル，セルロースアセテート，ポリカーボネートなどでできた多孔質のフィルム状フィルターであるメンブランフィルターがある．孔は円形に近く，均一で，微細である．ろ過特性を律速

する孔径は 0.1〜5.0 μm の種類のものがある．メンブランフィルターによるろ過の場合は，フィルターをフィルターホルダーにセットして減圧ろ過する．例として，鉄鋼中の非金属介在物や析出物を評価・定量するために，試料の主成分を酸又はハロゲン―メタノール溶液による溶解及び電解により溶解し，そのとき溶解しないで残る非金属介在物・析出物をメンブランフィルターでろ過して捕集する．

(2) ガラスフィルターによるろ過

化学分析用ガラスフィルター（るつぼ形ガラスろ過器）は，半融したガラスの細粒を板状に加工し，多孔性をもたせたものである．フィルターの目の粗さによって，G1（ろ過板細孔径：100〜120 μm），G2（40〜50 μm），G3（20〜30 μm），G4（5〜10 μm）の4種類があり，数字の大きいものほど目が細かい．目安としては，G1は水酸化物用，G3は一般用，G4は硫酸バリウムのような細かい沈殿をろ過する場合に使用する．例えば，鉄鋼中のニッケルは，試料の酸分解で得た水溶液中でジメチルグリオキシムニッケルの沈殿を生成させ，これをガラスフィルター（G3）で減圧ろ過[25]することによってガラスフィルター上に捕集する．

11.9　試料溶液の保存

(a)　分析試料を酸分解や融解などによって作製した溶液などは，基本的に保存しないで引き続き実験を進める．保存する場合は，光，温度，大気中の酸素などの影響で変質しないように注意し，必要に応じて遮光，保冷，密栓などの処置を講じる．それでも1〜3日間の保存にとどめる．

(b)　塩酸，硝酸，またその混酸溶液をビーカーに入れ，時計皿のような隙間のあるおおいをして保存した場合，酸の蒸気が漏れ出し実験室を汚染するので注意する．全量フラスコに保存する場合，栓のすり合わせ部分に溶液が付着し，それが乾燥することによって塩となって析出することがある．析出した塩が溶液に落ちた場合，溶液濃度が変化する．したがって，全量フラスコで一定

体積にした溶液は,ほうけい酸ガラス,硬質ポリエチレン,ふっ素樹脂(PFA)などでできた広口共栓瓶,細口共栓瓶などに移し保存する.

(c) 試料溶液中に加水分解や変質しやすい成分が含まれている場合は,保存せずに引き続き実験を進める.例えば,けい素のモリブドけい酸青吸光光度法による定量の場合,呈色させる前の試料溶液を長時間放置(保存)しておくと呈色がうまくいかないことがある.また,溶液中にチタンやすずが含まれている場合,これらが加水分解しやすく,測定値がばらついたり低値を与えたりする.また,実験が2日以上に渡る場合,1日目の実験の停止段階を次の日に再開する実験に影響を及ぼさないよう考慮して決める.

11.10 空試験値

空試験値(blank value)[26]は,特に規定された場合を除き,試料だけを加えずに,試料を分析する場合と同一の試薬,同一又は同種の容器を用い,同一の操作を行った空試験(blank test)によって得られた測定値(濃度換算又は含有率換算)である.つまり,分析対象成分と同じ成分が化学分析操作で使用する試薬,容器,環境などから汚染として試験溶液に入り,それが示すシグナル強度を濃度換算又は含有率換算した値である.一方,空試験及び空試験値と類似した言葉にバックグラウンド測定(measurement of background)及びバックグラウンド値(background equivalent concentration)がある.バックグラウンド値は,分析試料の主成分や,試料溶液中の酸などが原因で,あたかも分析対象成分から得られたようなシグナル強度の値である.分析値(analytical value)は空試験値及びバックグラウンド値を含まないものとする.

11.11 定量方法

分析装置を使用して分析試料中の分析対象成分を定量する場合,分析装置から得られるシグナル強度を分析対象成分の濃度(又は含有率)や質量と関係づ

11.11 定量方法

ける必要がある．これらを関係づける定量方法として，検量線法（強度法）(calibration curve method)，内標準法（強度比法）(internal standard method)，標準添加法 (standard addition method) などがある．これら定量方法が適用される分析方法及び参考となる JIS を表 11.4 に示す．なお，検量線の作成方法については，24.5 節を参照されたい．

表 11.4 化学分析法における定量方法

規格名称	定量方法			
	検量線法（強度法）	内標準法（強度比法）	標準添加法	その他
吸光光度分析通則（JIS K 0115：2004）	○	—	○	たんぱく・核酸定量：260 nm の吸光度測定 酵素の触媒濃度測定：レートアッセイ
発光分光分析通則（JIS K 0116：2003）	○	○	○	—
蛍光X線分析法通則（JIS K 0119：2008）	○	○	○	ファンダメンタルパラメータ法（FP法）
蛍光光度分析通則（JIS K 0120：2005）	○	—	○	消光測定法，2波長測定法，蛍光偏光測定法，時間変化測定法
原子吸光分析通則（JIS K 0121：2006）	○	—	○	—
フローインジェクション分析通則（JIS K 0126：2001）	○	—	—	—
イオンクロマトグラフ分析通則（JIS K 0127：2001）	○	○	○	—
高周波プラズマ質量分析通則（JIS K 0133：2007）	○	○	○	同位体希釈分析法

備考 ○：適用　—：適用せず

11.11.1 検量線法

(a) 検量線法（強度法）は，横軸に分析対象成分の濃度（又は含有率）や質量を目盛り，縦軸にシグナルの測定強度を目盛ることで検量線（校正曲線，校正関数）を作成する方法である．検量線作成濃度範囲は分析対象成分濃度が内挿値となるように調整する．

(b) 検量線法は，表 11.4 に示すように，吸光光度法，ICP 発光分光分析法 [27] が代表的である発光分光分析法，蛍光X線分析法，原子吸光分析法，高周波プラズマ質量分析法などで分析するときに適用される．さらに，固体試料中の炭素 [2), 18)] 及び硫黄 [3), 19)] を燃焼—赤外線吸収法によって，酸素 [28)〜30)] を不活性ガス融解—赤外線吸収法によって，並びに窒素 [22), 31)] や水素 [1), 32), 33)] を不活性ガス融解—熱伝導度法によって定量する場合に検量線法が適用される．

(c) 検量線の作成は，溶液試料の分析に対しては標準液を，固体試料直接分析の場合は固体の標準物質を用いる．これらの標準液及び標準物質は，分析対象成分濃度（又は含有率）及び共存する主成分の種類と濃度（又は含有率）が分析試料組成と近似したものであることが望ましい．それは，シグナル強度が共存酸や共存成分などの種類と濃度によって影響を受けたとしても，分析試料と検量線作成用試料で近似させることで分析値の真値からの偏りを小さくできるためである．検量線作成濃度の最小は，分析対象成分濃度がゼロのものとする．濃度ゼロの測定値は 11.10 節にある空試験値及びバックグラウンド値を合計した値に相当する．

(d) 不活性ガス融解—ガスクロマトグラフ法により水素を分析する場合の検量線は，高純度水素［99.99％(v/v)以上］を校正用ガス（標準ガス）として用い，作成する．一定体積の水素をはかり取り，大気の圧力及び供給した水素の温度を補正して水素の質量に換算し，検量線の横軸の値とする．

(e) 分析装置の測定条件は測定時間の経過とともに変化し，それに伴って測定シグナル強度も変化する．これは，検量線の勾配（測定感度）が変化することを意味する．これを補正するために，検量線作成用標準液又は標準物質を用いて，一定時間又は一定数の測定ごとに検量線を校正しなければならない．

特に,発光分光分析法,原子吸光分析法及び高周波プラズマ質量分析法でこのような現象が起きやすい.

11.11.2 内標準法

(a) 内標準法(強度比法)は,横軸に分析対象成分の濃度又は質量を目盛り,縦軸にシグナルの測定強度比を目盛ることで検量線を作成する方法である.内標準法は,表 11.4 に示すように,ICP 発光分光分析法[27],スパーク放電発光分光分析法[34]などの発光分光分析法,高周波プラズマ質量分析法などで分析するときに適用される.

(b) ICP 発光分光分析法では,内標準法で測定することが多く,内標準成分としてイットリウムが用いられることが多い.分析試料溶液及び検量線作成用標準液のすべてにイットリウム濃度が同じになるようにイットリウム溶液を添加する.分析対象成分濃度を横軸に,分析対象成分の分析線発光強度 (I_A) と内標準成分のイットリウムの発光強度 (I_Y) との比 (I_A/I_Y) を縦軸に目盛り,検量線を作成する.内標準法は,共存する試料の主成分や酸の影響,ネブライザーガス及びプラズマガスであるアルゴン流量の揺らぎ,並びに測定時間の経過とともに変化する分析装置の測定条件が原因で変化する分析対象成分の発光強度 (I_A) を,分析対象成分の発光強度と同様に変化する内標準成分の発光強度(例えば I_Y)との比 (I_A/I_Y) をとることで補正できる利点がある.

(c) ICP 質量分析法において内標準法を使う場合,内標準成分として使用する成分の条件は,分析対象成分と質量が近く,質量スペクトルの重なりがなく,プラズマ中で同様な挙動を示し,試料溶液中に含まれていないものが望ましい.

(d) 固体試料である鉄鋼のスパーク放電発光分光分析法では,内標準成分として,試料の主成分である鉄が使われる.

(e) 内標準法による検量線作成濃度範囲,及び使用する標準液及び標準物質中に共存する主成分の種類と濃度(又は含有率)が分析試料組成と近似したものであること,並びに検量線の勾配(測定感度)の測定時間経過による変化

を校正する必要があることは前項の場合と同様である.

11.11.3 標準添加法

(a) 標準添加法は検量線の作成が難しい試料の分析に適用される.標準添加法は次のように適用する.まず,分析試料溶液から同じ体積を5~6個分取してそれぞれ別々の全量フラスコに入れる.これに分析対象成分の標準液をゼロから順次増やして添加していく.添加した分析対象成分濃度(添加ゼロを含む)を横軸(X軸)に,測定シグナル強度又は強度比を縦軸(Y軸)にプロットし濃度—強度(又は強度比)曲線を得る.この場合,シグナル強度(又は強度比)にはブランク値及びバックグラウンド値を含まないようにあらかじめ検定しておく.濃度—強度(又は強度比)曲線を直線近似で結び,その直線を横軸のマイナス方向に延長し,横軸と交差した点の値を読み取る.読み取った値からマイナス記号を取り去った値を定量値とする.

(b) 原子吸光分析法による測定では,濃度—吸光度曲線は上に凸となる.したがって,標準添加法において,濃度—吸光度曲線を直線近似と見なしてよい濃度範囲は次のようにして判定する[35].濃度—吸光度曲線の濃度範囲の下部20%部分の吸光度(A_B)と上部20%部分の吸光度(A_A)の比(A_A/A_B)を求め,その比が0.95以上であれば濃度—吸光度曲線は直線近似とする.0.95以下であれば,濃度—吸光度曲線の検定する濃度範囲を狭め,その範囲における下部20%部分の吸光度と上部20%部分の吸光度の比を求め,その比が0.95以上になる範囲を判定し,濃度—吸光度曲線を直線近似にする.

11.12 分析回数及び分析値(最終値)の決め方

11.12.1 分析回数

同一試料の分析回数は,指定された分析方法で2回の繰返し分析を行うことを原則とする.2回の繰返し分析とは,同一分析者が同一試料を別々に2個はかり取り,それぞれのビーカーに入れた後,同一分析手順で,同一測定装置

の同一装置条件のもと,同一実験場所で,並行に分析操作し,ほとんど時間差なく分析値を出すことである.これによって分析値はX_1及びX_2の2個が得られる.

化学分析方法のJISには,同一試料の分析回数を"同一分析室で2回繰り返す"と記載したものは少ないが,各種地金の分析の規格[36]及び鉱石中の各分析対象成分の分析の規格[37]には明記されている.

11.12.2 分析値(最終値)の決め方

同一試料について2回の繰返し分析で得られた2個の分析値(X_1, X_2)が,最終の分析値として採択してよいかどうかをチェックすることが必要である.チェック方法は,JIS[38),39)]によれば次のようである.

(1) 2回分析後やり直し分析2回の場合(その1)

[手順1] 2回の繰返し分析で得られた2個の分析値X_1とX_2の差($=|X_1-X_2|$)が併行許容範囲 $[CR_{0.95}(n)]$ を超えないとき,つまり,2個の分析値が併行許容範囲内で一致しているときは,2個の分析値X_1とX_2の平均$[=(X_1+X_2)/2]$を分析値(最終値)とする.

[手順2] 2個の分析値の差が併行許容範囲を超えたときは,更に2回のやり直し分析を同様の条件で行う.追加の2個の分析値(X_3, X_4)の差($=|X_3-X_4|$)が併行許容範囲を超えないときは,追加の2個の測定値の平均$[=(X_3+X_4)/2]$を分析値(最終値)とする.最初の2個の値(X_1, X_2)は捨てる.

[手順3] 追加の2個の分析値の差が併行許容範囲を超えたときは,合計4個の分析値(X_1, X_2, X_3, X_4)のメディアン(中央値)を分析値(最終値)とする.4個の測定値のメディアンは,分析値を小さい値から大きい値の順に並べたときの中央の2個の分析値の平均である.

(2) 2回分析後やり直し分析2回の場合(その2)

[手順1] 11.12.2項(1)の[手順1]と同じ.

[手順2] 2個の分析値の差が併行許容範囲を超えたときは,更に2回のやり直し分析を同様の条件で行う.追加の2個を含めた4個の分析値(X_1, X_2,

X_3, X_4) の範囲（$= X_{\max} - X_{\min}$）が併行許容範囲を超えないときは，4 個の測定値の平均 [$= (X_1 + X_2 + X_3 + X_4)/4$] を分析値（最終値）とする．

［**手順 3**］ 4 個の分析値の範囲が併行許容範囲を超えたときは，4 個の分析値（X_1, X_2, X_3, X_4）のメディアンを分析値（最終値）とする．4 個の測定値のメディアンは，中央の 2 個の分析値の平均である．

(3) 2 回分析後やり直し分析を 1 回ずつ複数回行う場合

［**手順 1**］ 11.12.2 項(1) の［手順 1］と同じ．

［**手順 2**］ 2 個の分析値の差が併行許容範囲を超えたときは，更に 1 回のやり直し分析を同様の条件で行う．追加の 1 個を含めた 3 個の分析値（X_1, X_2, X_3）の範囲（$= X_{\max} - X_{\min}$）が併行許容範囲を超えないときは，3 個の測定値の平均 [$= (X_1 + X_2 + X_3)/3$] を分析値（最終値）とする．

［**手順 3**］ 3 個の分析値の範囲が併行許容範囲を超えたときは，更に 1 回のやり直し分析を同様の条件で行う．合計 4 個の分析値（X_1, X_2, X_3, X_4）の範囲（$= X_{\max} - X_{\min}$）が併行許容範囲を超えないときは，4 個の測定値の平均 [$= (X_1 + X_2 + X_3 + X_4)/4$] を分析値（最終値）とする．

［**手順 4**］ 4 個の分析値の範囲が併行許容範囲を超えたときは，4 個の分析値（X_1, X_2, X_3, X_4）のメディアンを分析値（最終値）とする．4 個の測定値のメディアンは，中央の 2 個の分析値の平均である．

(4) n 回の分析以外やり直し分析を行わない場合

［**手順 1**］ 同一条件で同一試料について，n 回の分析を行う．n 個の分析値の範囲（$= X_{\max} - X_{\min}$）が併行許容範囲を超えないときは，n 個の分析値の平均（$= \Sigma X_i / n$）を分析値（最終値）とする．

［**手順 2**］ n 個の分析値の範囲が併行許容範囲を超えるときは，n 個の分析値のメディアンを分析値（最終値）とする．n が奇数回のときは，1 個の分析値がメディアンとなるが，n が偶数回のときは，中央値に 2 個の分析値が存在する（X_i, X_{i+1}）ので，その平均値 [$= (X_i + X_{i+1})/2$] がメディアンの値となる．ただし，メディアンを分析値（最終値）としなければならないことがしばしば起こるときは，分析方法に問題があるかも知れないので，その原因について調

(5) 併行許容範囲

ここで，分析値（最終値）を決めるために判断基準とする併行許容範囲 $[CR_{0.95}(n)]$ は式 (11.1) によって計算する．$CR_{0.95}(n)$ の 0.95 は，信頼率 95％（危険率 5％）を意味し，n は並行分析回数である．

$$CR_{0.95}(n) = f(n)\sigma_r \tag{11.1}$$

ここに，　n：データの数，並行分析回数

$f(n)$：許容範囲の係数 [$n=2$ で $f(2) = 2.8$，順次 $f(3) = 3.3$, $f(4) = 3.6$, $f(5) = 3.9$]

σ_r：併行標準偏差

参 考 文 献

1) JIS Z 2614 : 1990（金属試料の水素定量方法通則）
2) JIS Z 2615 : 1996（金属試料の炭素定量方法通則）
3) JIS Z 2616 : 1996（金属試料の硫黄定量方法通則）
4) JIS H 1101 : 1990（電気銅地金分析方法）
5) K. Takada, Y. Morimoto, K. Yoshioka, Y. Murai and K.Abiko (1988) : Determination of trace amounts of gaseous elements (C and O) in high-purity iron, phys. stat. sol. (a)167. 389
6) JIS M 8203 : 2005（マンガン鉱石―化学分析方法―通則）
7) JIS M 8261 : 2005（クロム鉱石―化学分析方法―通則）
8) JIS K 0410-3-3 : 2000（水質―サンプリング―第3部：試料の保存及び取扱いの指針）
9) JIS K 0410-3-6 : 2000（水質―サンプリング―第6部：河川水のサンプリングの指針）
10) JIS K 0410-3-10 : 2000（水質―サンプリング―第10部：廃水のサンプリングの指針）
11) JIS K 0094 : 1994（工業用水・工場排水の試料採取方法）
12) JIS G 1214 : 1998（鉄及び鋼―りん定量方法）
13) JIS G 1218 : 1994（鉄及び鋼―モリブデン定量方法）
14) JIS G 1237 : 1997（鉄及び鋼―ニオブ定量方法）
15) JIS K 8001 : 1998（試薬試験方法通則）
16) JIS M 8207 : 1995（鉄鉱石―ナトリウム定量方法）
17) JIS M 8208 : 1995（鉄鉱石―カリウム定量方法）
18) JIS G 1211 : 1995（鉄及び鋼―炭素定量方法）
19) JIS G 1215 : 1994（鉄及び鋼―硫黄定量方法）
20) 平井昭司監修，日本分析化学会編，一之瀬達也（2006）：マイクロ波を利用する加圧分

11. 化学分析の基本操作

解法，現場で役立つ化学分析の基礎，p. 135-151，オーム社
21) JIS G 1227：1999（鉄及び鋼―ほう素定量方法）
22) JIS G 1228：1997（鉄及び鋼―窒素定量方法）
23) JIS P 3801：1995［ろ紙（化学分析用）］
24) JIS G 1212：1997（鉄及び鋼―けい素定量方法）
25) JIS G 1216：1997（鉄及び鋼―ニッケル定量方法）
26) JIS K 0050：2005（化学分析方法通則）
27) JIS G 1258：1999（鉄及び鋼―誘導結合プラズマ発光分光分析法）
28) JIS Z 2613：1992（金属試料の酸素定量方法通則）
29) JIS H 1067：2002（銅中の酸素定量方法）
30) JIS H 1620：1995（チタン及びチタン合金中の酸素定量方法）
31) JIS H 1612：1993（チタン及びチタン合金中の窒素定量方法）
32) JIS H 1619：1995（チタン及びチタン合金中の水素定量方法）
33) JIS H 1664：1988（ジルコニウム及びジルコニウム合金中の水素定量方法）
34) JIS G 1253：2002（鉄及び鋼―スパーク放電発光分光分析法）
35) JIS G 1257 追補2：2000（鉄及び鋼―原子吸光分析法）
36) 電気銅地金（JIS H 1101：1990）
    亜鉛地金（JIS H 1108：1989〜JIS H 1111：1989）
    鉛地金（JIS H 1121：1995）
    すず地金（JIS H 1141：1993）
    ニッケル地金（JIS H 1151：1999）
    カドミウム地金（JIS H 1161：1991）
    銀地金（JIS H 1181：1996）
    粗銅地金（JIS M 8125：1997）
37) JIS M 8111：1998（鉱石中の金及び銀の定量方法）〜JIS M 8135：1994（鉱石中のカドミウム定量方法）
38) JIS Z 8402-6：1999［測定方法及び測定結果の精確さ（真度及び精度）―第6部：精確さに関する値の実用的な使い方］
39) JIS Z 8402：1991（分析・試験の許容差通則）

12. サンプリング

　鉱石などの品位の検定には，少量（グラム単位）の分析試料の結果から多量（トン単位）のロット（コンサインメント）の評価が行われるから，分析試料はロットを代表するものでなくてはならない．商取引の場合には，売手，買手，場合によっては仲裁のための第三者が分析を行うので，いくつかの分析用試料が調製される．ロットから分析用試料を得るまでの工程を"試料の調製"と呼ぶことが一部で行われている．これは，ロットから大口試料などを採取する工程と，大口試料などを粉砕・縮分して調製試料を調製する工程とに区分される．前者は試料の採取又はサンプリング（sampling），後者は試料の調製と呼ばれる．ただし，JIS の"○○の試料採取方法"とか"××サンプリング方法"という規格には，試料採取方法又はサンプリング方法だけでなく，試料調製方法が含まれている．

　サンプリング，試料調製，分析のそれぞれの精度を標準偏差で σ_S，σ_R，σ_M，品位決定の精度を σ で表すと

$$\sigma^2 = \sigma_S^2 + \sigma_R^2 + \sigma_M^2$$

の関係があり，一般に $\sigma_S > \sigma_R > \sigma_M$ である．いくら σ_M が小さくても σ_S や σ_R が大きいと σ は小さくならないから，σ_S や σ_R を小さくするために，系統サンプリング理論に基づいた試料調製方法が考案され，実施されるようになった．試料調製方法は，ロットが気体，液体又は固体であるかによって，またそれらが静止しているか又は移動しているかによって異なる．ロットが均質である気体や液体ではサンプリング・縮分は比較的簡単であるが，固体，特に粉塊混合物では，粉砕・縮分を繰り返す必要がある．JIS で各種の原材料についてサンプリング方法又は試料採取方法の個別規格が規定されているのは，このためである．

　粉塊混合物のサンプリングについては JIS M 8100 : 1992（粉塊混合物—

サンプリング方法通則）に基本的なサンプリング方法が規定されている．一般的には原料品のサンプリングは原料の移動中に行われる．原料が大型船で原料岸壁に到着しベルトコンベアで原料ヤードまで搬送される場合は，途中のベルトコンベアの乗継部分に機械サンプラーが設置されて，量的又は時間的等間隔でのサンプリングが実施される．原料がトラックなどで搬送される場合は，一定間隔でトラックの荷台からのサンプリングが実施される．機械サンプラーの形式としては，ベルトコンベアの乗継部からのサンプリングにはベルトコンベア上の原料のベルト全幅部分を一定間隔で採取するカッター方式のサンプラーが用いられるのが一般的である．このようにしてサンプリングされたものを系統サンプリング理論によって粉砕・縮分を繰り返し行って最終的に一つの代表試料を調製する．

　縮分とは，"一つの試料を，化学的及び物理的特性が同じである幾つかの小さな試料に分ける操作"である．試料の縮分は自動で行う場合は縮分器でサンプルの流れの中で行う．手動で行う場合は二分器による方法，インクリメント縮分方法や円すい四分方法を用いて行うのが一般的な方法であり，各種のサンプリング規格で規定されている．

　調製試料はそのまま分取して分析試料とすることが望ましいが，場合によっては調製試料を更に粉砕・縮分することがある．図 12.1 に粉塊混合物のサン

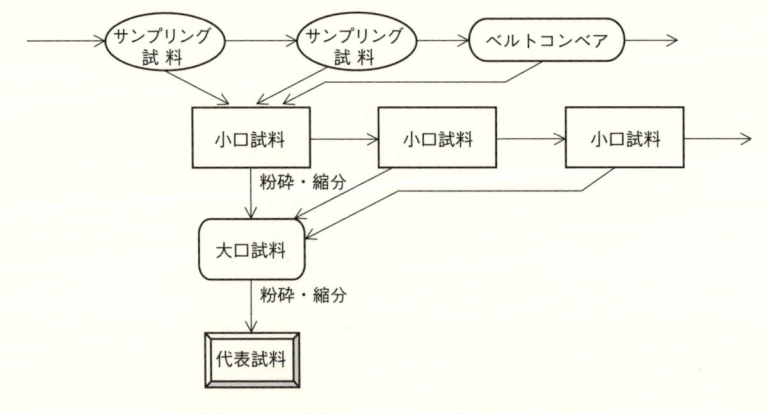

図 **12.1**　原料サンプリングのフロー図

プリングのフロー図を示す.
　以下には，分析室で行う試料の粉砕，乾燥，はかり取りなどについて述べる.

12.1　試料の粉砕

　一般的には分析に供される試料の質量は，採取された試料の質量よりもはるかに小さい．不均一な固体試料の分析においては，少量の分析試料がその試料全体を代表するためには，試料を粉砕し均一化し，縮分しなければならない．たとえ均一な固体試料であっても，塊状や粒径の大きなものは溶解や融解が困難であり，微粉末とする必要がある．
　すなわち，試料の粉砕の目的は，
　　① 試料の均一化
　　② 試料の分解，溶解，融解反応を促進するための試料表面積の増大
である．
　さらに結晶の異方性が問題となる分析では，粉砕して微粉末とすることで異方性の平均化がなされる．
　粉砕の工程は，試料の粒径によって，粗粉砕，中粉砕，微粉砕に分けられる．その区分はそれぞれの専門分野によって異なるが，一般的には微粉砕まで行うのが普通である．粉砕された最終粒径は一般的には 0.25 mm 以下に調整する．この調整粒径になっていることを確認するためにふるい器具（ステンレス鋼製網ふるいが基本）でふるい分けを行って，粒径のチェックを行う．ふるい分けの方法や粒径は調整試料の種類や適用される JIS ごとに規定されている．
　粉砕は対象とする試料の性状に適した方法を選択する必要がある．試料がゴム，プラスチック，動植物体などの塑性物質，金属類などの延性物質，鉱物，ガラスなどの脆性物質では，それぞれの粉砕方法は大きく異なる．一般的に鉱物などの脆性物質の調製試料の粉砕には，めのう乳ばちを用いることが多い．試料を少量ずつ乳ばちに入れ，乳棒ですりつぶす．決してたたきつぶしてはならない．乳ばちの下には光沢紙などを敷き，乳棒の太さよりもやや大きい穴を

開けたプラスチック板などでふたをして飛散による損失を防ぐ．

窯業製品などは，試験片から分析試料を取る必要がある．めのう乳ばちで粉砕する前に，鉄乳ばち，スタンプミルなどで粗砕する．塊を1個ずつ3 mm以下の粒になるまでたたきつぶす．決してすりつぶしてはならない．めのうよりも硬い試料の粉砕は，炭化ほう素，炭化タングステン，コランダムなどの乳ばちを用いる．しかし，乳ばちの損耗によって試料が汚染されること，硬い部分の飛散や粉砕容器への付着により試料の損失や試料の組成が変化すること，摩擦熱などによって試料が変質，酸化することなどの恐れがあるので，注意する必要がある．

試料の粉砕では遊星型ボールミル，ロールミル，振動ミル，ディスクグラインダー，自動乳鉢などの自動化装置もよく用いられている．粗粉砕用としてはジョークラッシャー，ハンマークラッシャー，スタンプミルなどが用いられる．特殊な例としては，プラスチック類などのように常温での粉砕が困難な試料は冷凍してから粉砕する冷凍粉砕装置を用いて粉砕を行う場合や，試料によっては湿式粉砕が用いられる場合もある．

粉砕処理ではどうしても粉砕容器からの汚染が避けられない．汚染の影響を少なくするような粉砕器具や材質の選択が必要になる．

12.2 試料の乾燥

固体試料は乾燥ベースで分析結果を表示するのが普通である．これは，分析所，分析日，分析者が異なっても，同一試料の分析結果が許容差の範囲内で一致するようにするためである．また，いわゆる風乾（気乾）では，試料に含まれる水分が環境（湿度など）によって影響されるので，一定の乾燥状態にするためである．完全な乾燥状態よりも再現しやすい乾燥状態であることが望ましい．一般には105～110℃に1～3時間加熱するが，この条件で変質するものもあるので個別規格の規定に従う必要がある．

吸湿性のそれほど強くないものは，平底蒸発皿などに薄く広げて空気浴（電

気乾燥器）中で乾燥した後，デシケーター中で放冷する．吸湿性の著しいものは平形はかり瓶に薄く広げ，ふたを取り去って空気浴中で乾燥した後，ふたをしてデシケーター中で放冷する．デシケーター中には乾燥剤として五酸化二りんなどを用いる場合もあるが，最近では汚染を防ぐ意味もあり使用されなくなっている．デシケーター中を真空にして乾燥状態を保持する場合もある．

特殊な例として恒湿ベースで分析を行うものもある．これは実験室の湿度と分析用試料の湿分が平衡に達するまで分析用試料を実験室内に放置してから分析を行い，分析後に分析用試料の湿分を別途個別に測定して乾燥ベースに戻す方法で，吸湿性の非常に大きいものに適用される場合がある．

12.3 試料のはかり取り

分析用試料は，個別規格の規定する計量器を用いて，規定量を規定の桁数まではかり取る．はかり取りの有効数字の桁は，分析対象成分の含有率，要求される分析精度などから決める．

固体試料は，化学はかりを用いて質量をはかる．液体試料は，化学はかりを用いて質量をはかるか，ピペットなどの体積計を用いて体積をはかる．気体試料は，ガスビュレット，注射筒などの体積計で体積をはかる．分析対象成分を吸収させて試料溶液を作る場合には，ガスメーターを用いて体積をはかる．計量器は計量法に従った検定を受けたものを使用するのが基本である．分析精度を厳密に要求される場合，具体的には4桁，5桁の分析精度を必要とされる場合などには，標準液や滴定液の質量（体積）測定の場合は0.1℃単位での温度補正を行う必要がある．体積には気圧も影響するため気圧の補正が必要な場合もある．

12.4 化学はかりを用いる試料はかり取り

化学はかりを用いる試料のはかり取りには，二つの方法がある．

(1) 加法

吸湿性や揮発性のない試料のはかり取りに用いる.

・空の容器（るつぼ，時計皿，はかりスコップなど）の質量をはかる（W_1）.
・これに試料を加えて（容器＋試料）の質量をはかる（W_2）.

$W_2 - W_1$ が試料はかり取り量である. はかり取った試料は，ビーカーなどに洗い移す.

(2) 減法

吸湿性や揮発性の大きい試料のはかり取りに用いる. 上皿はかりを用いて，規定量に近い試料を容器（はかり瓶，せん付き三角フラスコなど）にはかり取り[1]，化学はかりでその質量をはかる（W_1）. 試料を手早くビーカーなどに移し入れ（完全に移し入れる必要はない），容器の質量をはかる（W_2）. $W_1 - W_2$ が試料はかり取り量である.

注[1] 試料を乾燥デシケーター中で放冷した場合に，はかり瓶のふたを瞬時開いて常圧にした後，化学はかりで質量をはかる. なお，多量の乾燥試料の入ったはかり瓶から，規定量を順次ビーカーなどに取り出し，その都度，残りの質量をはかる方法は避けたほうがよい.

13. 試料の分解

　重量法，容量法，吸光光度法，原子吸光分析法（AAS）及び誘導結合プラズマ発光分光分析法（ICP–OES）などは，溶液中の化学反応を利用し，また，溶液を測定対象とする化学分析法である．このことから，金属，合金及び無機物質などを分析する場合，まず，試料を酸やアルカリ溶液を用いて溶液とする必要がある．鉄鋼中に含まれる非金属介在物や析出物，また，鉱石，岩石などの分析試料は融解することによって水や酸に溶ける塩の形に変える．金属，合金，無機物質を酸やアルカリ溶液及び融解によって分解する基本は，これら試料を構成する元素を溶液中でイオンとなるようにすること[1]である．

　ところで，鉄鋼[2]，銅及び銅合金[3]，鉄鉱石[4,5]及びマンガン鉱石[6]などの多くの化学分析法において，JISの規定にある試料の化学操作法では，"分解"（decomposition）と"溶解"（dissolution）の言葉を，厳密ではないが使い分けている．金属，合金，鉱石などを溶液にするために酸などによって溶かす操作を，試料を"分解する"と表現していることが多い．つまり，試料の分解によって得られた溶液から，分解前の試料が何であったかを確証できない場合は，"試料を酸で分解する"などと記述する．

　一方，固体試薬であるエチレンジアミン四酢酸二水素二ナトリウム二水和物（EDTA2Na）を水や微アルカリ性溶液に溶かして水溶液とする場合，りん酸二水素ナトリウム二水和物（$NaH_2PO_4 \cdot 2H_2O$）を水に溶かす場合，塩化鉄（II）四水和物（$FeCl_2 \cdot 4H_2O$）や塩化鉄（III）六水和物（$FeCl_3 \cdot 6H_2O$）を希塩酸に溶かして水溶液とする場合など，溶液になった後もキレート試薬の構造や塩の組成を保っているときは"溶解する"と表現している．したがって，鉄鋼を酸で分解したときの溶解残渣（非金属介在物や析出物）を二硫酸カリウム（$K_2S_2O_7$）などで融解し硫酸塩としたものを，水や酸などを用いて溶液にする場合は"溶解する"と表現する．

13.1 酸 分 解

化学分析において,金属,合金,無機化合物などの試料を分解するために,酸を用いることが多い.酸は,塩酸,硝酸,硫酸,りん酸,過塩素酸,ふっ化水素酸,過酸化水素などであり,それらは単独で,又は2種類以上を混合した混酸として使う.分解に使用する酸は,同種の試料の分解であっても,試料に含まれる元素の種類が異なると違ってくる.例えば,鉄鋼中のけい素を化学分析するために試料を分解する酸[2]としては,

① 過塩素酸―硝酸の混酸
② 少量のニオブ又はタンタルを含む場合,及び,①の酸で分解しない場合は王水
③ クロム又はタングステンを含む場合は塩酸
④ ニッケル,クロム,タングステン,コバルトを多量に含む場合は,塩酸に過酸化水素水を滴下した溶液
⑤ モリブデン,チタンを含む場合は硫酸など

が使用される.試料の分解に使用されるこれら酸及び混酸の特徴を示す.

13.1.1 塩 酸

塩酸で金属を分解する場合,塩酸を同量の水で希釈した塩酸(1+1)を用いることが多い.塩酸による金属の分解は,水素イオン(プロトン,H^+)が関与することから,水素よりイオン化傾向の大きいアルミニウム,チタン,クロム,鉄,すずのような金属が分解される.そのとき,分解反応によって水素が発生する.遷移金属は分解によって,原子価の低いイオンを生成する.例えば,チタン及びクロムは3価のチタンとクロム,並びに鉄及びすずは2価の鉄とすずが溶液中に存在することになる.

塩酸は還元性があり,過マンガン酸カリウム溶液を還元し,7価のマンガンを2価のマンガンに,原子価を変化させる.塩酸による二クロム酸カリウムの還元の進行は遅い.しかし,次のように塩酸による還元が分析値に影響を与

えることがある．鉄鋼[7]やフェロクロム[8]中のクロムを酸化還元滴定法で定量する場合，クロムが6価に酸化されたか否かを判断する指示薬として過マンガン酸イオンを生成させる．過マンガン酸イオンは滴定前に分解しておく必要があるため，少量の塩酸を添加し，煮沸する．この煮沸時間を2～3分以内に終了させないならば，6価クロムが3価クロムに還元され，分析値が低値となることが指摘されている．鉄鋼試料を塩酸だけで溶解する場合は，鉄鋼中に含まれる微量のひ素，ほう素，りん，硫黄は，それぞれアルシン（AsH_3），ボラン（B_2H_6），ホスフィン（PH_3），硫化水素（H_2S）などの気体となって揮散損失するので，これら元素を定量するときは，塩酸のような還元性のある酸で試料を分解してはならない．

13.1.2 硝　　酸

硝酸は酸化力があり，塩酸で分解しにくいコバルト，ニッケル，鉛などを分解し溶液にする．さらに，塩酸では分解できないひ素，銅，銀を分解する．これら金属の硝酸による分解で，一酸化一窒素（NO）や一酸化二窒素（N_2O）が発生するが，水素は発生しない．したがって，電気銅地金[9]，銅合金[10]，銀地金[11]などの化学分析のための分解酸として硝酸が単独で使用される．鉄鋼中の微量りん[12]は，塩酸分解でホスフィン（PH_3）が生成し溶液から揮散するが，硝酸による分解又は硝酸―塩酸の混酸による分解で揮散することなく溶液中に存在するようになる．

13.1.3 硫酸，りん酸，過塩素酸，ふっ化水素酸，過酸化水素水

これらのいずれの酸も試料分解に単独で使用されることは少ない．硫酸を加熱濃縮したときの熱濃硫酸は強い反応性を示し，同様に，熱濃りん酸，熱濃過塩素酸も強い反応性を示す．硫酸による分解例としては，モリブデン，チタンを含む鉄鋼を分解する場合[2]，及びマグネシウム及びマグネシウム合金を分解する場合[13]にみられる．

ジルコニウム，ニオブなどを含む鉄鋼中のりん[12]を定量するために試料を

硝酸などで分解した後，過塩素酸を加え加熱を続けることで白煙を発生させ溶液中のりんをりん酸にする操作をするが，この操作によって溶液中に共存するジルコニウム，ニオブは加水分解して不溶性のオキソ酸となるので，これにふっ化水素酸を加えて溶解させる例がある．

ふっ化水素酸及び過酸化水素水は弱酸であり，金属や無機試料の分解に単独で使用されることはほとんどないが，次のように金属を分解する．ふっ化水素酸はクロムなどを分解するが，13.1.5項"硝酸—ふっ化水素酸などの混酸"に示すように，ほとんどの場合，硝酸と混合した溶液で使用する．過酸化水素水はモリブデン，タングステンなどを分解することから，モリブデン材料[14]及びタングステン材料[15),16]の分析のための試料分解に使用される．過酸化水素水分解で得られたモリブデン溶液及びタングステン溶液は，時間の経過とともに徐々に過酸化水素水が分解するため，モリブデン酸やタングステン酸が析出する．これを防止するため，試料分解後，必要に応じて混酸（塩酸，硝酸）又は水酸化ナトリウム溶液を添加する．ふっ化水素酸と過酸化水素酸を混合した溶液は純鉄を分解[17]する．

13.1.4　王水を含む硝酸—塩酸の混酸

王水（aqua regia）は塩酸3容と硝酸1容を混合したもので，王水（塩酸3，硝酸1）と表す．同様に，混酸（塩酸1，硝酸1，水2）は塩酸1容，硝酸1容，水2容を混合したものである．

王水及び塩酸—硝酸の混酸は，鉄鋼，銅及び銅合金，マグネシウム及びマグネシウム合金，アルミニウム及びアルミニウム合金など，多くの金属試料の分解に広く使用され，JISの分析方法の中に取り入れられている．例えば，鉄鋼試料の場合，吸光光度法，原子吸光分析法[18]，ICP発光分光分析法[19)〜25]などの分析法を適用する場合である．

13.1.5　硝酸—ふっ化水素酸などの混酸

ふっ化水素酸は硝酸と混合した混酸として使用される．また，硝酸に代えて

13.1 酸 分 解　　　　　　　　　　　　　　157

塩酸又は硫酸と組み合わせた混酸としても使われる．硝酸―ふっ化水素酸の混酸はチタン，ジルコニウム，ハフニウム，ニオブ，タンタルなどが主成分の試料の分解に用いる[26)~28)]．また，鉄鋼中のセレンを電気加熱原子吸光分析法で分析する場合[18)]，原子吸光測定に影響を及ぼさない酸の組合せとして試料分解に使用する．

13.1.6　その他の混酸

(a)　混酸には，塩酸―過酸化水素水，硫酸―りん酸，硝酸―硫酸―りん酸，塩酸―硫酸―りん酸，硝酸―硫酸―ほう酸，硫酸―臭素水などの組合せのものが使われる．硝酸―酒石酸及び王水―酒石酸のように，錯化剤である酒石酸を共存させる分解法も使用される．これは溶液中の分析対象成分が加水分解によって沈殿することを防止するために，試料分解と同時並行にマスキングする分解法である．多くの組合せがあることは，分析試料の主成分及び試料への添加成分の種類などによって，適宜，分解酸の組合せが検討されてきたことがわかる．

(b)　混酸（塩酸，過酸化水素水）による試料分解法は，銅合金中の鉄の定量[29)]，マグネシウム及びマグネシウム合金中のアルミニウム[13)]，亜鉛[30)]，マンガンなどの定量，アルミニウム及びアルミニウム合金のICP発光分光分析法[31)]などにある．

(c)　混酸（硫酸，りん酸）による試料分解は，鉄鋼中のクロム又はバナジウムの容量法による定量の場合に適用する．混酸（硫酸，りん酸）による試料の分解後，酸化によってクロムを6価のクロムに変え，これを過剰量の2価の鉄によって還元し，過剰のため未反応のまま残った鉄(Ⅱ)を過マンガン酸カリウム溶液で逆滴定する方法[7)]である．バナジウムは，5価のバナジウムにした後，鉄(Ⅱ)溶液で滴定する方法[32)]である．これは，どちらも鉄(Ⅱ)が関与する酸化還元滴定で，りん酸の存在で，滴定が円滑に進むことから，試料分解段階から混酸（硫酸，りん酸）による分解が使われる．また，工具鋼やニオブ入りの鋼をICP発光分光分析法で定量する場合[20), 22)]に，タングステンやニオ

ブなどの加水分解を防止するために混酸（硫酸，りん酸）により試料分解する．更に，ジルカロイの分解時に分析対象成分である微量ほう素が揮散損失しないように混酸（硫酸，りん酸）と硝酸で試料分解[33]が行われる．

(d) 混酸（硫酸，りん酸）による試料の直接分解ではないが，試料を混酸（硝酸，塩酸）で分解した後で硫酸及びりん酸を加え，硫酸の白煙が発生するまで加熱を続け，硫酸—りん酸の混酸溶液にする[20), 23), 25), 34]．これにより，塩酸と硝酸の混酸で分解できなかった非金属介在物を分解している．

(e) 錯化剤である酒石酸を共存させた硝酸—酒石酸溶液は鉛地金[35]の分解に使用され，すず—アンチモン—銅—鉛—亜鉛などを主成分とするホワイトメタルの分解には硝酸—酒石酸[36]のほかに王水—酒石酸[37]が使用される．

13.2 加 圧 分 解

大気圧下での酸分解が困難な試料について，試料を分解酸とともにふっ素樹脂(PTFE)容器に入れ，密閉した後，危険防止用ふた付ステンレス鋼容器に入れ，これを約150～250℃の電気乾燥器中で加熱し，試料を分解する方法がある．この方法は，難分解性試料の分解に用いられる加圧分解法（decomposition under pressure）である．分解酸は，乾燥器の熱がふっ素樹脂を熱伝導によって通ることで加熱される（外部加熱型）．したがって，分解酸の昇温に時間がかかるため，試料分解に約10～20時間という長い時間を必要とする．利点は，試料を少量の分解酸で分解できること，分解中に気体となって揮散損失しやすい化合物を作る元素の揮散が防止できること，密閉容器であることから試料分解中に環境からの汚染が防止できることなどである．この方法は，大気圧下で酸分解が困難なセラミックスなどの分解に適用される．アルミナ試料の分解例[38]として，アルミナ試料を白金るつぼに入れ，これに硫酸(1+2)を添加してから白金るつぼごと加圧分解容器にセットする．これを230℃の乾燥器中で16時間かけて分解させるものである．加圧分解法は，器具がやや取り扱い難いこと，分解時間が長いことに加え，同じような加圧分解型であるが試料分解

時間が短いマイクロ波加熱装置が開発されたことなどによって使用頻度が小さくなっている．

13.3 マイクロ波分解

マイクロ波を使用した試料の酸分解は，少量の試料と少量の分解酸をふっ素樹脂（PTFE など）容器に入れ，密閉し，家庭用電子レンジと同じマイクロ波（2 450 MHz）によって分解酸や金属試料を発熱させ液温を上げ（内部加熱型），試料分解を促進させる方法である．ふっ素樹脂容器内では短時間で温度が上昇するとともに，圧力が上がり，難分解試料の分解が容易となる．分解時間は，10～30 分間程度であり，極めて効率のよい分解法である．容器内の液温は，ふっ素樹脂容器の耐熱性から，約 250℃ 以下にコントロールする．

マイクロ波分解法は，13.2 節"加圧分解"と類似し，試料分解上の利点も類似しているが，分解時間が短いこと，加熱条件をプログラム化及び分解容器内の温度並びに圧力がモニタリングでき，圧力が高くなったときに安全装置が働くようになっている．

マイクロ波分解法による分解対象試料は，金属，合金，無機化合物，鉱石，生体試料，環境試料などである．分解酸として，単独では硝酸，塩酸，硫酸など，混酸では硝酸—塩酸，硝酸又は塩酸又は硫酸—ふっ化水素酸，硝酸—ふっ化水素酸—ほう酸，硝酸又は塩酸—過酸化水素水，硫酸—りん酸などである．酸や混酸の選択は，大気中での分解例が参考になる．例えば，酸化アルミニウム（アルミナ）は，大気中で二硫酸塩や硫酸水素塩による融解で水溶液化できるようになることから，アルミナは濃硫酸とともにマイクロ波分解法によって分解するであろうと予想でき，実際に分解できる．分解試料と分解酸の組合せ，及び分解温度と時間などのデータは，マイクロ波分解装置を製造・販売している企業で多く所有しているので参考にするとよい．

13.4 アルカリ分解

　強い塩基性溶液である水酸化ナトリウム溶液や水酸化カリウム溶液は，酸性元素であるけい素及びけい素からなるガラスや石英ガラスなどのセラミックス，並びに，両性元素であるアルミニウムやアルミニウム合金を分解する．例えば，炭化けい素（SiC）中に不純物として含まれる遊離けい素（Si）を定量するために，試料を水酸化ナトリウム溶液で分解する[39]．けい素は水酸化ナトリウム溶液による分解で水素を発生するので，その水素を定量し遊離けい素量に換算する．ほかに，アルミニウム及びアルミニウム合金中のけい素[40]，鉄[41]，銅[42]を定量するために，分析試料を水酸化ナトリウム溶液で分解する．

13.5 融　　解

　酸又はアルカリ溶液によって分解しない試料は，融剤（flux, fusing agent）と混ぜ合わせ，これを 500℃ 以上の高温で加熱し，熔融（melting）した融剤と化学反応させることで融解（fusion）する．融解した試料は新たな塩を生成する．生成した塩，つまり融成物は水や酸に溶解し，水溶液となる．融解に用いる融剤には酸性融剤（acidic flux, acidic fusing agent）及び塩基性融剤（basic flux, basic fusing agent）がある．酸性融剤は塩基性金属元素化合物［酸化チタン（IV）など］や両性金属元素化合物（酸化アルミニウムなど）を融解する．塩基性融剤は，主に酸性非金属元素化合物（二酸化けい素，三酸化二ほう素 B_2O_3，窒化ほう素 BN など）を融解する．

　融解によってできた塩を水溶液にした場合，水溶液に試料以外の大量の融剤成分が共存することになり，吸光光度法，原子吸光分析法，ICP 発光分光分析法及び ICP 質量分析法などによる測定に支障をきたすことがある．融剤は高純度のものが少ないことから，融剤に含まれる不純物元素からの汚染によって測定の空試験値が高くなり，低濃度域の測定ができなくなることがある．また，融解技術がやや難しいこともある．そのため，最近は，酸分解が困難

13.5 融解

な試料に対して,融解に代わり,マイクロ波加圧分解法が適用されるようになってきた.しかしながら,融解はマイクロ波加圧分解法のような高価な装置を必要とせず,初期投資が少ないことから,融解法が使われている.ここでは,酸性融剤及び塩基性融剤の種類とその特性,適用について述べる.

13.5.1 酸融解

酸性融剤は,二硫酸ナトリウム($Na_2S_2O_7$),二硫酸カリウム($K_2S_2O_7$),硫酸水素ナトリウム($NaHSO_4$),硫酸水素カリウム($KHSO_4$),ほう酸(H_3BO_3),二ふっ化水素カリウム(KHF_2)などである.硫酸水素塩は融解加熱の初期段階で脱水されて二硫酸塩に変わってから融解に関わるため,二硫酸塩と硫酸水素塩は,試料に対して同じ化学反応をする.したがって,二硫酸塩と硫酸水素塩について,同じ1gの融剤を使用した場合,融解に関与する無水硫酸(SO_3)の割合は二硫酸塩のほうが多い.

二硫酸塩及び硫酸水素塩による融解に用いるるつぼとして,白金るつぼ,磁器るつぼ,石英るつぼがある.白金るつぼは融解によって微量ずつ侵食されるので,白金の汚染に注意が必要である.分析試料は,融解中に融剤から発生する無水硫酸と反応して硫酸塩になり,この塩が水や酸に溶解する.融解は融剤から無水硫酸が煙霧状態で発生している間に完了しなければならない.無水硫酸の発生がなくなってから融解加熱を止めた場合,融解で生成した分析試料の硫酸塩が加熱によって分解し,融解前の酸化物などに戻るため,水や酸などに溶解しない.

分析試料を,直接,酸性融剤で融解する例はなく,ほとんどが,金属,合金,鉱石,無機化合物を酸分解した後に分解残渣として残る非金属介在物のような化合物を融解するときに用いる.例えば,鉄鋼中のチタン[19),43)]及びアルミニウム[19),44)]を定量するために,また,鉄鉱石中のチタン[45)]を定量するために,試料を酸分解した後に残る残渣を硫酸水素カリウム,二硫酸ナトリウム,二硫酸カリウムなどで融解する.

13.5.2 アルカリ融解

塩基性融剤としては，炭酸ナトリウム，炭酸カリウム，水酸化ナトリウム，水酸化カリウム，過酸化ナトリウム（Na_2O_2），メタほう酸ナトリウム（$NaBO_2$），四ほう酸ナトリウム（$Na_2B_4O_7$）などがある．これらは単独で，また，炭酸ナトリウム―過酸化ナトリウム，炭酸ナトリウム―ほう酸又は四ほう酸ナトリウム，水酸化ナトリウム―過酸化ナトリウム，炭酸ナトリウム―水酸化カリウム―ほう酸のような組合せで混合して使用する．これら塩基性融剤及びそれらの混合融剤は，鉱石などの試料の融解に用いる．

アルカリ融解用るつぼの材質としては，アルカリに強いニッケル，ジルコニウム，アルミナ，ガラス質カーボンなどが使用される．一方，アルカリ試薬に弱いと思われている白金るつぼは，炭酸ナトリウム，炭酸カリウム及びこの2種類を混合した融剤，更に，炭酸ナトリウムと四ほう酸ナトリウムの混合融剤には1000℃の温度で使用できる．アルカリ融剤に強いといわれるるつぼでも融解温度が高いと，るつぼの侵食が大きくなり，るつぼの寿命を短くするだけでなく，試料への汚染が大きくなる．特に，酸化力の強い過酸化ナトリウムは，単独で融解するときだけでなく，炭酸ナトリウムのような他の融剤と混合して融解するときも，融解温度は450～700℃と低めに設定する．

アルカリ融解では，二硫酸塩を用いた酸性融解のときのような多量の煙霧が発生しないため，融解温度を制御するために電気炉が用いられる．表13.1にアルカリ融解適用試料と融剤，るつぼ材，加熱条件などを示す．アルカリ融解適用試料は鉱石のようなけい酸塩を含む試料が多い．一方，金属試料である鉄鋼を，融剤として過酸化ナトリウムを用い時間をかけて融解し，その中のクロムを定量している例も示されている．

13.6　電解溶解

棒状，板状などの金属又は切削片，粉末などの金属を載せた白金もしくは黒鉛を陽極にして電解酸化すれば，金属を溶解することができる．陰極には白金，

表 13.1 アルカリ融解適用試料と融剤,るつぼ材,加熱条件

試 料	定量元素	融 剤	るつぼ材	加熱条件など	JIS
鉄鉱石	As	過酸化ナトリウム	ジルコニウム ガラス質カーボン	マッフル炉, 420℃, 60分間	M 8226: 2006 附属書1
		炭酸ナトリウム+炭酸カリウム+無水四ほう酸ナトリウム	白金	バーナー	M 8226: 2006 附属書2
鉄鉱石 (ふっ化水素酸—硫酸混酸処理後の試料)	Sn	炭酸ナトリウム+無水四ほう酸ナトリウム	白金	電気炉, 1 000℃, 15分間	M 8227: 1997 附属書2
鉄 鋼	Cr	過酸化ナトリウム	ジルコニウム	アルゴン雰囲気のマッフル炉, 650℃, 2~3.5時間	G 1217: 2005 附属書3
クロム鉱石	Cr	過酸化ナトリウム	ニッケル アルミナ ジルコニウム 鉄	400~500℃で加熱後 800~850℃で5~7分	M 8262: 2006
チタン鉱石	Ti	・炭酸ナトリウム+過酸化ナトリウム ・水酸化ナトリウム+過酸化ナトリウム ・水酸化カリウム+ほう酸	ニッケル アルミナ ジルコニウム	るつぼ底が暗赤色状態に加熱	M 8311: 1997
	SiO_2	・炭酸ナトリウム+水酸化ナトリウム+過酸化ナトリウム ・炭酸ナトリウム+水酸化カリウム+ほう酸	ニッケル アルミナ ジルコニウム	るつぼ底が暗赤色状態に加熱	M 8314: 1997
	V	・炭酸ナトリウム+過酸化ナトリウム ・炭酸ナトリウム+水酸化ナトリウム+過酸化ナトリウム ・炭酸ナトリウム+水酸化カリウム+ほう酸	ニッケル アルミナ ジルコニウム	るつぼ底が暗赤色状態に加熱	M 8315: 1997
アルミナ粉末	—	・炭酸ナトリウム+ほう酸 ・炭酸ナトリウム+四ほう酸ナトリウム	白金皿	電気炉, 500℃加熱後 1 000~1 025℃, 20分間以上保持	R 9301-3-3: 1999

黒鉛などが用いられる．酸，アルカリなどいろいろな組成の水溶液系電解液が利用される．この溶解法では，他の分解法に比べて使用する試薬量が少なくてすむために汚染が少なく，有害な気体の発生も防げる．

電位を規制して電解すれば，マトリックス元素だけを選択的に溶解することができる[46]．例えば，鋼を陽極にして定電位電解すると，マトリックスの鉄は溶解し，鋼中の介在物や析出物は溶けずに残る．この溶解法では，陽極電位と電解液組成が最も重要な因子である．陽極電位は試料の電流電位曲線から決定され，マトリックスと介在物などの分解電圧の差が大きければ，溶解はより選択的になる．電流電位曲線は，電解液組成によって移行する．選択溶解に影響するそのほかの因子には，電解液の温度，陽極（試料）の形状と電解槽中での配置，電流密度などがある．

鉄鋼には，その中に分散した微粒子状態の非金属介在物（酸化物，炭化物，硫化物，窒化物及びそれらの複合したものなど）が存在することはよく知られている．その非金属介在物が鉄鋼の特性に及ぼす影響を検討するために，鉄鋼から非金属介在物を取り出すことが行われ，非金属介在物の組成，形態，数，構造，化学的・物理的特性が調べられている．したがって，非金属介在物を取り出すには，この溶解法が適用される．

鉄鋼中の介在物のあるものは酸に溶解するので，中性電解液を用い，鉄の水酸化物沈殿の生成を防ぐために錯化剤を添加する．電解液として，15%くえん酸ナトリウム―1.2%臭化カリウム―30%くえん酸溶液及び1%酒石酸―1%硫酸アンモニウム溶液などの水溶液が用いられる．さらに10%アセチルアセトンあるいはサリチル酸メチル―1~2%テトラメチルアンモニウムクロリド―メタノールなどの非水溶媒系電解液を用いると，高い電流密度と広い実用電解電位範囲が得られ，微小で化学的に不安定な化合物を正確に精度よく抽出分離することができる．また，非水溶媒系電解液では，溶解面で不動態化現象が起こらない．

この選択溶解法は金属試料のキャラクタリゼーションの有力な手法であり，日本鉄鋼協会では，非水溶媒系電解液による定電位電解法を鉄鋼中の炭化物，

13.6 電解溶解

窒化物及び硫化物の抽出分離法として推奨している．わずかな電気量で金属試料表面（数マイクロメートル）を定電位電解エッチング（SPEED法：selected potentiostatic etching by electrolytic dissolution）すれば，析出物の in situ 観察や分析ができる．定電位電解法が適用できない場合には，定電流電解法が利用される．

参 考 文 献

1) 平井昭司監修，日本分析化学会編，高田九二雄（2006）：4章 酸とアルカリの使い方および金属並びに無機材料の溶かし方，現場で役立つ化学分析の基礎，p.80-111 オーム社
2) JIS G 1212：1997（鉄及び鋼—けい素定量方法）附属書1
3) JIS H 1057：1999（銅及び銅合金中のアルミニウム定量方法）
4) JIS M 8215-1：2006（鉄鉱石—マンガン定量方法—第1部：原子吸光法）
5) JIS M 8215-2：2006（鉄鉱石—マンガン定量方法—第2部：過よう素酸吸光光度法）
6) JIS M 8232：2005（マンガン鉱石—マンガン定量方法）
7) JIS G 1217：2005（鉄及び鋼—クロム定量方法）
8) JIS G 1313：2000（フェロクロム分析方法）
9) JIS H 1101：1990（電気銅地金分析方法）
10) JIS H 1052：2003（銅及び銅合金中のすず定量方法）
11) JIS H 1181：1996（銀地金分析方法）
12) JIS G 1214：1998（鉄及び鋼—りん定量方法）
13) JIS H 1332：1999（マグネシウム及びマグネシウム合金中のアルミニウム定量方法）
14) JIS H 1404：2001（モリブデン材料の分析方法）
15) JIS H 1402：2001（タングステン粉及びタングステンカーバイド粉分析方法）
16) JIS H 1403：2001（タングステン材料の分析方法）
17) 日本鉄鋼協会評価・分析・解析部会編，藤本京子，志村眞（2007）：イオン交換分離／ICP質量分析法による鉄鋼中微量元素の迅速・高精度分析，続入門 鉄鋼分析技術，p.49-52，日本鉄鋼協会
18) JIS G 1257：1994（鉄及び鋼—原子吸光分析方法），1999（追補1），2000（追補2）
19) JIS G 1258-1：2007（鉄及び鋼—ICP発光分光分析方法—第1部：けい素，マンガン，りん，ニッケル，クロム，モリブデン，銅，バナジウム，コバルト，チタン及びアルミニウム定量方法—酸分解・二硫酸カリウム融解法）
20) JIS G 1258-2：2007（鉄及び鋼—ICP発光分光分析方法—第2部：マンガン，ニッケル，クロム，モリブデン，銅，タングステン，バナジウム，コバルト，チタン及びニオブ定量方法—硫酸りん酸分解法）
21) JIS G 1258-3：2007（鉄及び鋼—ICP発光分光分析方法—第3部：けい素，マンガン，

りん，ニッケル，クロム，モリブデン，銅，バナジウム，コバルト，チタン及びアルミニウム定量方法—酸分解・炭酸ナトリウム融解法）
22) JIS G 1258-4 : 2007（鉄及び鋼—ICP 発光分光分析方法—第4部：ニオブ定量方法—硫酸りん酸分解法又は酸分解・二硫酸カリウム融解法）
23) JIS G 1258-5 : 2007（鉄及び鋼—ICP 発光分光分析方法—第5部：ほう素定量方法—硫酸りん酸分解法）
24) JIS G 1258-6 : 2007（鉄及び鋼—ICP 発光分光分析方法—第6部：ほう素定量方法—酸分解・炭酸ナトリウム融解法）
25) JIS G 1258-7 : 2007（鉄及び鋼—ICP 発光分光分析方法—第7部：ほう素定量方法—ほう酸トリメチル蒸留分離法）
26) JIS H 1614 : 1995（チタン及びチタン合金中の鉄定量方法）
27) JIS H 1654 : 1989（ジルコニウム及びジルコニウム合金中の鉄定量方法）
28) JIS H 1683 : 2002（タンタル—原子吸光分析法）
29) JIS H 1054 : 2002（銅及び銅合金中の鉄定量方法）
30) JIS H 1333 : 1999（マグネシウム及びマグネシウム合金中の亜鉛定量方法）
31) JIS H 1307 : 1993（アルミニウム及びアルミニウム合金の誘導結合プラズマ発光分光分析法）
32) JIS G 1221 : 1998（鉄及び鋼—バナジウム定量方法）
33) 石黒三岐雄，木村仁（1988）：ホウ酸メチル蒸留分離／クルクミン—4-メチル-2-ペンタノン抽出吸光光度法による鉄鋼及びジルコニウム合金中の微量ホウ素の定量，分析化学，Vol. 37, No.10, p. 498-502
34) JIS G 1227 : 1999（鉄及び鋼—ほう素定量方法）
35) JIS H 1121 : 1995（鉛地金分析方法）
36) JIS H 1501 : 1975（ホワイトメタル分析方法）
37) 今野栄行，木村仁，高田九二雄（1986）：誘導結合プラズマ発光分析法によるロジウム基金属間化合物，ホワイトメタル及び高速度鋼の分析，分析化学，Vol. 35, p.T57-T61
38) JIS R 9301-3-4 : 1999（アルミナ粉末—第3部：化学分析方法—4：加圧酸分解）
39) JIS R 1616 : 2007（ファインセラミックス用炭化けい素微粉末の化学分析方法）
40) JIS H 1352 : 2007（アルミニウム及びアルミニウム合金中のけい素定量方法）
41) JIS H 1353 : 1999（アルミニウム及びアルミニウム合金中の鉄定量方法）
42) JIS H 1354 : 1999（アルミニウム及びアルミニウム合金中の銅定量方法）
43) JIS G 1223 : 1997（鉄及び鋼—チタン定量方法）
44) JIS G 1224 : 2001（鉄及び鋼—アルミニウム定量方法）
45) JIS M 8219 : 1995（鉄鉱石—チタン定量方法）
46) 日本鉄鋼協会分析技術部会編，高山透，蔵保浩文（2002）：析出物・介在物，分析技術部会技術資料集，鉄鋼の製造のための分析解析技術，p.156-175，日本鉄鋼協会

14. 分離とマスキング

　化学分析は，分析対象成分の化学特性に基づく反応を利用し，その成分を含む化合物や塩からのシグナルを検出することで定性及び定量分析を行うことである．化学反応を利用した分析方法は重量法，容量法，吸光光度法などであり，そのシグナルは質量，体積，分子吸光の形で得られる．しかし，分析対象成分の化学反応は溶液中に共存する他の成分の影響を受けるため，正しくない分析結果を得てしまうことがある．一方，化学分析に使えるシグナルは，化学反応によるものだけでなく，基底状態原子による光吸収，励起状態原子からの発光，高温状態で生成したイオンの m/z（質量／電荷数）及び酸化還元電位・電流からも測定できる．それらは，それぞれ原子吸光分析法，発光分光分析法，質量分析法及び電気化学的分析法である．これらの分析シグナルは，化学反応を利用した分析方法と同じように，共存する種々の成分及びその濃度によって影響を受ける．これら共存成分の影響を除去する手段として，化学反応を利用した分離及びマスキング（遮へい，隠ぺい）などの操作が行われる．

　分離は，分析対象成分と共存する妨害成分の化学特性の違いを利用して分けるもので，沈殿分離（共沈分離を含む），蒸留分離，溶媒抽出分離，イオン交換分離，電着分離，ガス成分抽出分離などがある．マスキングは，試料溶液に添加した試薬（マスキング剤）が，共存する妨害成分と化学的に安定な化合物を生成し，化学反応に関与しないようにすることである．分析対象成分はマスキング剤の存在による影響を受けないため，マスキング剤添加以降の化学反応が円滑になる．ここでは分離及びマスキングについて述べる．

14.1 分　　　離

14.1.1 沈 殿 分 離

沈殿分離は，試料溶液中の分析対象成分の化学形態を変化させる方法，及び沈殿剤を添加することによって溶解度の極めて小さい化合物を生成させる方法で溶液から固体として析出させ，共存成分から分離する方法である．沈殿は重量法及び容量法による分析に用いる．一方，分析対象成分濃度が希薄なため沈殿剤を添加しても沈殿が生成しない場合，他の成分（共沈剤，担体）を添加し，それを沈殿させることによって分析対象成分がそれとともに沈殿する共沈によって共存成分と分離することができる．これらはいずれも液相から固相を析出させるものである．

(1) 主成分の沈殿分離

(a) 試料溶液中の分析対象成分を固体に変化させて沈殿分離する例がある．それは水溶性けい酸を不溶性けい酸にするもので，水溶性けい酸を含む溶液に過塩素酸又は硫酸を添加し，加熱を続け，これら酸の白煙を発生させることで不溶性けい酸の沈殿を生成させ，溶液から分離するものである．沈殿はろ過によって溶液と分けた後，強熱（約1 100℃）し，二酸化けい素ひょう量形の重量法で分析[1), 2)]する．

(b) 試料溶液に沈殿剤の溶液を添加し，分析対象成分を含む溶解度の小さい沈殿を生成させて分離する方法がある．沈殿剤に無機系の化合物を使用する例として，硫酸イオンを含む試料溶液に沈殿剤として塩化バリウム溶液を添加し，硫酸バリウムを沈殿させ，分離するもので，硫黄の重量分析で使用する方法[3)]である．また，りん酸イオンを含む試料溶液にモリブデン酸アンモニウム溶液を添加し，りんモリブデン酸アンモニウムを沈殿させ，分離する．これをアンモニア水に溶解した後，マグネシア混液（塩化マグネシウムと塩化アンモニウムの混合溶液）を添加し，りん酸マグネシウムアンモニウムを沈殿させ，分離[4)]する．沈殿は強熱しピロりん酸マグネシウムのひょう量形で重量法で測定する．

14.1 分　　離

(c) 沈殿剤に有機系試薬を使用する例として，ニッケルを含む試料溶液にジメチルグリオキシム-エタノール溶液か水酸化ナトリウム溶液を添加し，希薄アンモニアアルカリ溶液からニッケルジメチルグリオキシムを沈殿させ，分離[5]する方法がある．沈殿は乾燥して重量法，又は溶解した後に過剰のエチレンジアミン四酢酸二水素二ナトリウム（EDTA2Na）溶液を添加し，亜鉛標準液の逆滴定でニッケルを定量する．また，タングステンを含む試料溶液にシンコニン溶液を添加し，タングステン酸シンコニンを沈殿させる方法[6],[7]，更に，モリブデンを含む試料溶液にベンゾイン-α-オキシム溶液を添加[8]，又は8-キノリノール溶液を添加[9]し，モリブデンを含む沈殿を生成させ，溶液から分離する．

(2) 微量成分の共沈分離

(a) 無機系試薬の共沈剤としては，アルカリ性溶液中で鉄(Ⅲ)，ランタン，アルミニウム，ベリリウム，ビスマス(Ⅲ)，インジウム(Ⅲ)などの水酸化物が使用される．アルカリ性溶液での共沈操作では，分析試料が鉄鋼の場合，主成分の鉄を始め，多くの元素が水酸化物となって沈殿するので，共沈剤及び分析対象成分以外は沈殿しないようにマスキング剤を添加しマスキングする．例えば，鉄鋼中の微量りん[10]及びひ素[11]は，試料を酸分解し，溶液中のりん酸イオン（PO_4^{3-}）及びひ素イオン（AsO_4^{3-}）の形で水酸化ベリリウムを共沈剤としたアンモニアアルカリ性から共沈分離する．そのとき，アルカリ性溶液中で沈殿する試料主成分の鉄などは，あらかじめマスキング剤のEDTA2Naを添加して沈殿しないようにする．りんはりん酸アンモニウムベリリウム（$BeNH_4PO_4$）として，ひ素はひ酸アンモニウムベリリウム（$BeNH_4AsO_4$）として水酸化ベリリウムによって共沈するものと考えられる．また，銅地金中のひ素，アンチモン，鉛及びビスマス[12]は水酸化鉄(Ⅲ)-水酸化ランタンの混合共沈剤を用いることでアンモニアアルカリ性溶液から共沈分離する．

一方，酸性溶液中から共沈分離する例として，酸化マンガン(Ⅳ)（MnO_2）を共沈剤として，硝酸溶液中から，鉄鋼中の微量ひ素，アンチモン及びすず[13]を，りん銅地金中のすず[14]を共沈分離している．

溶液中で還元によって単体を析出させ，それを共沈剤とする方法がある．例えば，鉱石中のセレン[15]について，試料の酸溶液にテルルの塩酸溶液を加え，塩化すず(II)で還元し，テルル（単体）を析出させセレンを共沈させる方法，又はひ素の塩酸溶液を加え，ホスフィン酸の還元によってひ素（単体）を析出させセレンを共沈させる方法である．

鉄中のセレン，テルル，金，銀[16),17)]について，試料の酸溶液にパラジウム溶液を添加し，アスコルビン酸還元でパラジウム（単体）を析出させ，分析対象成分を共沈させる．セレン，テルルは共沈剤であるパラジウムとの金属間化合物を作って，そして，金，銀は単体でパラジウムの単体と共沈してくる．

(b) 有機系試薬を用いた共沈では，有機金属錯体を共沈剤とする方法がある．鉄鋼中のタングステン[18]は，試料の酸溶液にニオブのふっ化水素酸-硝酸混酸溶液を加え，更にタンニン酸を添加することでタンニン酸ニオブの沈殿が生成し，それにタングステン酸が共沈によって捕集され分離される．

また，酸溶液に対して溶解度の小さいキレート試薬の有機溶媒溶液を添加するとキレート試薬が沈殿するので，それを共沈剤とする方法がある．鋼中のジルコニウム[19]は，試料の酸溶液にクペロン溶液を添加することでクペロンの沈殿が生じ，これが共沈剤となってジルコニウムが共沈する．沈殿が褐色を呈した段階でろ過をして溶液と分ける．

14.1.2　蒸留・気化分離

化学物質はそれぞれ特有の蒸気圧をもっているので，その蒸気圧の差を利用して分離する方法が蒸留・気化分離である．つまり，複数成分からなる溶液を蒸留装置・気化装置に入れ，その中である元素に対して蒸気圧の高い化合物を生成させ溶液から気化させ分離するものである．気化した蒸気はそのまま原子吸光分析装置やICP発光分光分析装置に導入して測定する．又は，水冷冷却管などに導き，液体にして捕集するか，吸収液の中へ導き，そこで捕集した後，吸光光度法やICP発光分光分析法によって定量する．蒸留・気化分離は，蒸気圧の高い化合物が安定して生成しやすいひ素，ほう素，ふっ素，水銀，窒素，

14.1 分　　離

硫黄，アンチモン，セレンなどの分離に使用される．これら分析元素名，蒸留・気化物の名称，測定法などを表 14.1 に示す．蒸留・気化分離には，それぞれ蒸留・気化される化合物の化学特性に合った装置が考案されており，図 14.1〜図 14.3 に例を示す．図 14.1 及び図 14.2 は三水素化ひ素（アルシン AsH_3）気化分離装置である．試料溶液中のひ素を，過塩素酸添加-加熱白煙処理でひ酸（H_3AsO_4）に酸化した後，水酸化ベリリウム共沈分離[11]する．又は，試料溶液中のひ素を過マンガン酸カリウムの添加によってひ酸に酸化した後，水酸化鉄（Ⅲ）共沈分離[20),21)]する．これら沈殿を硫酸-塩酸の混酸で溶解した後，よう化カリウム溶液，塩化すず（Ⅱ）溶液及び粒状亜鉛を添加することでひ素を還元し，三水素化ひ素として気化させる．三水素化ひ素を吸収液に捕集し，ジエチルジチオカルバミド酸銀吸光光度法で定量する方法[11),20),21)]，又は，三水素

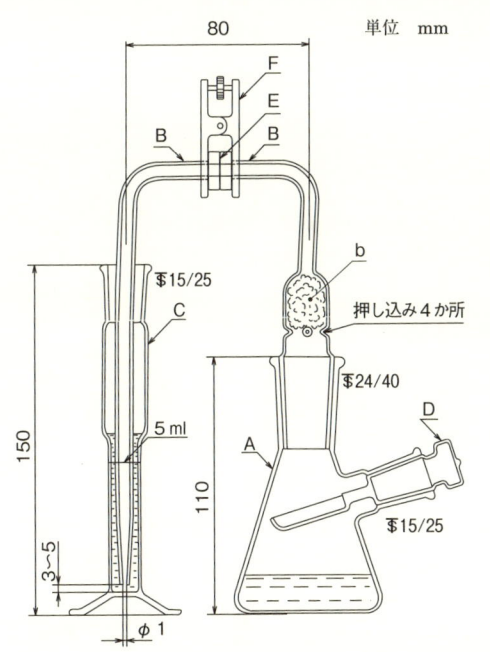

図 14.1　吸収管付き三水素化ひ素気化分離装置[20)]

14. 分離とマスキング

表 14.1 蒸留・気化分離される蒸留・気化物の名称・化学式

分析元素	試料	分離名	蒸留・気化物 名称	化学式	測定法	JIS
ひ素	鉄鋼	気化	三水素化ひ素（アルシン）	AsH_3	吸光光度法	G 1225：2006 附属書2
	電気銅地金					H 1101：1990
	工業用水				吸光光度法 原子吸光法 ICP 発光法	K 0101：1998
	工場排水					K 0102：2008
	鉄鋼	蒸留	三塩化ひ素	$AsCl_3$	吸光光度法	G 1225：2006 附属書3
	鉄鉱石					M 8226：2006 附属書1
ほう素	鉄鋼	蒸留	ほう酸トリメチル（ほう酸メチル）	$(CH_3)_3BO_3$	吸光光度法	G 1227：1999 附属書1〜3
					ICP 発光法	G 1258-7：2007
ふっ素	蛍石	蒸留	四ふっ化けい素，（ヘキサフルオロけい酸）	SiF_4	滴定法	M 8514：2003 附属書1
水銀	工業用水	気化	水銀蒸気	Hg	原子吸光法	K 0101：1998
	工場排水					K 0102：2008
窒素	鉄鋼	蒸留	アンモニア	NH_3	滴定法 吸光光度法	G 1228：1997 附属書1〜3
硫黄	鉄鋼	気化	硫化水素	H_2S	吸光光度法	G 1215：1994 附属書7
アンチモン	工場排水	気化	三水素化アンチモン（スチビン）	SbH_3	ICP 発光法 ICP 質量分析法	K 0102：2008
セレン	地下水 表層水	気化	セレン化水素	H_2Se	原子吸光法	K 0400–67–20：1998

14.1 分離

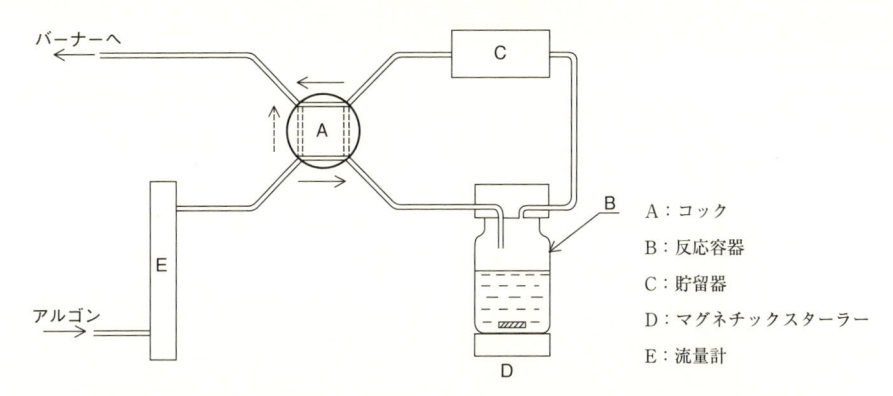

```
A：コック
B：反応容器
C：貯留器
D：マグネチックスターラー
E：流量計
```

図 14.2 原子吸光分析用フレームへの導入用三水素化ひ素気化分離装置 [20]

化ひ素を原子吸光分析装置の水素-アルゴンフレームに導入し，原子吸光分析法で定量 [20),21)] する．また，試料溶液にテトラヒドロほう酸ナトリウム（$NaBH_4$）溶液を添加してひ素を還元し，発生した三水素化ひ素を ICP 発光分光分析装置のアルゴンプラズマに導入し，発光分光分析法で測定する方法 [20), 21)] もある．

図 14.3 は，ほう素を蒸留分離するための装置である．ほう酸を含む試料溶液を濃硫酸-濃りん酸の混酸溶液にした後，メタノールを加え，エステルであるほう酸トリメチル［$(CH_3)_3BO_3$］を生成させ，加熱によって蒸留分離する．蒸留されたほう酸トリメチルは水冷冷却管を通過した後，水酸化ナトリウム溶液で捕集され，クルクミン吸光光度法 [22)] 及び ICP 発光分光分析法 [23)] で定量される．

14.1.3 溶媒抽出分離

(a) 溶媒抽出（solvent extraction）には，液―液抽出法（liquid-liquid extraction）及び固―液抽出法（solid-liquid extraction）があるが，ここでは前者の抽出法を用いた分離について述べる．液―液抽出分離は，水溶液と互いに溶解しない有機溶媒を加え，振り混ぜることで水溶液中の分析対象成分又は妨害成分のいずれかを有機溶媒に移し，これら二つの成分を分離する方法である．これは，分析対象成分又は妨害成分が有機溶媒及び水溶液へ溶解する溶解

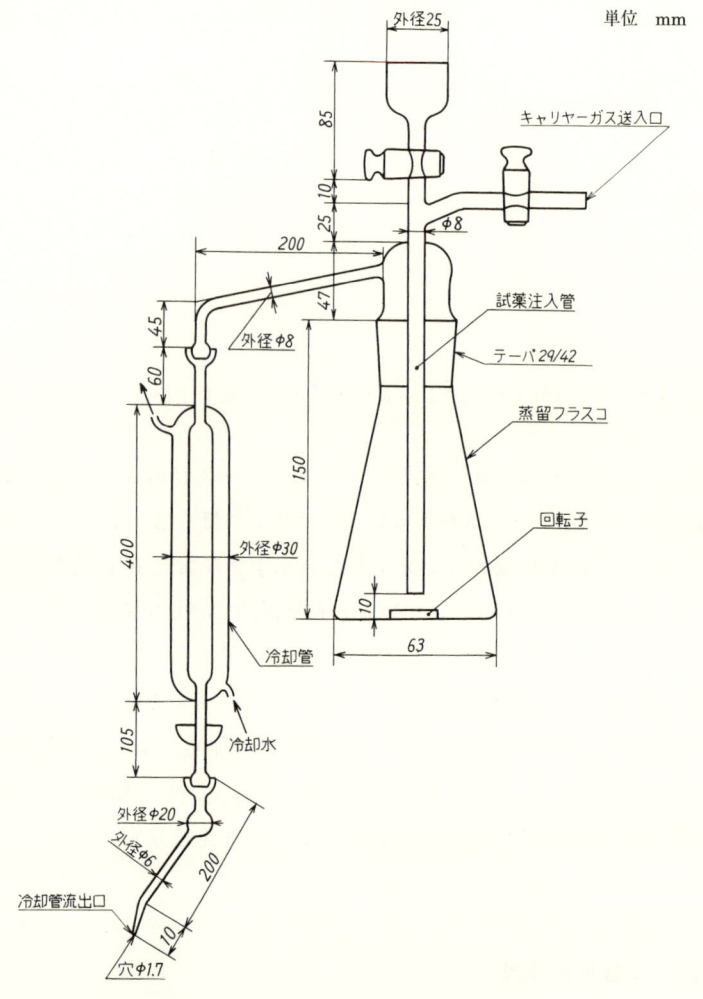

図 14.3 ほう酸トリメチル蒸留分離装置[22]

度の差を利用した方法である．ある成分の有機溶媒に対する溶解度が大きく，水溶液に対する溶解度が小さい場合，つまり，有機相に溶けている濃度（C_{org}）と水相に溶けている濃度（C_w）との比が大きい場合，その成分の溶媒抽出の分配比（D）は大きいと表現する．分配比は式(14.1)で表される．

14.1 分　離

$$D = C_\text{org}/C_\text{w} \tag{14.1}$$

　分配比（D）が大きいほど抽出効率が良いことを示す．しかし，現実の分析操作では，有機相と水相の体積比を変化させることがあり，又は，有機溶媒を新しいものと取り替えて同じ抽出操作を複数回繰り返すことから，抽出される成分の絶対量が変化する．そのため，分析対象成分又は妨害成分の全体の何パーセントが有機相に抽出されたかを示す抽出率（%E）の表現が用いられる．抽出率（%E）と分配比（D）との間には式(14.2)のような関係がある．

$$\%E = D/[D + (V_\text{w}/V_\text{org})] \times 100 \tag{14.2}$$

　ここに，　D：分配比
　　　　　　V_w：水相の体積
　　　　　　V_org：有機相の体積

(b)　水溶液中の分析対象成分又は除去対象成分を有機溶媒に抽出可能な化学種にするため，塩酸やよう化カリウムを添加し錯体を生成させる方法，及び有機試薬を添加して有機錯体であるキレートあるいはイオン対を生成させることが行われる．

(c)　抽出操作は，分液漏斗に試料溶液と抽出用有機溶媒を入れ，分液漏斗に栓をし，栓の部分とコックの部分を手で押さえて持ち，よく振り混ぜる．振り混ぜ機（シェーカー）を使用してもよい．振り混ぜた後，静置し水相と有機相の 2 層に分かれるのを待つ．2 層のうちの比重が重い下層の液を，コックを通してビーカーなどに移す．ここで抽出分離操作は終了する．しかし，有機相に分析対象成分が抽出され，これを水溶液にする場合は，有機相を別の分液漏斗に入れ，水を添加し，よく振り混ぜ，水相に分析対象成分を逆抽出する操作が使われる．

(d)　溶媒抽出法を化学分析に使用している主なものは次のようである．まず，分析対象成分を溶媒抽出する例として，鉄鋼中のりん分析法[10]がある．鉄鋼試料を酸分解によって溶液とし，りんをりん酸にする．七モリブデン酸六アンモニウム溶液を添加し，モリブドりん酸を生成させる．これを酢酸イソブチルで抽出し，吸光光度法でりんを定量する．

銅地金中の鉄[12]は，銅地金試料を酸分解によって溶液にし，塩酸酸性溶液から3価の鉄を4-メチル-2-ペンタノン（MIBK）・酢酸イソペンチルで抽出分離する．有機相中の鉄（III）を水で逆抽出した後，原子吸光分析法又は1,10-フェナントロリン吸光光度法で定量する．

鉄鋼中のすず，鉛，ビスマス，アンチモン，テルル[24]，及び鉄鉱石中のすず[25]は，酸分解によって塩酸溶液とし，3価の鉄を還元によって2価の鉄にした後，分析対象成分をよう化物にする．これらよう化物をトリオクチルホスフィンオキシド（TOPO）-4-メチル-2-ペンタノン溶媒で抽出し，抽出した有機溶媒をそのまま原子吸光分析装置のフレームに導入し，原子吸光分析法で定量する．

(e) 溶液中の分析対象成分を残し，共存する主成分を抽出して除去する例を示す．鉄鋼や鉄鉱石試料を酸分解し，塩酸溶液とすることで試料の主成分である鉄は3価状態の鉄（III）で4-メチル-2-ペンタノンで抽出され水溶液から除去される．水溶液に残ったアルミニウム[26]，鉛[27]，ビスマス[28]などは，原子吸光分析法で定量する．

(f) ところで，溶媒抽出で使用される多くの有機溶媒は，近年，人体の健康への影響，環境破壊の一つである地球大気圏のオゾン層破壊の元凶と目されて使用制限や使用禁止になっている．化学分析の抽出用有機溶媒であるベンゼン，クロロホルム，四塩化炭素，1,2-ジクロロエタンなどがそれに当たる．これを受け，有機溶媒を使用する溶媒抽出法の使用が自粛され，分析方法も溶媒抽出法をほとんど必要としない原子吸光分析法，ICP発光分光分析法，ICP質量分析法が使われる．しかしながら，溶媒抽出法は，少量の有機溶媒を使って，反応装置を密閉系にしたフローインジェクション分析法（FIA）で使われている．

14.1.4 イオン交換分離

(a) イオン交換分離（ion exchange separation）は，分析対象成分と共存成分を含んだ試料溶液をイオン交換樹脂（ion exchange resin）（有機共重合体合成樹脂からなる）に接触させることによって分析対象成分がイオン交換樹

脂のイオンと交換する形で捕集され，共存成分は溶液に残ったままとなることで分離する方法である．分析対象成分を捕集したイオン交換樹脂は試料溶液から取り出した後，試料溶液と異なる液性の溶液を接触させることで分析対象成分が溶離し，分析対象成分だけを含んだ溶液となる．又は，分析対象成分と共存成分を含んだ試料溶液をイオン交換樹脂に接触させることによって共存成分がイオン交換樹脂に捕集され，分析対象成分は溶液に残る方法で分離することもできる．

(b) イオン交換樹脂は酸性の官能基であるスルホン酸基（$-SO_3H$）をもつ強酸性陽イオン交換樹脂，及びカルボキシル基（$-COOH$）をもつ弱酸性陽イオン交換樹脂がある．陽イオン交換樹脂には，溶液中の陽イオンが捕集される．一方，塩基性の官能基である強塩基性基（第四級アンモニウム塩）をもつ強塩基性陰イオン交換樹脂及び弱塩基性基（アミノ基）をもつ弱塩基性陰イオン交換樹脂がある．

イオン交換樹脂は，水に浸漬することでイオン性官能基が水和し，膨潤するため，イオンが拡散しやすくなる．イオン交換樹脂は架橋構造をもち，その架橋度は一般に4〜8％である．架橋度が高いほど膨潤しなくなるためイオンの樹脂内拡散が遅くなる．化学分析には8％の架橋度の樹脂が適当である．架橋度とはスチレン系イオン交換樹脂の架橋の程度を示す値であり，重合の際に加えられたジビニルベンゼンの質量パーセントを示す．そして，分析に用いるイオン交換樹脂の粒径は50〜100メッシュ（直径0.15〜0.3 mm），又は100〜200メッシュ（直径0.075〜0.15 mm）のものが多い．

イオン交換樹脂が1種のイオンを保持できる大きさがどの程度のものであるかを表すものに，イオン交換法における分配係数K_dがある．これは，式(14.3)のように定義される．

$$K_d = (イオン交換樹脂中のイオン濃度)/(溶液中のイオン濃度)$$
$$= [樹脂相のイオン量/乾燥樹脂の質量(g)]/[溶液のイオン量/溶液の体積（mL）] \tag{14.3}$$

したがって，分配係数K_dの単位は，mL/gで表される．分配係数K_dは，ビー

カーの中で，質量既知のイオン交換樹脂と目的イオンを含む溶液とともに振り混ぜ，イオンが樹脂と溶液に分配される割合を測定するバッチ式実験で測定できる．

(c) ジルコニウム及びジルコニウム合金中のカドミウム[29]，ウラン[30]，鉛[31] を，強酸性陽イオン交換樹脂を使って主成分のジルコニウムから分離している．鉛の分離操作は次のようである．分析試料をふっ化水素酸と数滴の硝酸で分解した後，水で希釈する．これを，コンディショニング済みの強酸性陽イオン交換樹脂（74～149 μm, 交換容量 1.9 meq/mL 以上）の入ったカラムに通す．陽イオン交換樹脂に捕集された鉛は，溶離液として塩酸を使用し，鉛を溶離させる．流出液はビーカーに受け，鉛は原子吸光法によって定量する．カドミウム，ウランの陽イオン交換樹脂による分離操作は鉛の場合と類似している．

(d) 超高純度鉄中の微量マグネシウム，カルシウム，チタン，マンガン，コバルト，ニッケル，銅，亜鉛，イットリウム，ジルコニウム，ニオブ，モリブデン，カドミウム，インジウム，すず，バリウム，ランタン，セリウム，ハフニウム，タンタル，タングステン，鉛など二十数元素について，1回のイオン交換分離操作で主成分の鉄から分離する方法が報告[32] されている．特徴は，イオン交換カラムを2層にしたところにあり，上層に強塩基性陰イオン交換樹脂（Dowex 1-X8）を，下層に強酸性陽イオン交換樹脂（Dowex 50W-X8）を使用している．分離操作は次のようである．ふっ化水素酸と過酸化水素水の混酸で分解した超高純度鉄溶液に，ふっ化水素酸を添加して溶液の酸濃度を調整後，陰イオン交換樹脂と陽イオン交換樹脂を2層にしたイオン交換カラムに通す．ふっ化水素酸溶液でカラムを洗浄後，溶離液として硝酸と過酸化水素水の混合溶液をカラムに通して上記二十数元素を溶出させる．

14.1.5 電着分離

溶液中の金属，ハロゲン化物などのイオンは，金属，アマルガム，酸化物，ハロゲン化物などの形で陰極又は陽極に電解析出させて分離（濃縮）すること

14.1 分　　離

ができる．数種のイオンが共存する溶液からそれらを相互に分離するには，作用電極電位を各析出電位間の適当な値に規制して電解すればよい（定電位電解）．各イオンの析出電位が 0.2 V 以上離れていれば 99.9% 以上の相互分離が可能である．錯化剤などの添加により析出電位は移行するので，析出電位が近接した元素でも分離できる場合がある．定電位電解法が最も普通に行われるが，常量成分の分離が簡単迅速に行える定電流電解法，定加電圧電解法あるいは金属のイオン化傾向の差を利用する内部電解法も利用できる．

溶液をかき混ぜながら電解した場合，溶液中のイオンの濃度 C_t は，式(14.4)に従って時間とともに減少する．

$$C_t = C_o \exp(-kt) \tag{14.4}$$

ここに，C_o：電解前のイオン濃度
　　　　t：時間
　　　　k：定数

電極反応に関与しない電解質（支持電解質）が大量に存在する溶液の場合，イオンは拡散のみによって電極表面に運ばれ，$k = DA/V\delta$（D はイオンの拡散係数，A は作用電極面積，V は電解液量，δ は拡散層の厚さ）となる．99% 析出するのに要する時間は $t = 2/k$，99.9% では $t = 3/k$ となる．一般に電解槽中での電極面積と電解液量との比が大きいほど，また電解液のかき混ぜがよい（$\delta \to$ 小）ほど析出速度は速くなる．

作用電極の選択は重要であり，通常，水銀，白金，炭素，銀などが用いられる．非常に大きな水素過電圧（水素発生反応における過電圧）をもつ水銀を陰極に用いる電解（水銀陰極電解）では，弱酸性溶液から多くの金属を析出させることができ，微量成分分析の前処理法として汎用されてきたが，水銀を使用することから近年は利用されない．対極には白金，白金―イリジウム合金などが用いられる．電解液には希硫酸又は希過塩素酸がよく用いられ，陽極復極剤や pH 緩衝液が添加されることもある．

2～3 時間以内に分析対象成分（μg 量）の 95% 以上を電着捕集する場合と，マトリックス元素を電極に析出させて分析対象成分を溶液中に残す場合がある．

マトリックス元素を電着する分離法は，多成分からなる試料や分析対象成分の電位がマトリックス元素の電位よりも正の場合には利用できず，分析対象成分の電位がたとえ負であっても電極への機械的吸着，固溶体や金属間化合物の形成などによる分析対象成分の損失の可能性があるためあまり応用されない．電気化学的予備濃縮法は，工業材料などの前処理に利用される．電極上に電解析出した分析対象成分の質量を測定して定量する方法（15.5節 "電解重量分析" 参照），及び析出物を再溶解するときの電流を測定して定量する方法（19.4.2項 "ストリッピングボルタンメトリー" 参照）がある．

14.1.6　ガス成分分離

固体試料中のガス成分元素である炭素，硫黄，酸素，窒素，水素を分析する場合，固体試料を高温で加熱，熔融，燃焼などをさせ，これら試料からガス成分元素を気化させて分離し，定量する（乾式化学分析法）．ただし，硫黄，窒素については，湿式化学分析法で定量することも行われる．

(1) 炭素及び硫黄の燃焼気化分離

固体試料中の炭素及び硫黄は，試料を酸素気流中で燃焼させることによって二酸化炭素及び二酸化硫黄となって気化し，試料から分離される．固体試料を，あらかじめ加熱によって脱炭及び脱硫した磁器燃焼ボート又は磁器燃焼るつぼに入れ，これに助燃剤を添加し，高純度酸素気流中で加熱することで燃焼（酸化）させる．燃焼により試料中の炭素（遊離炭素，炭化物など）は二酸化炭素に，硫黄（硫化物など）は二酸化硫黄となって試料から酸素気流中へ抽出される．試料の主成分である鉄などは燃焼ボートや燃焼るつぼ内に残る．生成した二酸化炭素は重量法，ガス容量法，赤外線吸収法などで定量[33),34)]され，二酸化硫黄は滴定法，赤外線吸収法などで定量[35),36)]される．燃焼時に添加する助燃剤は，分析試料の燃焼効率をよくするためのものである．助燃剤として，粒状のタングステン（840～2 000 μm），すず（250～1 000 μm），鉄（250～1 000 μm），銅（約840 μm）などが使用され，必要に応じて種類や量を変える（2種類を混ぜ合わせてもよい）．鉄鋼の分析の場合はタングステンとすず

の混合助燃剤が使われることが多い．試料を燃焼させる熱源としては，管状電気抵抗加熱炉（1 200～1 450℃）や高周波誘導加熱炉が使用される．

検量線は，認証標準物質を用い，試料と同じ方法で操作し作成するが，固体の試薬（炭酸ナトリウム，炭酸バリウムなど）及び試薬の水溶液（スクロース，炭酸ナトリウム，硫酸カリウム）を用いる場合[34),36)]は次のように操作する．固体試薬の場合は，固体試料をすずカプセルにはかり取り，これを燃焼るつぼなどに入れ，助燃剤と純鉄を添加した後で燃焼させる．試薬溶液の場合は，溶液をすずカプセルにはかり入れ，90℃で2時間乾燥する．これを燃焼るつぼなどに入れ，助燃剤と純鉄を添加した後で燃焼させる．

(2) 酸素及び窒素の融解気化分離

固体試料中の酸素[37)]及び窒素[38)]は，試料を高温加熱用の黒鉛るつぼに入れ，ヘリウム雰囲気の黒鉛抵抗加熱炉（インパルス炉）又は高周波誘導加熱炉中で試料を融解することによって気化し，試料から分離される．試料の融解とともに，酸素は黒鉛るつぼと反応し一酸化炭素となり，窒素は窒素分子となる．一酸化炭素は分析装置内で二酸化炭素に酸化された後，赤外線吸収法で定量される．また，窒素分子は熱伝導度法で定量される．

チタンやチタン合金などのように融解されにくい試料の場合[39)]，試料とともに黒鉛るつぼに浴金属となるニッケル又は白金を入れることによって，融解を容易にする必要がある．

(3) 水素の融解気化分離

固体試料中の水素[40)]は，試料を高温加熱用黒鉛るつぼに入れ，アルゴン雰囲気の黒鉛抵抗加熱炉（インパルス炉）又は高周波誘導加熱炉中で試料を融解するか，融解しない程度に加熱することによって気化し，試料から抽出される．抽出された気体には水素以外の気体も含まれるので，水素分析装置に組み込まれたガスクロマトカラムを通して水素を分離し，熱伝導度法で測定する．チタンやチタン合金などのように融解されにくい試料の場合[41)]，試料とともに黒鉛るつぼに浴金属となるすずを入れることによって，融解・抽出を容易にする．

14.1.7 その他の分離

固相抽出（solid phase extraction, SPE）[42), 43)] による分離法は，有機系試料（生体成分，食品，医薬品，農薬など）中の各成分分離に使用されることが多く，無機試料への応用は多くない．固相抽出は，固相（吸着剤，充填剤）に対し溶液中の種々の溶質の吸着（分配）特性が異なることを利用した分離法である．分離操作は次のようである．固相のコンディショニング後，分析対象成分を含む溶液を導入し，分析対象成分を固相に吸着させる．次に洗浄液を導入し，固相に保持されている分析対象成分以外の成分を流出させ，その後で溶離液を導入し，分析対象成分を固相から溶出させる．これによって分析対象成分は共存する他の成分から分離された状態になる．分離条件は，固相，分析対象成分，溶媒（ここでは溶液を構成する溶媒，洗浄液，溶離液）の3種類の組合せを考慮して決める．固相は，オクタデシル基結合シリカゲル（octadecyl silyl, ODS），高分子ゲル，イオン交換樹脂，アルミナ及び活性炭などからなり，形状はビーズ状及びディスク状である．分離には，これら固相はカラム方式又はカートリッジ方式で使用される．

固相抽出が鉄鋼中の微量けい素[44), 45)]，りん[45)]及び硫黄[46)]を主成分の鉄から分離するために応用されている．例えば，けい素及びりんを共存成分から固相抽出分離するには高分子ゲルであるデキストランゲル（Sephadex G25）が，硫黄の分離には活性アルミナが使用されている．鉄鋼を酸分解することでけい素はけい酸（H_4SiO_4）に，りんはりん酸（H_3PO_4）になる．これを七モリブデン酸六アンモニウム溶液と反応させ，モリブドけい酸［$H_4(SiMo_{12}O_{40})$］及びモリブドりん酸［$H_6(P_2Mo_{18}O_{62})$］を生成させる．これらをデキストランゲルに吸着させ，共存成分である試料主成分と過剰に添加した七モリブデン酸六アンモニウムから分離する．吸着したモリブドけい酸及びモリブドりん酸はアンモニア水で溶離させる．硫黄は鉄鋼を酸分解することで硫酸になる．これを活性アルミナカラムに流し入れ，硫酸を吸着させ共存成分から分離する．吸着した硫酸はアンモニア水で溶離させる．

種々の固相はすべてクロマトグラフィーの特性を示すので，高速液体クロマ

トグラフィーなどの分離カラムの充填剤として使用される．

14.2 マスキング

　化学分析操作において，試料溶液中に分析対象成分とともに種々の共存成分が比較的多量に存在する場合，添加した試薬と分析対象成分との間に起こる有用な化学反応が共存成分にも類似して起こり，それによって以降の化学操作が不可能になる場合がある．これを防止するために，ある種の試薬を添加し，共存成分と反応させることで，以降の化学反応の進行を阻止することがマスキング（遮へい）である．マスキングをする働きをもつ試薬がマスキング剤である．共存成分をマスキングすることで分析対象成分の化学反応だけが進行する．

　マスキングは，化学量論的に進行する化学反応に基づいた分析方法である重量法，容量法，吸光光度法などで使われる操作である．マスキング剤[47]として，EDTA2Na，酒石酸，くえん酸などが使用される．しかし，最近の分析方法の進歩によってこれらの分析方法に代わって，ICP発光分光分析法，原子吸光分析法，ICP質量分析法が広く普及してきたため，マスキング操作を必要とせず，その使用頻度が小さくなってきている．

　分析操作にマスキング操作があるりんの共沈分離の分析例，及びニッケルの沈殿分離の例を示す．

　(a)　タングステンを含有する鉄鋼中のりんをモリブドりん酸青吸光光度法で定量する場合，共存するタングステンは試料溶液中でタングステン酸として沈殿し，りんを吸着する．このため，りんの定量値は低値となり，ばらつく．これを防止するために，試料溶液にマスキング剤としてEDTA2Na溶液を加え，試料主成分の鉄，クロム，ニッケルなどをEDTA錯体にしてマスキングする．これによって，アンモニアアルカリ性溶液中で行うりんの水酸化ベリリウム共沈分離が，鉄などの水酸化物の沈殿を伴うことなく行うことができる．沈殿を分離し，その中のりんをモリブドりん酸青吸光光度法で，正確さ，精度

のよいりんの分析結果が得られる[10].

(b) 鉄鋼中のニッケルをニッケルジメチルグリオキシムとして分離する場合，試料溶液にマスキング剤としてくえん酸溶液，L(+)-酒石酸溶液，くえん酸水素二アンモニウム溶液を加え，試料の主成分である鉄などをくえん酸錯体や酒石酸錯体にしてマスキングする．アンモニア水を使って溶液を中和し，これにジメチルグリオキシム溶液を添加し，ニッケルジメチルグリオキシムを沈殿させる．沈殿は，ニッケルの重量法，又は滴定法のために使用する[5].

引用・参考文献

1) JIS G 1212 : 1997（鉄及び鋼—けい素定量方法）
2) JIS G 1312 : 1998（フェロシリコン分析方法）
3) JIS G 1215 : 1994（鉄及び鋼—硫黄定量方法）
4) JIS G 1320 : 2007（フェロホスホル—りん定量方法）
5) JIS G 1216 : 1997（鉄及び鋼—ニッケル定量方法）
6) JIS G 1220 : 1994（鉄及び鋼—タングステン定量方法）
7) JIS G 1316 : 1998（フェロタングステン分析方法）
8) JIS G 1218 : 1994（鉄及び鋼—モリブデン定量方法）
9) JIS G 1317 : 1998（フェロモリブデン分析方法）
10) JIS G 1214 : 1998（鉄及び鋼—りん定量方法）
11) JIS G 1225 : 2006（鉄及び鋼—ひ素定量方法）
12) JIS H 1101 : 1990（電気銅地金分析方法）
13) T.Itagaki, K.Takada, K.Wagatsuma, K.Abiko（2003）: Materiaux & Techniques NUMERO HORS SERIE-December, p.26-30
14) JIS H 1552 : 1976（りん銅地金分析方法）
15) JIS M 8134 : 1994（鉱石中のセレン定量方法）
16) T.Ashino, K.Takada（1995）: Anal. Chim. Acta, 312, p.157-163
17) T.Itagaki, T.Ashino, K.Takada（2000）: Fresenius J. Anal. Chem.,368, p.344-349
18) JIS G 1220 : 1994（鉄及び鋼—タングステン定量方法）
19) JIS G 1232 : 1980（鋼中のジルコニウム定量方法）
20) JIS K 0101 : 1998（工業用水試験方法），p.202, 204
21) JIS K 0102 : 2008（工場排水試験方法）
22) JIS G 1227 : 1999（鉄及び鋼—ほう素定量方法），p.5
23) JIS G 1258-7 : 2007（鉄及び鋼—ICP発光分光分析法—第7部：ほう素定量方法—ほう酸トリメチル蒸留分離法）
24) JIS G 1257 : 1994（鉄及び鋼—原子吸光分析法）

引用・参考文献

25) JIS M 8227：1997（鉄鉱石—すず定量方法）
26) JIS M 8220：1995（鉄鉱石—アルミニウム定量方法）
27) JIS M 8229：1997（鉄鉱石—鉛定量方法）
28) JIS M 8230：1994（鉄鉱石—ビスマス定量方法）
29) JIS H 1671：1982（ジルコニウム及びジルコニウム合金中のカドミウム定量方法）
30) JIS H 1672：1982（ジルコニウム及びジルコニウム合金中のウラン定量方法）
31) JIS H 1673：1985（ジルコニウム及びジルコニウム合金中の鉛定量方法）
32) 日本鉄鋼協会評価・分析・解析部会編，藤本京子，志村眞（2007）：イオン交換分離／ICP質量分析法による鉄鋼中微量元素の迅速・高精度分析，続 入門鉄鋼分析技術，p.49-52，日本鉄鋼協会
33) JIS Z 2615：1996（金属材料の炭素定量方法通則）
34) JIS G 1211：1995（鉄及び鋼—炭素定量方法）
35) JIS Z 2616：1996（金属材料の硫黄定量方法通則）
36) JIS G 1215：1994（鉄及び鋼—硫黄定量方法），1999（追補1）
37) JIS Z 2613：1992（金属材料の酸素定量方法通則）
38) JIS G 1228：1997（鉄及び鋼—窒素定量方法）
39) JIS H 1620：1995（チタン及びチタン合金—酸素定量方法）
40) JIS Z 2614：1990（金属材料の水素定量方法通則）
41) JIS H 1619：1995（チタン及びチタン合金—水素定量方法）
42) 日本化学会編，田口茂（2007）：液体試料，第5版 実験化学講座 20-1，分析化学，p.39-47，丸善
43) 日本分析化学会北海道支部・東北支部共編（1994）：分析化学反応の基礎—演習と実験，固相を利用する分離・濃縮システム，p.91-94，培風館
44) 花田一利，藤本京子，志村眞，吉岡啓一（1997）：ゲル吸着分離／同位体希釈／誘導結合プラズマ質量分析法による鋼中微量ケイ素の定量，分析化学，Vol. 46, No.9, p. 741-753
45) K.Hanada, K.Fujimoto, M.Shimura and K.Yoshioka（1998）：phys. stat. sol. (a), 383-388, 167, No.2
46) JIS G 1215：1994（鉄及び鋼—硫黄定量方法）
47) 武藤義一ほか（1984）：JIS使い方シリーズ 化学分析マニュアル，p.245, 285，絶版，日本規格協会

15. 重量分析

15.1 重量分析法の原理と種類

　重量分析法（gravimetric analysis）は，分析対象成分を純粋で一定組成の化合物又は単体として分離した後，その質量をはかって含有率を求める分析方法である．分析対象成分を国際単位系（SI）の質量で測定することから最も基本的な分析方法とされている．機器分析法などで用いる標準物質の認証値の決定は原則として重量分析法のような基準分析法（definitive method）に従うのが望ましい．他の分析方法に比べて操作が煩雑で熟練を要する欠点があるが，基準分析法として重要な方法である．

　重量分析法は採用する分離方法の種類によって，沈殿重量分析法，ガス発生重量分析法，電解重量分析法などに分けられる．減量あるいは残分をはかって含有率を求めるのも重量分析法である．

　なお，重量分析法の用語の定義についてであるが，SI では質量単位に"重量"は使えないので，"重量分析"はその名称を"質量分析"にすべきかどうか検討された経緯がある．従来どおり"重量分析"の名称のままとして，機器分析法の名称として従来使われている"質量分析"とともに存続させることとし，その理由は以下の1)～4)のように JIS K 0050 : 2005（化学分析方法通則）[1]の解説 [5.4 b)] に記載されている．

1) "重量分析（gravimetric analysis）"は，量（物理量）の名称でなく分析方法の名称である．
2) "重量分析"は文部科学省の学術用語集化学編に記載されており，JIS Z 8301 の 7.2.2（専門用語）の用語採用の順位の規定により，この用語を用いることに支障はない．

3) 学会,教育,産業界などで,一般に質量の測定を利用する分析方法を"重量分析"としている.また,"質量分析(mass spectrometry)"は,別の概念の分析方法として既に定着している.
4) この規格の 6.1 a) に用語の定義をして,"重量分析は質量の測定である"ことが用語の定義で明記されており,質量分析との混乱は生じない.

15.2 沈殿重量分析法

15.2.1 概　　説

　沈殿重量分析法(precipitation gravimetric analysis)は,試料溶液中の分析対象成分を沈殿反応を利用するなどして液相から固相として分離し,その質量を測定して含有率を求める方法である.その特定の溶質成分を沈殿分離する方法によって,沈殿重量分析法は幾つかに分けることができる.まずは沈殿法で,試薬を添加して沈殿を生成させる方法である.分析対象成分の沈殿生成物としては多数あるが,無機試薬の反応例をあげるとすれば,硫酸バリウム,クロム酸鉛(Ⅱ),塩化銀,水酸化鉄(Ⅲ)などがあり,有機試薬の反応例としてはニッケルジメチルグリオキシム,ベンゾイン-α-オキシムモリブデンなどがある.
　一般に沈殿剤は分析対象成分と結合して沈殿化合物を形成するが,試料溶液に還元試薬を加えて分析対象成分を還元して金属単体などに析出させる方法もある.その例として,JIS Z 3904 : 1979(金ろう分析方法)における金の定量方法などがあり,試料を塩酸と硝酸の混酸で加熱分解後,塩酸を加えながら加熱濃縮を繰り返し硝酸を完全に除去し,共存する銀を塩化銀としてろ過分離後,亜硫酸ナトリウムで還元して金を単体としてろ過して分離し,800℃で加熱して恒量とする方法である.
　沈殿剤を加えたり,あるいは還元析出させる以外の方法として,例えば試料溶液中のけい酸成分を過塩素酸や硫酸の白煙処理まで加熱蒸発処理を行って脱水し,二酸化けい素として沈殿分離する方法も沈殿法に含める.またこの方法では,SiO_2 を純粋に分離することが難しいので,不純な SiO_2 をひょう量して

15.2 沈殿重量分析法

おき,ふっ化水素酸で処理してけい素を揮散除去し,強熱後再びひょう量してその減量を SiO_2 の含有率とするが,このように化合物の減量を測定して分析対象成分を定量する減量重量法も沈殿法に含める.

沈殿重量分析法の基本は,分析対象成分を液相から沈殿させ固相として分離することにあるので,難溶性の沈殿物を生成させることが大前提となる.すなわち,沈殿生成物の溶解度(solubility)をうまく制御することが重要になる.沈殿生成物として難溶性の硫酸バリウムを例にとれば,$BaSO_4$ は溶液中で以下のように解離している.そして,固体(solid)の $BaSO_4(s)$ がその飽和溶液と接しているとき,バリウムイオンと硫酸イオンとの間で次のような平衡が成立している.

$$BaSO_4(s) \rightleftarrows Ba^{2+} + SO_4^{2-}$$

$$K = a_{Ba^{2+}} \times a_{SO_4^{2-}} / a_{BaSO_4}$$

ここで,a は活量(activity)で,純粋な固体の活量を1と決め,次のように表すことができる.

$$(K_{sp})_{BaSO_4} = a_{Ba^{2+}} \times a_{SO_4^{2-}}$$

この K_{sp} は溶解度積(solubility product)といわれる.いま,モル濃度 C と活量係数 f を用いて上式を書き直すと次の式のようになる.

$$(K_{sp})_{BaSO_4} = (C_{Ba^{2+}} \times C_{SO_4^{2-}})(f_{Ba^{2+}} \times f_{SO_4^{2-}})$$

実際に $BaSO_4$ のような難溶性塩で,接触している溶液に他の電解質がほとんど含まれていない場合にはイオン強度は小さく,活量係数は1に近い.したがって,溶解度積は次のように表せる.

$$(K_{sp})_{BaSO_4} = (C_{Ba^{2+}} \times C_{SO_4^{2-}})$$

$BaSO_4$ が純水に溶けている場合では,$C_{Ba^{2+}} = C_{SO_4^{2-}} = $($BaSO_4$ の溶解度を mol/L で表したもの)となる.ここで,

$$C_{Ba^{2+}} \times C_{SO_4^{2-}} > K_{sp}$$

のときは,

$$C_{Ba^{2+}} \times C_{SO_4^{2-}} = K_{sp}$$

のようになるまで沈殿が生成し,Ba^{2+},SO_4^{2-} の濃度が減少する方向に反応は

進む．そして，$C_{Ba^{2+}} \times C_{SO_4^{2-}}$ の濃度が K_{sp} よりも小さい値になったときに沈殿生成反応は止まる．このときに Ba^{2+} を過剰に加えれば SO_4^{2-} の濃度が減少し，$BaSO_4$ を生成する方向に反応が進もうとするので，SO_4^{2-} をより完全に沈殿させるためには Ba^{2+} を過剰に加えればよい．一般に沈殿の成分と同じイオンを共存させると共通イオン効果（common-ion effect）により溶解度が小さくなる．しかし，大過剰に存在させると沈殿生成物と錯塩を形成して溶解することもあるので沈殿剤は小過剰を添加する．このようなことを考慮して沈殿生成条件を適切に設定することが重要である．

沈殿生成物の溶解度積の例を表 15.1 に示す．

沈殿重量法の定量操作は，試料のはかり取り，試料の分解，妨害成分の除去又はマスキング，沈殿の生成，沈殿の熟成又は再沈殿，沈殿のろ過・洗浄，乾燥・加熱，恒量，沈殿の質量測定，空試験補正，計算の各操作過程から構成される．これらの各操作の概要については，JIS K 0050:2005 の"附属書 3（参考）沈殿重量分析の一般的操作"に記述されている．沈殿重量分析法は熟練を必要とするが，十分な注意を払って行えば相対標準偏差として 0.1～0.5% 程度で定量できる精度のよい方法である．

15.2.2 沈殿の生成

沈殿（precipitation）を生成させるには，濃縮して分析対象成分を不溶性にする方法もあるが，一般的には試料溶液に沈殿剤（precipitant）を加えて沈殿反応を行わせて沈殿物（precipitate）を生成させる．分析対象成分を定量的に純粋な化合物として沈殿させるためには次の事項に注意しなければならない．

(1) 沈殿剤の選択

沈殿重量分析法によって正しい定量値を得るためには，沈殿の生成を確実に行うことがはじめに要求される．分析対象成分に最適の沈殿剤を選ぶことが重要であり，沈殿反応は次の条件を満たすことが好ましい．

(a) 生成した沈殿物の溶解度積が十分小さく，溶液中に分析対象成分がほとんど残存しない．

15.2 沈殿重量分析法

表 15.1 難溶性無機化合物の溶解度積

(濃度積を示したもので活量積ではない．温度は 18〜25℃)

化学式	K_{sp}	化学式	K_{sp}
AgBr	5.20×10^{-13}	Al(OH)$_3$	2×10^{-32}
AgCN	5×10^{-12} [1]	BaCO$_3$	5.1×10^{-9}
Ag$_2$CO$_3$	8.1×10^{-12}	BaC$_2$O$_4 \cdot$H$_2$O	2.3×10^{-8}
Ag$_2$C$_2$O$_4$	3.5×10^{-12}	BaCrO$_4$	1.2×10^{-10}
AgCl	1.78×10^{-10}	BaF$_2$	1.0×10^{-6}
Ag$_2$CrO$_4$	2.4×10^{-12}	BaSO$_4$	1.3×10^{-10}
AgI	8.24×10^{-17}	Bi$_2$S$_3$	1.0×10^{-97}
AgNCS	1.0×10^{-12}	CaCO$_3$	4.8×10^{-9}
Ag$_2$S	6×10^{-50}	CaC$_2$O$_4 \cdot$H$_2$O	4×10^{-9}
Ag$_2$SO$_4$	1.6×10^{-5}	CaF$_2$	4.9×10^{-11}
Ca(OH)$_2$	5.5×10^{-6}	Mn(OH)$_2$	1.9×10^{-13}
Ca$_3$(PO$_4$)$_2$	3.10×10^{-23}	MnS（無定形）	3×10^{-10}
CaSO$_4$	1.2×10^{-6}	（結晶性）	3×10^{-13}
Cd(OH)$_2$	3.9×10^{-15}	Ni(OH)$_2$	6.5×10^{-18}
CdS	2×10^{-28}	NiS α	3×10^{-19}
CoS α	4×10^{-21}	β	1×10^{-24}
β	2×10^{-25}	γ	2×10^{-26}
Cr(OH)$_3$	6.3×10^{-31}	PbCO$_3$	3.3×10^{-14}
CuCN	3.2×10^{-29}	PbC$_2$O$_4$	4.8×10^{-10}
CuI	9.4×10^{-13}	PbCl$_2$	1.6×10^{-6}
CuNCS	4.8×10^{-15}	PbCrO$_4$	1.8×10^{-14}
Cu$_2$S	3×10^{-48}	PbF$_2$	2.7×10^{-8}
Cu(OH)$_2$	2.2×10^{-20}	PbI$_2$	7.1×10^{-9}
CuS	6×10^{-36}	PbS	1×10^{-28}
Fe(OH)$_2$	8×10^{-16}	PbSO$_4$	7.2×10^{-8}
FeS	6×10^{-18}	Sn(OH)$_2$	8×10^{-29}
Fe(OH)$_3$	7.1×10^{-40}	SnS	1×10^{-25}
FePO$_4$	1.3×10^{-22}	SrCO$_3$	1.1×10^{-10}
Hg$_2$Cl$_2$	1.3×10^{-18}	SrC$_2$O$_4 \cdot$H$_2$O	1.6×10^{-7}
Hg$_2$(CN)$_2$	5×10^{-40}	SrCrO$_4$	3.6×10^{-5}
Hg$_2$I$_2$	4.5×10^{-29}	SrF$_2$	2.5×10^{-9}
HgO	3.0×10^{-26}	SrSO$_4$	3.2×10^{-7}
HgS	4×10^{-53}	TiO(OH)$_2$	1×10^{-29}
Li$_2$CO$_3$	1.7×10^{-3}	ZnCO$_3$	1.4×10^{-11}
MgCO$_3 \cdot$3H$_2$O	1×10^{-5}	ZnC$_2$O$_4 \cdot$2H$_2$O	2.8×10^{-8}
MgC$_2$O$_4 \cdot$2H$_2$O	1×10^{-8}	Zn(OH)$_2$	1.2×10^{-17}
MgF$_2$	6.5×10^{-9}	ZnS α	2×10^{-24}
MgNH$_4$PO$_4$	3×10^{-13}	β	3×10^{-22}
Mg(OH)$_2$	1.8×10^{-11}		
MnCO$_3$	1.8×10^{-11}		

注 [1] $(K_{sp})_{AgCN} = [Ag^+][Ag(CN)_2^-]$ とした値．

(b) 分析対象成分と沈殿剤とは選択的に反応し,他の成分を沈殿させない.また,沈殿が溶液中に共存する可溶成分によって汚染されにくい.

(c) 沈殿はろ過,洗浄しやすく,洗浄中に変化しない.

(d) 沈殿の組成が一定で,ひょう量時に一定組成の化合形に容易に変えられる.

(e) 沈殿の分子量が大きく,また質量測定の誤差が少なくひょう量が容易に行える.

以上の条件をすべて満たす沈殿剤は少ない.特に選択性に欠けるものが多いので,妨害成分が共存する場合には本項の **(3)** に述べる方法などによって処理する.有機沈殿剤中には条件をかなり満たすものがある.

(2) 沈殿生成における溶解度

沈殿生成に重要な溶解度をできるだけ小さく保つような条件で操作をする.一般に,生成させた沈殿の溶解度は次の因子によって影響を受ける.

(a) 温度 温度が上昇すると溶解度は一般に大きくなる.沈殿によって一様ではなく,硫酸バリウムのように比較的小さいもの,塩化銀のように比較的大きいものなどがある.

(b) 溶媒 有機溶媒を加えると,水よりも溶解度は小さくなる.

(c) 共通イオン 共通イオンが共存すると,溶解度は小さくなる.沈殿剤には沈殿と共通のイオンを含むことがあるので,多量に加えると錯化剤としても作用することがあり,目的成分の沈殿に必要な量よりわずか過剰に加えるのがよい.

(d) 異種イオン 異種イオンが共存すると,溶解度は多少大きくなる.

(e) 錯化剤 錯化剤が共存すると,溶解度は大きくなる.

(f) pH 弱酸の塩の場合には,pH が低くなるとともに溶解度は大きくなる.

(3) 妨害成分の影響対策

沈殿生成に影響を与える成分が共存する場合は,次のような方法がよく用いられる.

15.2 沈殿重量分析法

(a) 沈殿生成時の溶液の pH や液温などの条件を調節する.

(b) 還元あるいは酸化反応によって妨害成分又は分析対象成分のイオンの価数などを変える.

(c) 再沈殿操作を行う. この場合の沈殿剤は, 初めは分離を主目的として選び, 二度目はひょう量形を考慮して選ぶ.

(d) あらかじめ妨害成分を沈殿法やその他の方法によって分離除去する.

(e) マスキング剤を加えて妨害成分をマスキングする.

(4) 沈殿の熟成

定量精度を上げるには夾雑物を含まない純粋で大きな粒子の結晶性沈殿を生成する必要がある. 一般に次のような条件で操作することが推奨されている.

(a) 沈殿剤の過飽和度を大きくしない. そのためには, 沈殿剤溶液の濃度を小さくし, 試料溶液を加熱し, かき混ぜながらできるだけゆっくりと少量ずつ加える. また, 弱酸の場合には, できれば pH を低くして沈殿剤を加えた後, 徐々に pH を高くしていく.

(b) 沈殿生成速度を遅くする. 沈殿剤溶液を調製後 1 夜間放置した後, ろ過し, 沈殿の生成核となる微粒子を除いておく.

(c) 結晶を生成させ, 共沈によって汚染された沈殿を純粋にする. そのためには, 沈殿剤を加えた後, 温所に放置して熟成させる.

(d) 後期沈殿 (postprecipitation; 溶液からある沈殿が生成した後, この沈殿の上にゆっくりと別の沈殿が落ちてくる現象) によって汚染された沈殿を純粋にするためには再沈殿を行う.

15.2.3 沈殿のろ過と洗浄

(1) 沈殿のろ過

沈殿を母液と分離するためのろ過操作は, 通常, ろ紙, ガラスろ過器 (ガラスフィルター) などを用いて行う. ろ紙を用いる方法は, ろ過した後に沈殿を数百℃以上に加熱して一定組成にする場合に適し, このときろ紙も灰化される. ガラスろ過器を用いる方法は 100～200℃ に加熱して一定組成にする場合に適し,

有機沈殿剤を用いたときに利用される．ろ過には通常，次の材料・器具を用いる．

(a) ろ紙 JIS P 3801：1995［ろ紙（化学分析用）］に規定された直径 11 cm の円形ろ紙で沈殿の性質に適した種類のものを用い，汚染しないように容器に入れて保管する．定量用ろ紙の種類などについては 11.8 節 "ろ過" で詳細に説明している．

(b) 漏斗 JIS R 3503：1994（化学分析用ガラス器具）に規定されたもので，上縁の内径が 65 mm のものを用いる．

(c) ポリスマン 直径約 5 mm，長さ約 200 mm のガラス棒の一端に長さ約 30 mm のゴム管を，先端約 5 mm を出してはめたものを用いる．

(d) ガラスろ過器 JIS R 3503 に規定されたもので，沈殿の性質に適した種類のもので，通常，るつぼ型で G3 又は G4 を用いる．ガラスろ過器の種類などについては 11.8 節 "ろ過" で説明している．

(e) 吸引瓶 JIS R 3503 に規定されたもので，アダプター及びゴムパッキングとともに用いる．ガラスろ過器の吸引ろ過のときに用いる．

(f) アスピレーター（水流ポンプ）又は真空ポンプ

(2) 沈殿の洗浄

沈殿に含まれる母液を除いて純粋にするための洗浄操作は，デカンテーション又は，ろ紙やろ過器中の沈殿に洗浄液を注いで行う．洗浄液は，沈殿の溶解や加水分解を起こさず，また加熱によって揮散しやすいもので，溶解度に問題がなければ加温して用いる．通常，次に示すものを単独又は 2 種以上組み合わせて用いる．

(a) 水

(b) 有機溶媒 例えば，エチルアルコール．

(c) 沈殿と共通のイオンを含む希薄溶液 例えば，しゅう酸カルシウム沈殿の場合のしゅう酸アンモニウム溶液．

(d) 揮散しやすい酸又はアルカリの希薄溶液 例えば，塩化銀沈殿の場合の薄い硝酸，りん酸マグネシウムアンモニウム沈殿の場合のアンモニア水．

(e) 揮散しやすい塩の希薄溶液 例えば，水酸化鉄(Ⅲ)沈殿の塩化アンモ

ニウム溶液.

15.2.4 沈殿の乾燥・加熱・放冷

沈殿のひょう量に適した一定組成の化合物又は単体にするために所定の温度で加熱を行う．この操作はろ紙を用いてろ過した場合には磁器るつぼ又は白金るつぼに入れて行い，ガラスろ過器を用いた場合にはそのまま乾燥器，ガスバーナー，電気炉などを用いて行う．また，放冷はデシケーターの中で行う．これらの操作で用いる主な器具は次のとおりである．

(a) るつぼ 磁器るつぼあるいは白金るつぼを用いる．磁器るつぼは JIS R 1301 : 1987（化学分析用磁器るつぼ）に規定されたもので，使用温度に適した種類のもので，通常 B 形 20 mL のものを用いる．ふっ化水素酸処理を行う場合やふっ化物を扱う場合は使用してはならない．白金るつぼは JIS H 6201 : 1986（化学分析用白金るつぼ）に規定されたものを用いる．磁器るつぼと同様に沈殿の強熱に用いるが，ふっ化水素酸処理を行うような場合には必ず使用する．るつぼばさみは，磁器るつぼには黄銅製やステンレス鋼製のものを，白金るつぼには先端に白金をかぶせたものを用いる．

(b) ガスバーナー・三角架 バーナーは通常，ブンゼンバーナー又はそれを改良したものなどを用いる．三角架はバーナーでるつぼを加熱するときにるつぼをのせるもので，安定してのせられるようにるつぼの大きさにあったものを用いる．

(c) 乾燥器・電気炉 乾燥器は沈殿を乾燥するときに用いるが，100～200℃に加熱でき，±2～±3℃程度に調節できるものが必要である．沈殿を強熱するときに用いるがるつぼを入れやすい構造であって，1 000～1 200℃に加熱でき，±10℃程度に調節できることが必要である．

(d) デシケーター JIS R 3503 に規定されたもの．乾燥剤には通常，シリカゲルを用いる．過塩素酸マグネシウム，五酸化二りん，硫酸などを用いることもある．

15.2.5 沈殿のひょう量形

沈殿のひょう量形としては，次の条件を満たすことが望ましい．

(a) 沈殿を加熱して，ひょう量形に変えるための操作温度が比較的低く，許容温度範囲が広い．

(b) 安定で，ひょう量しているうちに水分や二酸化炭素の吸収，又は酸化や分解などが起こらない．

(c) 分子量が大きいこと，すなわち，分析対象成分の含有率を求めるときの換算係数（重量分析係数：ひょう量形の質量に占める分析対象元素の質量の割合）が小さい（15.4節の表15.3参照）．

15.2.6 均質沈殿法

均質沈殿（PFHS：precipitation from homogeneous solution）法は，純粋で粒子の大きい結晶沈殿［15.2.2項(4)参照］を理想的に作り出す方法といえる．溶液をかき混ぜながら沈殿剤を加える通常の沈殿生成法では，局所的に沈殿剤の濃淡が生じ，共沈現象が起こりやすい細かい沈殿が生成し，ろ過操作もやりにくい場合がある．均質沈殿法は，沈殿剤の局所的な濃淡をなくすために溶液中で沈殿剤をゆっくりと生成させながら同時に沈殿を生成させる方法である．すなわち，試料溶液中にある試薬を加えて沈殿剤を均一に生成する反応を起こさせ，その結果として沈殿剤又は沈殿生成に要求される最適条件を生じさせている．この方法によれば，共沈を防ぐことができ，普通の方法よりも純粋でろ過しやすい大きな結晶沈殿を得ることができる．しかし，長時間を要するので，大部分の沈殿をこの方法で生成させた後に普通の沈殿剤を少量加える方法がよく用いられる．均質沈殿法の種類としては，pHを変化させて沈殿生成条件を作り出す加水分解法，エステルの分解によって沈殿を生成させるエステル加水分解法，合成によって沈殿剤を生成する合成法，有機溶媒を蒸発させて沈殿生成条件を作り出す混合溶媒法などがある．表15.2に均質沈殿法の例を示す．

15.2 沈殿重量分析法

表 15.2 均質沈殿法の例 [3]

沈殿形	反応の種類	試薬	沈殿するイオン
8-キノリノラト錯体（オキシン塩）	尿素法 エステル加水分解法	8-キノリノール＋尿素 8-アセトキシキノン	Al, Be, Cr, Mg, Nb, Mn, Al, Bi, Cd, Co, Cu, Fe, Ga, In, Mg, Mn, Ni, Pb, Sb, Th, U, Zn
8-キノリノラト錯体（オキシン塩）	混合溶媒法	8-キノリノール＋アセトン＋水	Be, Cu, U
2-メチル-8-キノリノラト錯体（2-メチルオキシン塩）	エステル加水分解	8-アセトキシ-2-メチルキノン	Cu, In, Th, Zn
ジメチルグリオキシマト錯体	尿素法	ジメチルグリオキシム(DMG)＋尿素	Ni
	酵素法	DMG＋尿素＋ウレアーゼ	Ni
	合成法	ビアセチル＋NH$_2$OH	Ni, Pd
クペロン塩	合成法	C$_6$H$_5$NHOH＋NO$_2^-$	Cu, Fe, Th, Ti, Zr
1-ニトロソ-2-ナフトール塩	合成法	2-ナフトール＋NO$_2^-$	Co, U, Zr
サリチルアルドキシム塩	合成法	サリチルアルデヒド＋NH$_2$OH	Cu, Ni, Pd
水酸化物, 塩基性塩	尿素法	尿素	Al, Be, Bi, Ca, Fe, Ga, Sn, Th, Ti, Zn, Zr, 希土類
	加水分解	アセトアミド	Ti, Zn, Zr, 希土類
	熱分解法	過酸化物	Nb, Ta, Ti, W
	カチオン遊離法	ギ酸塩＋H$_2$O$_2$	Fe
硫化物	加水分解	チオアセトアミド	As, Bi, Cd, Cu, Fe, Hg, Mn, Mo, Ni, Pb, Sb, Sn, Zn
		チオ尿素, チオ酢酸	Cd, Cu, Hg, Pb, Zn
		チオホルムアミド	Au, Cu, Ir, Pd, Pt, Rh
硫酸塩	加水分解	スルファミン酸	Ba, Pb
	エステル加水分解	(CH$_3$O)$_2$SO$_2$, Na(CH$_3$O)SO$_3$	Ba, Ca, Pb, Sr
りん酸塩	加水分解	メタリン酸	Zr
	尿素法	NH$_4$H$_2$PO$_4$＋EDTA＋尿素	Be
	エステル加水分解	(CH$_3$O)PO, (C$_2$H$_5$O)$_3$PO	Hf, Zr
炭酸塩	加水分解	CCl$_3$COOH	希土類
ひ酸塩	酸化還元法	H$_3$AsO$_3$	Hf, Zr
モリブデン酸塩	尿素法	ポリモリブデン酸塩＋尿素	Pb
しゅう酸塩	エステル加水分解	しゅう酸ジメチル, しゅう酸ジエチル	Ca, Th, Zr, 希土類
	尿素法	しゅう酸＋尿素	Ca
マンデル酸塩	加水分解	アセチル-ヒドロキシプロピル-マンデル酸	Zr, 希土類
安息香酸塩	尿素法	安息香酸＋尿素	Al

15.3 沈殿重量分析法の一般的操作

15.3.1 沈殿の生成操作

(1) 沈殿剤を用いる場合

沈殿剤を加えて沈殿を生成させる場合の一般的な操作は次のように行う．

(a) あらかじめ妨害成分を分離除去又はマスキングした試料溶液の適量をビーカーに移し入れる．必要があればpHを調節したり，酸化剤や還元剤を加えた後，時計皿で覆い，煮沸近くまで加熱する．

試料溶液は，沈殿の質量がなるべく0.1g以上になるようにはかり取る．また，ビーカーは操作しやすいように沈殿剤溶液を添加した後の液量の2～3倍の呼び容量のものを用いる．また，加熱は突沸を避けるためにホットプレート，砂浴，水浴などで行う．なお，沈殿剤は冷溶液で加えることもある．

(b) 時計皿を取り，その下面を少量の水で洗う．ガラス棒を用いてビーカーの底や壁に触れないように静かに溶液をかき混ぜながら，ピペットなどを用いて沈殿剤溶液をゆっくり滴加する．このとき，液が飛散しないように注意し，また，沈殿剤は計算量より10％程度多く加える．

(c) 時計皿で覆い，煮沸近くまで加熱した後，上澄みになお数滴の沈殿剤を添加して沈殿がもはや生じないことを確認する．

(d) 温所に数時間以上放置して沈殿を熟成させる．水酸化物などの沈殿では，沈殿剤をわずかに過剰に加えた後，熱源から下ろして静置後，直ちにろ過する．また，沈殿生成後，ろ紙パルプを入れるとろ過しやすくなる．

(2) 加熱濃縮による場合

けい酸イオンを脱水して二酸化けい素として分離するときなどに用いる．

(a) (1)と同様に試料溶液の適量をビーカーに取り，これに塩酸，過塩素酸などを加え，分析対象成分が不溶性になるまで加熱濃縮又は蒸発乾固する．ビーカーに時計皿をずらせてのせるなどして蒸気が逃げやすく，かつ外部からの汚染を防止するようにして，ホットプレート上で加熱する．

(b) 放冷後，塩酸などを加えてガラス棒で静かに溶液をかき混ぜ，時計皿

15.3.2 沈殿のろ過・洗浄操作

(1) ろ紙を用いる場合

ろ紙を用いて沈殿をろ過・洗浄する場合の一般的操作は，次の(a)〜(i)により，再沈殿を行う場合には(j)〜(l)によって行う．洗浄はろ過した後，引き続いて行う．

(1.1) ろ紙の折り方と漏斗への付け方

(a) ろ紙を正しく半分に折った後，図15.1のように初めの折り目が重ならないように角度をごくわずかずらせて再び半分に折り四分円形とする．このとき，ずらす角度は縁を開いて円錐形にしたときの頂角が，漏斗の頂角よりわずかに大きくなる程度とする．このようにすると漏斗の頂角と同じ角度に折った場合よりもろ過が早くできる．

(b) ろ紙が二重になっている部分の外側の角度を図15.1のようにわずかにちぎり捨てる．このようにすると，洗浄液で濡らしたとき，ろ紙が漏斗によく密着する．

(c) 漏斗を漏斗台に置き，円錐形に開いたろ紙を漏斗に入れる．ろ紙の上部を指で押さえて水又は洗浄液で湿らせた後，ろ紙の上部約1/3を軽く押して漏斗に密着させる．このとき，ろ紙の上縁は漏斗の上縁より5〜10 mm以下になっていなければならない．また，液をろ紙上から注いだとき，漏斗の脚部に液が満たされている状態になるのがよい．もし，このような状態にならない

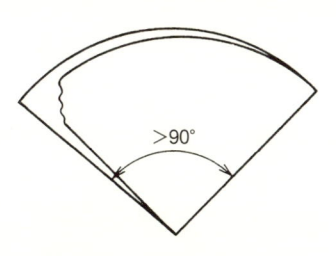

図 15.1 ろ紙の折り方[7]

ときは，更に水を注ぎ漏斗の下端を指でふさぎ，ろ紙をわずかに引き上げて気泡を逃がした後，再び漏斗の壁に密着させてから指を離すと脚の中に液が満ちる．これでも液が満たないときには，漏斗の脚部が広がりすぎているか，油脂などで汚れているので取り換える．

(1.2) ろ過と洗浄の方法（再沈殿を行わない場合）

(d) 漏斗の下に図 15.2 のようにビーカーなどの受器を置き，その内壁上部に脚部を触れさせておく．漏斗の高さは脚部先端がろ液の中に浸ることがないような位置とする．受器は時計皿などで覆う．

(e) ろ紙が三重になっている部分（図 15.2 参照）の真上にガラス棒を垂直に保ち，ビーカーを持ち上げて流し口をガラス棒に当て，傾けて上澄み液をガラス棒に伝わらせてろ紙上に徐々に継続的に注ぐ．このとき，溶液をろ紙の八分目以上に入れないようにする．

(f) 沈殿の一部がろ紙上に流れ始めたら，沈殿をこぼさないように注意してビーカーを起こし，ガラス棒をビーカー中に戻す．ビーカー内壁に洗瓶中の洗浄液をらせん状に吹き付けて洗い，ガラス棒でかき混ぜた後，静置する．前に注いだ液のろ過が終わった後，再び (e) と同様に操作して上澄み液をろ紙に注ぐ．この操作を 3～4 回繰り返す．この操作はデカンテーションというが，沈殿粒子が大きくてろ過しやすい場合，沈殿が懸濁した状態で沈降に時間がかかる場合などは行わない．

(g) ビーカーに少量の洗浄液を加え，(e) と同様に操作してガラス棒を伝わらせてビーカー内の沈殿を洗浄液とともに，できるだけろ紙上に洗い移す．ここで，ろ液が濁っている場合は，そのろ液を再びろ紙上に注ぐが，それでも濁る場合は，ろ紙の種類をよりち密なものに変えるか，又は沈殿の生成をやり直す．

ビーカー内壁に付着した沈殿は，ポリスマンのゴムの部分でこすり落とした後，ポリスマンは洗浄液を吹き付けて洗って取り出す．ビーカーの口にガラス棒を渡し，左手の人差し指で押さえ，残りの指でビーカーを持って漏斗上に図 15.3 のように傾けて保ち，洗瓶の洗浄液をビーカー内壁に勢いよく吹き付け

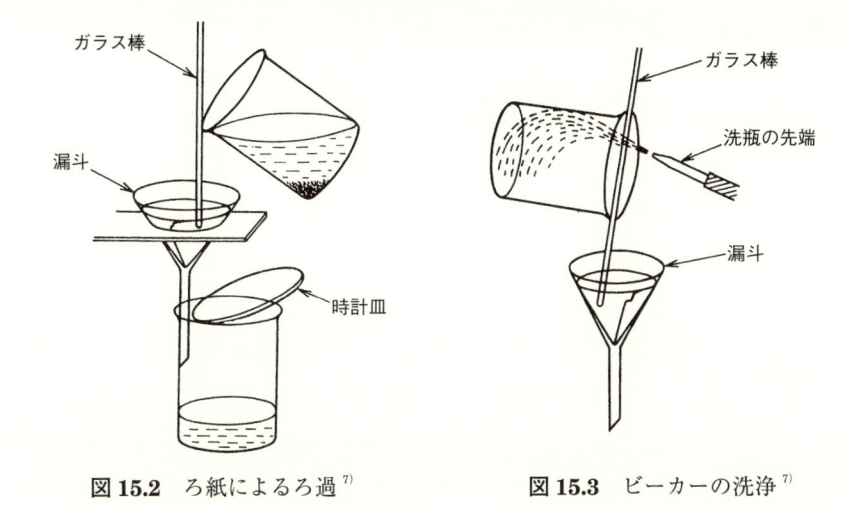

15.3 沈殿重量分析法の一般的操作

図 15.2 ろ紙によるろ過[7]

図 15.3 ビーカーの洗浄[7]

て洗い，沈殿を完全にろ紙上に流し込む．ビーカー内部やガラス棒に沈殿が付着していないことを確かめる．

(h) ろ紙上の液がなくなった後，ろ紙の上縁から中心に向かって，洗浄液をらせん状に静かに吹きかけて沈殿及びろ紙を洗浄する．1回の洗浄液量は，ろ紙の5～6分目までで，沈殿を覆う程度とし，前の液のろ過がほぼ終わってから，次の洗浄液を吹きかける．この操作を5回以上繰り返す．

(i) 漏斗の脚部の下端に少量の水を吹きかけて洗浄した後，漏斗から流出する洗液0.5～1 mLを試験管に取り，母液に含まれているいずれかの成分の有無を発色反応や沈殿反応などで調べ，洗浄の完了を確認する．

(1.3) ろ過と洗浄の方法（再沈殿を行う場合）

(j) (1.2) (d)～(f) の操作を行った後，漏斗の下のビーカーを沈殿の入っていた元のビーカーに置き換える．沈殿を溶解するための試薬溶液を必要があれば加熱してろ紙上から注ぎ，沈殿が完全に溶解したならば，ろ紙を洗浄液でよく洗浄する．ろ紙上の沈殿量が多くて完全に溶解しない場合は，ビーカー中のろ液を再びろ紙上に注ぎ，必要があればこの操作を繰り返すか，又はろ紙を広げて漏斗の内壁に付け，洗浄液を吹き付けて沈殿をビーカー中に洗い流す方法

を用いてもよい．

(k) ビーカー中の沈殿は，必要ならば試薬溶液を加え，加熱して溶解し，ビーカー内壁の上部に付着した沈殿も溶液に触れさせて溶解する．

(l) 再び 15.3.1 項 (1) に準じて操作し，沈殿を生成させた後，(d) 〜 (i) の操作を行い，前に用いたろ紙で沈殿をろ過し洗浄するか，又は次項 (2) の操作を行い，ガラスろ過器で沈殿をろ過して洗浄する．

(2) ガラスろ過器を用いる場合

(a) ガラスろ過器は，あらかじめ酸などに浸し付着物を洗浄除去した後，乾燥器に入れ，15.3.3 項 (2) 及び 15.3.4 項に準じて乾燥器中で使用温度に加熱して恒量としておく．

(b) あらかじめ吸引瓶，アダプターなどを図 15.4 のように組み立てた吸引ろ過装置にガラスろ過器を取り付ける．このとき用いる吸引瓶はよく洗浄しておく．

(c) 徐々に吸引しながら，(1.2) (e) 〜 (g) に準じてろ過，洗浄を行う．吸引の強さは，ろ過速度があまり速くならないように適度に調節する．

(d) 吸引瓶を常圧に戻して吸引を止め，ガラスろ過器の上縁から底に向かって，洗浄液をらせん状に静かに吹きかけて沈殿を浸し，再び減圧して洗浄液を吸引する．洗浄液が完全に吸引された後，この操作を 5 回繰り返す．必要が

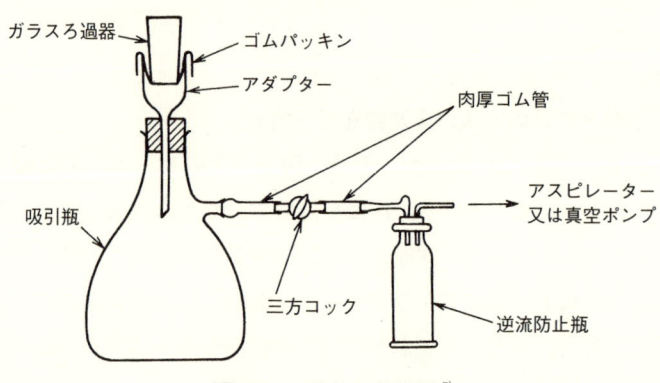

図 15.4 吸引ろ過装置 [7)]

あれば，洗浄液中に母液成分が含まれていないことを確認する．

15.3.3 沈殿の乾燥・加熱・放冷操作
(1) ろ紙でろ過した場合（ガスバーナーで加熱する操作）

(a) るつぼを十分に洗浄した後，使用温度に加熱して恒量としておく．新しい磁器るつぼは，ふたとともに塩酸に浸して加熱した後，水で十分に洗浄したものを用い，徐々に温度を上げて使用温度にする．

(b) 洗浄した沈殿の入ったろ紙を漏斗から外し，沈殿を包み込むようにろ紙の縁を折り曲げ，三重になっている部分を上にしてるつぼに入れ，軽く押し込む．るつぼを三角架に垂直に置き，るつぼのふたをずらせてのせ，バーナーの小炎によって，煮沸したり沈殿がはねたりしない程度に弱く加熱して水分を蒸発させる．ゲル状沈殿などで水分を多量に含む場合は，沈殿の入ったろ紙を時計皿などにのせ，漏斗を逆にかぶせて乾燥器中で約 100℃ で乾燥した後，るつぼに入れる方法を採用してもよい．

(c) 水分が完全に蒸発したならば，るつぼにふたをかぶせ，バーナーの炎をわずかに大きくし，比較的低温で徐々に加熱し，ろ紙をゆっくり炭化する．このとき，ろ紙や分解して生成したガスに着火しないように注意する．

(d) 図 15.5 のようにるつぼを約 45°に傾けて三角架上に置き，るつぼのふたは空気の流れがるつぼ中に入るように斜めにして立てかける．るつぼを傾け

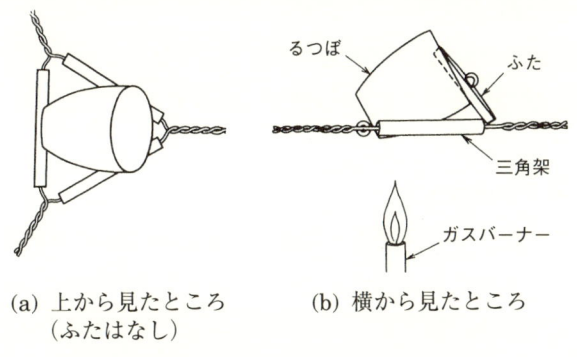

(a) 上から見たところ　　(b) 横から見たところ
　　（ふたはなし）

図 15.5 ろ紙の灰化におけるるつぼの置き方[7]

ると沈殿が飛散する恐れのある場合には，るつぼを垂直に保って操作する．バーナーの炎を少し大きくしてるつぼの底が暗赤色〜赤色になる程度に温度を上げ，ろ紙を灰化する．このとき，炎がるつぼの入口近くまでこないようにし，ときどきるつぼを回転する．るつぼのふたにタール状のものが付いている場合は，ふただけをるつぼばさみで取り，炎にかざして灰化する．

(e) るつぼを垂直にし，るつぼにふたをかぶせ，バーナーの炎を大きくし，必要があればマッフルなどで覆い，15〜30分間所定の温度で強熱する．このとき，るつぼの底が還元炎の上10 mmくらいのところの酸化炎中にくるようにする．

(f) バーナーを消し，るつぼの赤熱色がなくなったら，直ちにるつぼをるつぼばさみではさんでデシケーター中に入れ，ふたをしたままで，室温になるまで20分間以上放冷する．

なお，塩化銀，りん酸アンモニウムマグネシウム，硫酸バリウムなど，ろ紙の炭化時に沈殿の一部が還元される場合には，沈殿をろ紙からはがしてるつぼに入れ，ろ紙は白金線で巻いてるつぼの上で燃焼させてその灰をるつぼ中に落として，(e)〜(f)の強熱・放冷の操作を適用することがある．

(2) ガラスろ過器でろ過した場合

(a) 洗浄した沈殿の入ったガラスろ過器を吸引ろ過装置から外し，あらかじめ使用温度に調節した乾燥器中に時計皿などにのせて入れ，約1時間加熱する．

(b) 乾燥器からガラスろ過器をるつぼばさみではさんで取り出し，デシケーター中に入れ，室温になるまで20分間以上放冷する．

15.3.4 沈殿の恒量操作

(a) デシケーター中で室温まで放冷したるつぼ又はガラスろ過器をデシケーターごと天びん室に運び，デシケーターのふたをずらすようにして静かに開ける．るつぼばさみで取り出して，化学天びんの皿にのせ，その質量をはかる．

(b) るつぼ又はラスろ過器を再びデシケーター中に戻し，実験室まで運び，再び30分間所定の温度で加熱し，デシケーター中で室温まで放冷した後，再びその質量をはかる．

(c) 加熱・放冷・ひょう量操作を繰り返して，前後の計量差が0.3 mg以下になるまで続ける．この状態を沈殿が恒量になったものと判定する．

なお，恒量とした後，共沈した不純物を定量して補正する場合，あるいは分析対象成分を溶解してろ過，又は揮散させ，その減量を求める場合もある．

JIS G 1212 : 1997（鉄及び鋼―けい素定量方法）では，酸分解した試料溶液中のけい酸成分を過塩素酸白煙処理により脱水し，二酸化けい素として沈殿分離する．この場合，SiO_2 を純粋に分離することが難しいので，不純な SiO_2 をひょう量しておき，ふっ化水素酸で処理してけい素を揮散除去（SiO_2 + $6HF = H_2SiF_6 + 2H_2O$，$H_2SiF_6 = SiF_4 + 2HF$）し，強熱後再びひょう量してその減量を SiO_2 の含有率とするように減量から分析対象成分を定量する減量重量法を採用している．

15.3.5 よく用いられる沈殿重量分析法

主な金属元素の重量分析法における沈殿剤，ひょう量形及びその加熱温度を表15.3示す．例えば，8-キノリノールを沈殿剤として用いると多くの金属イオンと適切なpH条件で反応して定量的に沈殿することがよく知られている．

重量分析法は，特にマトリックス成分分析や基準分析法として，実際に各分野の企業活動において実用されている．鉄及び鋼中の成分分析としてJISに採用されている分析方法をまとめて表15.4に示す．各種沈殿剤を用いる方法，加熱濃縮法及びガス発生法などが鋼材中などの各成分の定量に実用されている．

15.4 ガス発生重量分析

ガス発生重量分析（gas diffusion gravimetric analysis）は，液体又は固体の試料を真空又は空気や各種気体中で直接加熱し，あるいは試料に試薬を作用

15. 重量分析

表 15.3 主な元素の重量分析法 [4]

分析対象	沈殿剤(添加時の液性など)	加熱温度/℃	ひょう量形 ( )内は沈殿形	重量分析係数(^{1})
Ag	HCl, Hg 以外は EDTA でマスク	130〜450	AgCl	× 0.7526 → Ag
Al	NH_2(→ pH 6.7〜7.5) 8-キノリノール(→ pH 5〜5.5)	<550 130	$Al_2O_3[Al(OH)_3]$ $Al(C_9H_6ON)_3$	× 0.5293 → Al × 0.05873 → Al
As	As(III): H_2S (9 M HCl) AsO_4^{3-}: $MgCl_2 + NH_3 + NH_4Cl$ (冷時)	200 850〜950	As_2S_3 $Mg_2As_2O_7(MgNH_4AsO_4$ $\cdot 6H_2O)$	× 0.6090 → Al × 0.4826 → Mg
Au	SO_2, $(COOH)_2$ 還元 (白金属からの分離)	800	Au	
Ba	Na_2SO_4(HCl 微酸性)	900〜950	$BaSO_4$	× 0.5884 → Ba
Be	2-メチル-8-キノリノール (pH 7.7〜9.0)	110	$Be(C_{10}H_8ON)_2$	× 0.02770 → Be
Bi	$(NH_4)_2HPO_4$(希 HNO_3)	800 前後	$BiPO_4$	× 0.6876 → Bi
Ca	$(NH_4)_2C_2O_4$(弱アルカリ性)	>850	$CaO(CaC_2O_4)$	× 0.7147 → Ca
Cd	8-キノリノール(NH_3 アルカリ性) H_2S	140 800	$Cd(C_9H_6ON)_2$ CdS	× 0.2807 → Cd × 0.7780 → Cd
Cl	$AgNO_3$(希 HNO_3, 感光に注意)	130	AgCl	× 0.2474 → Cl
Co	1-ニトロソ-2-ナフトール(酢酸弱酸性溶液)	750〜850	Co_3O_4 $[Co(C_{10}H_6O_2N)_3]$	× 0.7342 → Co
Mo	MoO_4^{2-}, α-ベンゾインオキシム (酢酸-酢酸ナトリウム緩衝液)	500〜525	MoO_3	× 0.6665 → Mo
Ni	ジメチルグリオキシム(NH_3 弱アルカリ性)	110	$Ni(C_4H_7O_2N)_2$	× 0.2032 → Ni
P	PO_4^{3-}: $MgCl_2 + NH_4Cl + NH_3$ (pH 約 10.5)	>600	$Mg_2P_2O_7$ $(MgNH_4PO_4 \cdot 6H_2O)$	× 0.2783 → P
Pb	電解質量(Pt 陽極) K_2CrO_4	乾燥 105	PbO_2 $PbCrO_4$	× 0.8662 → Pb × 0.6411 → Pb
Pd	ジメチルグリオキシム(希 HCl) KI, PdI_2 沈殿→焼成→ H_2 還元	110 200〜350	$Pd(C_5H_7O_2N_2)_2$ Pd	× 0.3161 → Pd
Rb	H_2PtCl_6(80% EtOH 処理) K^+ と同じ: $NaB(C_6H_5)_4$(HOAc 微酸性)	200〜400 110〜130	$RbPtCl_6$ $Rb \cdot B(C_6H_5)_4$	× 0.2954 → Rb × 0.2677 → Rb
Re	Re(VII): テトラフェニルアルソニウム	<185	$(C_6H_5)_4As \cdot ReO_4$	× 0.2939 → Re
S	SO_4^{2-}: $BaCl_2$(HCl 微酸性)	600〜800	$BaSO_4$	× 0.1374 → S
Sb	H_2S (3 M HCl, 90〜100℃) ピロガロール(酒石酸溶液)	175〜275 (CO_2 中) 74〜140	Sb_2S_3 $Sb(C_6H_5O_4)$	× 0.7168 → Sb × 0.4632 → Sb
Se	Se(IV)・SO_2 還元(>4 M HCl)	30〜40	Se	
Si	(けい酸塩中のシリカ)Na_2CO_3 で融解後 HCl 溶解-蒸発乾固を繰り返した後, 強熱	>1000	SiO_2	× 0.4674 → Si

15.4 ガス発生重量分析

表 15.3 （続き）

分析対象	沈殿剤（添加時の液性など）	加熱温度 /℃	ひょう量形 （　）内は沈殿形	重量分析係数[1]
Cu	電解重量法，硝酸溶液，Pt 2 極式で定電流分解	乾燥	Cu	Cu
	NaOH	850～1 000	$CuO[Cu(OH)_2]$	× 0.798 9 → Cu
	α-ベンゾインオキシム（NH_3 アルカリ性）	105～140	$Cu(C_{14}H_{12}O_2N)$	× 0.220 1 → Cu
Fe	$Fe^{2+} \xrightarrow{酸化剤} Fe^{3+}$，$NH_3$	1 000	$Fe_2O_3[Fe(OH)_3]$	× 0.699 4 → Fe
	Fe^{3+}：クペロン（H_2SO_4，5～10%）	1 000	$Fe_2O_3[Fe(C_9H_5O_2N_2)_3]$	× 0.699 4 → Fe
Ga	Ga(III)；クペロン（3 M H_2SO_4）	強熱	$Ga_2O_3[Ga(C_9H_5O_2N_2)_3]$	× 0.743 9 → Ga
Ge	H_2S（3 M H_2SO_4）	強熱（>410）	GeO_2	× 0.694 1 → Ge
Hg	Hg^{2+}；Hg^{2+} は $HCl+H_3PO_3$ で還元，HCl	105	Hg_2Cl_2	× 0.849 8 → Hg
	H_2S	<240	HgS	× 0.862 1 → Hg
I	$PdCl_2$（希 HCl）	90～95	PdI_2	× 0.704 6 → I
In	8-キノリノール（HOAc, pH 2.5～3）	110～150	$In(C_9H_6ON)_3$	× 0.209 8 → In
K	$NaB(C_6H_5)_4$（HOAc 微酸性）	110～130	$K \cdot B(C_6H_5)_4$	× 0.109 2 → K
La, 希土類	NH_3（→ pH 約 9）	>900	$La_2O_3[La(OH)_3]$	× 0.852 7 → La
	$(COOH)_2$（pH 約 2）	>900	$La_2O_3[La_2(C_2O_4)_3]$	× 0.852 7 → La
Mg	$(NH_4)_2HPO_4$（NH_3 アルカリ性）	>600	$Mg_2P_2O_7(MgNH_4PO_4 \cdot 6H_2O)$	× 0.218 4 → Mg
	8-キノリノール（pH10）	140～160	$Mg(C_9H_6ON)_2$	× 0.077 75 → Mg
Sn	電解重量［$(COOH)_2$ 溶液］	乾燥	Sn	
	クペロン（希 HCl 又は H_2SO_4）	1 000	SnO_2 $[Sn(II)(C_9H_5O_2N_2)_2]$ $[Sn(IV)(C_9H_5O_2N_2)_4]$	× 0.787 7 → Sn
Sr	Na_2SO_4（HCl 微酸性，＋エタノール）	100～300	$SrSO_4$	× 0.477 0 → Sr
Ti	クペロン（HCl 又は H_2SO_4，冷時）	>750	TiO_2	× 0.599 5 → Ti
	8-キノリノール	110	$TiO(C_9H_6ON)_2$	× 0.135 9 → Ti
		<760	$TiO_2[TiO(C_9H_6ON)_2]$	× 0.599 5 → Ti
Tl	SO_2 還元（$Tl^{3+} \to Tl^+$），K_2CrO_4（NH_3 アルカリ性）	120～130	Tl_2CrO_4	× 0.779 0 → Tl
W	HCl＋シンコニン	750～800	$WO_3(WO_3 \cdot xH_2O)$	× 0.793 0 → W
	8-キノリノール（pH 3～5）	120	$WO_2(C_9H_6ON)_2$	× 0.364 7 → W
		>680	$WO_3[WO_2(C_9H_6ON)_2]$	× 0.793 0 → W
Y	La 参照	強熱	$Y_2O_3[Y(OH)_3]$	× 0.787 4 → Y
Zn	8-キノリノール（pH 5）	130～150	$Zn(C_9H_6ON)_2$	× 0.184 9 → Zn
Zr	$(NH_4)_2HPO_4$（希 H_2SO_4）	>880	ZrP_2O_7	× 0.344 0 → Zr
	マンデル酸（1～8 M HCl）	強熱	$ZrO_2[Zr(C_8H_7O_3)_4]$	× 0.740 3 → Zr
	8-キノリノール	130	$Zr(C_9H_6ON)_4$	× 0.136 6 → Zr
		>610	$ZrO_2[Zr(C_9H_6ON)_4]$	× 0.740 3 → Zr

注[1] ひょう量形の質量に占める分析対象元素の質量の割合．

表15.4 鉄鋼の分析に採用されるJIS重量分析方法[5]

元素	JIS	分析方法	原理	定量範囲(%)
C	G 1211 : 1995	燃焼-重量法(ISO 437)	O_2気流中で燃焼させCをCO_2に変換後,吸収瓶(ソーダ石灰又はNaOH)に吸収させ質量の増加を測定.	≧ 0.1
Si	G 1212 : 1997	二酸化けい素重量法(1)	$HClO_4(H_2SO_4)$処理でSiを不溶性けい酸としてろ過,強熱後,不純SiO_2の質量を測定.H_2SO_4+HF加熱処理によりSiO_2を揮散させ質量測定し減少分を計算.	0.1〜8.0
		二酸化けい素重量法(2)(ISO 439)	同上[Mo, Nb, Ta, Ti, W, Zr, Cr対策不十分]	0.10〜5.0
S	G 1215 : 1994	鉄分離硫酸バリウム重量法;炭素鋼に適用	$KClO_3$存在下で酸分解後,MIBK[1]により除鉄.一定量のSO_4^{2-}を添加後$BaCl_2$を加え$BaSO_4$を生成.沈殿凝集剤を加え凝集.ろ過後強熱して質量を測定.	0.005〜0.50
		クロマトグラフ分離硫酸バリウム重量法(ISO 4934);Se含有試料は適用不可	Br_2存在下で酸分解,一定量のSO_4^{2-}を添加.CrをCrO_2Cl_2として除去後,活性アルミナカラムに通してSO_4^{2-}を吸着.NH_3水で溶離後,$BaSO_4$を生成させ質量測定.	≧ 0.003
Ni	G 1216 : 1997	ジメチルグリオキシムニッケル重量法	酸分解後,くえん酸(酒石酸)を加え,NH_3水でアルカリ性としてからジメチルグリオキシムを添加し,生成したジメチルグリオキシムニッケル沈殿をろ過.乾燥後質量測定.[Co:$KBrO_3$, Cu:アスコルビン酸,Alで還元除去]	0.1〜30
		ジメチルグリオキシム分離定量法(ISO 4938)	同上[Co, Cu対策法異なる.再沈殿が本文規定]	0.5〜30
Mo	G 1218 : 1994	ベンゾイン-α-オキシム沈殿分離酸化モリブデン(Ⅵ)重量法	酸分解後,ベンゾイン-α-オキシムを添加,沈殿分離後,加熱(500℃)して不純MoO_3の質量測定.NH_3水でMoO_3を溶解後残渣を加熱処理して質量測定し質量差を計算.タングステン酸付着Moは別途定量.	0.03〜12.0
W	G 1220 : 1994	シンコニン沈殿分離酸化タングステン(Ⅵ)重量法	酸分解後,シンコニンを添加,沈殿分離.強熱(800℃)後SiO_2揮散処理をして不純WO_3の質量測定.Na_2CO_3で融解,残渣を強熱して質量測定し質量差を計算.不純WO_3中Cr, Mo, Vは別途定量し補正.	0.5〜20
Co	G 1222 : 1999	1-ニトロソ-2-ナフトール沈殿分離四三酸化コバルト重量法	酸分解後,酸化亜鉛でFe, Crを分離.1-ニトロソ-2-ナフトールを添加,沈殿分離.強熱(850℃)して不純Co_3O_4の質量を測定.不純Co_3O_4中Mo, Cuは別途定量し補正.	≧ 0.5
Pb	G 1229 : 1994	硫化鉛沈殿分離モリブデン酸鉛重量法	酸分解後,過剰の酸を除去してH_2Sを通じ,PbSを沈殿分離.HNO_3で溶解後,七モリブデン酸六アンモニウムを添加,沈殿分離.加熱(650℃)して$PbMoO_4$の質量を測定.	0.05〜0.40

注([1]) MIBKは4-メチル-2-ペンタノンを表す.

させて分析対象成分を気体として分離し，その気体を吸収させて吸収剤の前後の質量の差から定量する方法である．試料のはかり取り，分析対象成分の気体発生，質量の測定，空試験補正及び含有率の計算の各操作過程からなっている．

15.4.1 分析対象成分のガス発生方法

分析試料から分析対象成分を定量的に気体として発生させるには，次のような方法がある．

(1) 試料を直接加熱する方法

例えば，水分や結晶水の定量に採用される．水分は試料を100℃よりやや高い，105℃のような温度で2時間程度の一定時間加熱して付着水分を蒸発させ，試料の減量あるいは吸着剤の増量から求める．JIS K 0067:1992（化学製品の減量及び残分試験方法）には減量試験として乾燥減量試験及び強熱減量試験が，残分試験として蒸発残分試験，強熱残分試験又は灰分試験が規定されている．

(2) 試料に試薬を作用させる方法

乾式法と湿式法に分けられる．湿式法では，試料に希塩酸を加えて加熱し，二酸化炭素を発生させる反応を利用して炭酸塩の定量を行うことができる．乾式法の例としてはJIS Z 2615:2006（金属材料中の炭素定量方法通則）に定められており，個別規格の例としてJIS G 1211:1995（鉄及び鋼—炭素定量方法）に規定されている．この方法では，鋼試料を酸素気流中で1 200〜1 350℃以上に加熱して燃焼させ，炭素を二酸化炭素とし，ソーダ石灰又は水酸化ナトリウムに吸収させ，その質量の増量から炭素量を求めている．

15.4.2 発生ガスの質量の測定方法

発生させたガスの質量を測定するには，次の方法がある．

(1) 減量法（間接法）

最初に試料の質量を測定しておき，水分などを揮散させた後の試料の質量をはかり，その減量を求める方法である．水分，結晶水などの定量，あるいは

JISでは減量試験，残分試験などの名称で用いられる．

(2) 吸収法（直接法）

最初にソーダ石灰や粒状水酸化ナトリウムなどを詰めた吸収管の質量を測定しておき，試料から発生させた二酸化炭素を導いて吸収させて捕集し，その質量をはかり，増量から分析対象成分の含有率を求める方法である．発生させたガスが分析対象成分以外のガスを含む場合，又は分析対象成分を揮発させた後の試料組成が変わったり一定でない場合などに用いる．金属中の炭素定量法などに採用されている．

15.5 電解重量分析

15.5.1 概　　説

電解重量分析法（electrogravimetric analysis）は，電解によって試料溶液中の分析対象成分を電極上に析出させ，その質量を測定して定量する方法で，金属成分の定量に適用される．通常は溶液中の金属イオンを単体の金属として陰極に析出させるが，例えば酸化鉛(Ⅳ)PbO_2，酸化マンガン(Ⅳ)MnO_2などのように，電解条件によっては金属酸化物を陽極に析出させる場合もある．あるいは，固体の金属試料を陽極にして所定の電解液中で一定の電位で電解し，マトリックスの金属を電解溶解して試料中の非金属介在物を残し，この質量を測定して金属試料の清浄度を求める方法などもある．

試料溶液中の金属イオンの種類によって分解電圧は異なる．銅の電解重量法を例にした場合，硫酸酸性にした銅(Ⅱ)溶液に白金板の陰極（作用電極）と白金線の陽極を入れ，かき混ぜながら電圧をかけ電気分解を行う．ある電解電位以上になると，陰極では銅が析出し，陽極では酸素が発生する．

$$陰極：Cu^{2+} + 2\,e = Cu$$
$$陽極：H_2O = 2\,H^+ + 1/2\,O_2 + 2\,e$$

分解電位 E_d は，ネルンストの式から計算できる．

$$E_d = E_a - E_c$$

E_a, E_c は, 陽極, 陰極の可逆電極電位である. 実際に電解を続けるためには, 分解電位以上の電圧 E をかける必要がる. ω_a, ω_c を両極における過電圧, IR を電圧降下とすると,

$$E = (E_a + \omega_a) - (E_c + \omega_c) + IR$$

である.

陰極の電位を一定に保ちながら電解を行うことを定電位電解 (potentiostatic electrolysis) という. 参照電極を陰極の近傍に入れ, これを基準に陰極電位を測定し, ポテンシオスタットを用いて電極電位を一定に保つ. イオンの還元電位の違いから電極電位を制御することにより, 混合物中の目的の成分を分離することができる.

電解重量法の定量操作は, 試料のはかり取り, 試料の分解, 電解分離, 電極の洗浄・乾燥, 析出物の質量測定, 含有率の計算の各操作過程からなっている.

15.5.2　電解方法と注意点

試料溶液を電解して分析対象成分を析出分離するには, 通常, 白金電極を用いて行う. 分析対象成分をち密な析出物として定量的に電解析出させるために, 次のような点に注意する.

(a)　加電圧　加電圧は, 通常特に規制しないで, 電流だけを一定にした定電流電解を採用するが, 共存成分が同時に析出する恐れがある場合には, 陰極又は陽極電位を一定に規制して定電位電解をする.

(b)　電流密度　電流密度は, あまり大きくすると析出物が海綿状になり電極からはがれやすくなるので, 通常, 1～10 mA/cm^2 くらいで行う.

(c)　水素の発生　電解析出の際, 水素が発生すると析出物表面がガサガサになる. 陰極電位の調整, 硝酸などの復極剤の添加, 溶液のかき混ぜ, 液性をアルカリ性にするなどして防止する.

(d)　液温　電解液の温度は, 高くすると濃度分極が減少するが過電圧も小さくなるので, 水素が発生しやすくなる. 通常, 常温又は 40～50℃ くらいで行う.

(e) 分析対象成分の濃度 低いほうが電極にち密に付きやすい．錯化剤を加えておくとよい．

15.5.3 装置・器具

電解分析に用いる装置構成を図 15.6 に示す．それぞれの器具や部品などには，次のようなものを用いる．

(a) 直流電源 4～6 V で容量 60～80 A 時程度の蓄電池，又は交流電源を整流器で整流し，数ボルト，数アンペアの直流出力が得られるものを用いる．

(b) 電解用容器

通常は，一般のビーカー形状の容器を用い，電解中は参照電極や電極が挿入できるように半円形の時計皿を 2 枚合わせてふたをする．電解用容器は試料の酸分解を先に行ってそのまま引き続いて電解の操作を行うことが多いが，その場合は空冷還流冷却器型のふた[6]をすり合わせで密着するように設定して用いる．

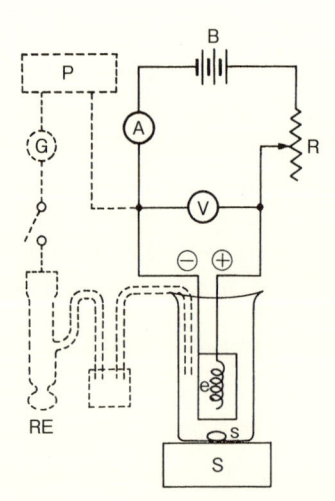

B：直流電源
A：電流計
V：電圧計
R：可変抵抗
e：白金電極
s：かくはん子
S：マグネチックスターラー

左側の破線部分は，定電位電解の場合に必要である．
　P：電位差計
　G：示零器
　RE：参照電極

図 15.6 電解分析装置の構成[7]

15.5 電解重量分析

(c) 白金電極 通常，図 15.7 の白金電極（a）を陰極として，白金電極（b）を陽極として組み合わせて用いる．

(d) 抵抗，電流計，電圧計

(e) かき混ぜ器 白金電極（b）を直接回転できるものか，加熱が可能なマグネチックスターラーなどを用いる．

(f) 空気浴 通常，電極を 100℃程度で乾燥できるものを用いる．

(g) その他 通常，定電位電解の場合には参照電極，ポテンシオスタットなどを用いる．

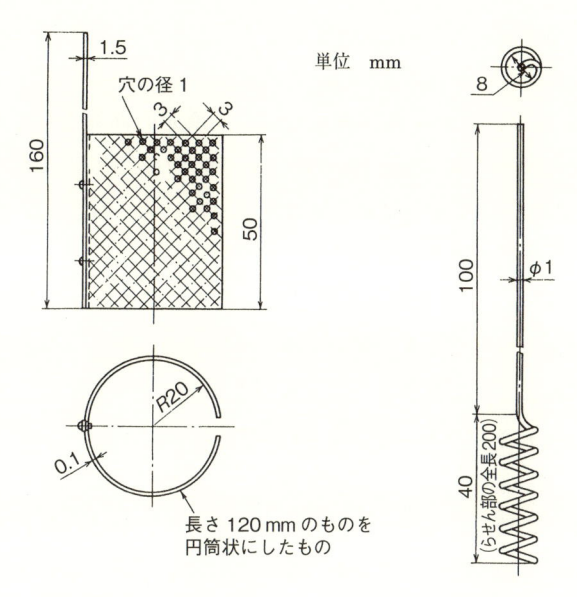

(a) 通常陰極として用いるもの　　(b) 通常陽極として用いるもの

図 15.7 白金電極[7]

15.5.4 操　作

電解重量分析の一般的操作は次のように行う．

(a) 試料溶液を電解用容器に入れ，液量を約 150 mL にする．妨害成分があればあらかじめ分離し，必要があれば復極剤や錯化剤を加えておく．試料を

電解用容器中で分解した場合は，時計皿下面や容器内壁を洗瓶の水を吹きかけて洗っておく．

(b) 白金電極 (a) を硝酸 (PbO_2 が付いている場合には過酸化水素水も加える) に浸し加熱して洗った後，水で十分に洗浄する．白金が析出金属によって侵される恐れがある場合には，銅などをあらかじめ電着しておく．空気浴中などで乾燥し，デシケーターに入れて放冷した後，その質量を 0.1 mg の桁まではかり，デシケーター中に保存する．

(c) 電解装置を組み立て白金電極を取り付け，電解用容器を半円形時計皿で覆う．白金電極は通常 (a) を陰極に，(b) を陽極とするが，鉛を定量する場合には逆にする．

(d) 液温，電流，電圧を所定の条件にし，所定時間通電して電解をする．銅の純分定量の場合には，液温 15～30℃ で，初めの約 5 時間は電流 0.3～0.4 A，次の 15 時間は 0.6～0.7 A で陰極電位は特に規制せず，かき混ぜないで電解する．0.3 A で約 30 時間電解してもよい．

(e) 電解が終わったと認められたとき，例えば，分析対象成分の有色イオンの場合は無色になったとき，半円形時計皿の下面，容器の内壁及び電極の液面より上に露出している部分を洗瓶の水を吹きかけて洗浄する．洗浄により液面を約 5 mm 上昇させた後，更に約 30 分間電解を続ける．

(f) 新しく電解液中に浸った電極表面に，もはや析出物が認められなくなったならば，電流を通じたままで水洗しながら電極を徐々に引き上げ（容器をあらかじめ台の上に置くなどしておき，電解用容器を下げてもよい．），最後は直ちに水の入った別のビーカーに入れて浸し，白金電極を装置から外す．

なお，電解終了の確認は，電解液の一部を取って呈色反応などで調べてもよい．電解終了後の電解残液について，吸光光度法や原子吸光分析法などによって微量の分析対象成分を定量し，結果を補正する方法もよく用いられる．

(g) 電極 (a) を数回上下して水洗した後，エタノールで十分に洗浄する．約 80℃ の空気浴内で析出金属が酸化しないように速やかに乾燥し，デシケーターに入れて約 20 分間放冷した後，その質量を 0.1 mg の桁まではかる．

(h) 分析対象成分の含有率を計算する.

15.5.5 よく用いられる電解重量分析法
電解によって試料溶液中の銅イオンを白金陰極表面に析出させ，その増量から銅含有率を求める方法，例えば，JIS H 1101:1990（電気銅地金分析方法）で銅地金中の銅を定量する方法などがある.

引用・参考文献

1) JIS K 0050:2005（化学分析方法通則），p.25
2) 長島弘三，富田功（2001）：基礎化学選書2 分析化学，裳華房
3) （社）日本分析化学会（2004）：改訂5版 分析化学データブック，p.76，丸善
4) 文献3)，p.74-76
5) （社）日本分析化学会（2007）：金属分析技術セミナーテキスト，付表1 鋼材の分析 JISに採用される重量法
6) JIS H 1101:1990（電気銅地金分析方法）
7) 武藤義一ほか（1984）：JIS使い方シリーズ 化学分析マニュアル，p.112, 113, 115, 116, 118, 127, 128，絶版，日本規格協会
8) JIS K 0211:2005［分析化学用語（基礎部門）］
9) JIS Z 3904:1979（金ろう分析方法）
10) JIS R 3503:1994（化学分析用ガラス器具）
11) JIS G 1225:2006（鉄及び鋼―ひ素定量方法）
12) JIS G 1220:1994（鉄及び鋼―タングステン定量方法）
13) （社）日本分析化学会編（2001）：分離分析化学辞典，朝倉書店
14) JIS K 0067:1992（化学製品の減量及び残分試験方法）
15) JIS Z 2615:1996（金属材料中の炭素定量方法通則）
16) JIS G 1211:1995（鉄及び鋼―炭素定量方法）

16. 容量分析

　容量分析（volumetric analysis）は，分析対象成分と反応した溶液の量，反応する前後の体積変化，あるいは分析対象成分やそれを含む一定組成の化合物の体積など，体積をはかって含有率を求める分析方法の総称である．それらは滴定法，ガス容量分析法，かさ分析法などに分けられる．しかし現在では，後二者の容量分析法はあまり使われなくなってきたこともあり，一般に滴定法のことだけを指すようになっている．

　JIS K 0050 : 2005（化学分析方法通則）においても容量分析法として，中和滴定法，酸化還元滴定法，錯滴定法，沈殿滴定法の4種類の滴定法を規定している．したがって，ここではこの4種類の滴定法を対象とすることにする．

16.1　滴定法概説

　滴定法は，試料溶液中の分析対象成分あるいはこれと一定の関係にある成分を，これと迅速かつ化学量論的に反応する濃度既知の溶液を加え，反応が完結するまでに要したこの溶液の体積を測定して，分析対象成分を定量する方法である．したがって，容量分析に適用する反応は，反応速度及び平衡定数ともに大きくなければならない．通常，三角フラスコなどに入れられた試料溶液にビュレットを用いて標準液を滴下して反応させる．この溶液を滴下して反応させる操作を滴定（titration），濃度既知の溶液を標準液（standard solution），理論的に反応が完結した点を当量点（equivalence point）といい，これを指示薬（indicator）の色の変化などにより検出する．当量点を目視判定することが多いが，特定波長における透過率や吸光度の変化から検出する光度滴定（photometric titration），電極間の電位差の変化から検出する電位差滴定（potentiometric titration）などがある．

滴定に用いることのできる反応は，次の条件を満たしていることが必要である．

① 反応が一定の化学式に従って進行し，既知で一定組成の生成物を生じ，副反応が起こらないこと．
② 反応が99.9％以上の完全さで進むこと．すなわち，目的とする反応が完結する方向に平衡が十分にずれていること．
③ 適当な指示薬などがあり，当量点を判定できる方法があること．
④ 反応速度が十分大きいこと．反応は秒単位，直接滴定では遅くとも数秒以内に完結することが望ましい（遅い場合には温度を上げたり，触媒を加えたりすることがある）．

代表的な滴定法として，中和（酸塩基）滴定法，酸化還元滴定法，錯滴定法，沈殿滴定法があることは既に述べたが，これらは滴定に用いる反応の違いによって分けられている．試料を滴定法で分析する場合の具体的な操作は，試料のはかり取り，試料の分解，妨害成分の分離除去又はマスキング，滴定，空試験補正，含有率の計算の各単位操作から成り立っている．滴定は十分な注意を払って行うことにより，相対誤差0.1～0.5％程度で定量でき，有効数字3～4桁を求めることができる精度のよい方法である．

滴定はその操作の仕方によって次の種類に分けることができる．

(a) 直接滴定 直接滴定（direct titration）は，試料溶液に標準液を直接滴加して滴定する方法をいう．これに対して，逆滴定や置換滴定などは間接滴定（indirect titration）という．

(b) 逆滴定 逆滴定（back titration）は，標準液を分析対象成分と反応する量以上の一定量を過剰に加えて定量的に反応させた後，その過剰量を別の標準液で滴定する方法をいう．反応が遅くて直接滴定が困難な場合，沈殿又は副反応が起きる場合あるいは適当な指示薬がない場合などに使われる．

(c) 置換滴定 置換滴定（displacement titration）は，試料溶液にある試薬を加えて分析対象成分と定量的に反応させて生じた生成物を標準液で滴定する方法で，逆滴定と同様な場合に使われる．

16.2 滴定法の種類と原理

16.2.1 中和（酸塩基）滴定

　中和滴定法（neutralization titration）は，中和反応を利用する方法で滴定法の中で最も一般的で応用も広い．酸塩基滴定法（acid-base titration）とも呼ばれ，滴定される成分が酸か塩基かによって酸滴定又はアルカリ滴定に分かれる．例えば，JIS G 1228 : 2006（鉄及び鋼―窒素定量方法）は，中和滴定法を採用したものであり，試料溶液中の窒素成分を水蒸気蒸留によってアンモニアとして分離し，アミド硫酸標準液で滴定する方法である．指示薬にはメチルレッド・メチレンブルー混合溶液を用い，溶液の緑色が消えて赤紫色になった点を終点（end point）とする．

16.2.2 酸化還元滴定

　酸化還元滴定法（oxidation-reduction titration, redox titration）は酸化還元反応を利用する方法で，滴定試薬の種類によって酸化滴定，還元滴定に分けられる．酸化（oxidation）とは原子や分子あるいはイオンが電子を放出することであり，逆に電子を受け取ることを還元（reduction）という．したがって，酸化還元滴定とは電子の移動を伴う滴定のことである．2種類以上の原子価をとることのできるイオンに対して適用できる．滴定試薬の名称をつけて，過マンガン酸カリウム滴定，二クロム酸カリウム滴定，よう素滴定のように呼ばれる．

　酸性溶液中での過マンガン酸カリウム滴定や二クロム酸カリウム滴定の還元反応は次のとおりである．

$$MnO_4^- + 8H^+ + 5e^- \rightarrow Mn^{2+} + 4H_2O$$

$$Cr_2O_7^{2-} + 14H^+ + 6e^- \rightarrow 2Cr^{3+} + 7H_2O$$

MnO_4^- 1モルは5電子の，$Cr_2O_7^{2-}$ 1モルは6電子の酸化・還元反応になる．
　実際に公定法として採用されている例としては，JIS M 8212 : 2005（鉄鉱石―全鉄定量方法）などがある．この方法は，鉄鉱石を酸分解及び融解法によっ

て溶液とし,鉄(Ⅲ)の大部分を塩化すず(Ⅱ)で鉄(Ⅱ)に還元し,残った鉄(Ⅲ)を塩化チタン(Ⅲ)で還元し,鉄(Ⅱ)をジフェニルアミンスルホン酸ナトリウムを指示薬として二クロム酸カリウム標準液で滴定する.

16.2.3 錯滴定

錯滴定法(complexometric titration)は,安定度の高い水溶液の錯体を生成する反応を利用する方法で,滴定試薬として用いる配位子の種類によって,シアン化物のような一座配位子の場合を狭義の錯滴定,EDTAのような多座配位子の場合をキレート滴定(chelatometric titration)という.滴定試薬の名称をつけて,EDTA滴定などと呼ぶこともある.EDTAやその類縁化合物は多くの金属と非常に安定なキレート化合物を作るので,この方法を用いることにより従来困難であった成分の滴定ができるようになった.

一般にキレート化合物は簡単な錯化合物に比べて安定性が大きいので,当量点付近の滴定曲線に急変が見られ,終点の検出が明瞭になる.アルカリ金属以外のほとんどすべての金属イオンの滴定がEDTA試薬等で可能である.終点の検出には金属指示薬や電気的方法(電位差滴定,電気伝導度滴定)が用いられる.

キレート滴定法が公定法として採用されている例として,JIS G 1216:1997(鉄及び鋼―ニッケル定量方法)がある.この方法は次のようである.試料を酸分解した後,くえん酸を加えて鉄イオンをマスキングし,アンモニア水を用いてアルカリ性としてニッケルジメチルグリオキシムの沈殿を生成させる.この沈殿をろ過して集めた後,硝酸で溶解し,これにエチレンジアミン四酢酸二水素二ナトリウム(EDTA2Na)溶液をニッケルと反応する量よりも過剰の一定量を加えてニッケルとの錯体を生成させる.ニッケルと反応せずに溶液中に残った過剰のEDTA2Naを亜鉛標準液で滴定してニッケルと反応したEDTA2Na量を知り,ニッケル含有率を求める.

16.2.4 沈殿滴定

沈殿滴定法（precipitation titration）は，沈殿生成あるいは沈殿消滅の反応を利用する方法である．用いる滴定試薬の名称を付けて銀滴定，チオシアン酸滴定などと呼ぶこともある．また人名を冠して，モール法，ホルハルト法，ファーヤンス法，ゲイ・リュサック法などと呼ぶこともある．

しかし，滴定に用いられる沈殿反応の種類は多くはない．硝酸銀標準液を用いて塩化物イオンや臭化物イオンを定量する銀滴定は古くから行われている．沈殿滴定では，沈殿の生成速度が速いこと，定量的に沈殿が生成すること，沈殿の溶解度積が小さいことが必要である．

16.3 滴定試薬

滴定用標準液には次のような試薬が用いられる．滴定法別に主なものについて示す．

(1) 中和（酸塩基）滴定

酸：酸化性や還元性があまり強くない強酸で，普通は塩酸や硫酸が用いられ，アミド硫酸（酸解離定数 $K_a = 10^{-1}$）も時に用いられる．加熱して滴定する場合には揮散しにくい過塩素酸を使うこともある．

塩基：普通は水酸化ナトリウムが用いられ，水酸化カリウムはエタノール溶液として用いることが多い．特別な場合に水酸化バリウム，ほう酸ナトリウムなどが用いられる．

(2) 酸化還元滴定

酸化剤：過マンガン酸カリウム，二クロム酸カリウム，よう素，よう素酸カリウム，臭素酸カリウム，硫酸セリウム(IV)アンモニウム，硫酸鉄(III)アンモニウムなどが用いられる．

還元剤：酸化ひ素(III)，しゅう酸ナトリウム，チオ硫酸ナトリウム，硫酸鉄(II)アンモニウム，塩化チタン(III)などが用いられる．空気を遮断して操作すれば，還元力の強い硫酸チタン(III)や硫酸クロム(II)なども使うことができる．

(3) 錯滴定

狭義の錯滴定には硝酸銀，シアン化カリウム，塩化マグネシウム，硫酸アルミニウムアンモニウムなどが用いられる．キレート滴定にはエチレンジアミン四酢酸（EDTA），1,2-シクロヘキサンジアミン四酢酸（CyDTA），グリコールエーテルジアミン四酢酸（GEDTA又はEGTA），ジエチレントリアミン五酢酸（DTPA），トリエチレンテトラミン六酢酸（TTHA），各種金属又はその塩などが用いられる．

(4) 沈殿滴定

硝酸銀，塩化ナトリウム，チオシアン酸アンモニウム（又はカリウム），塩化バリウム（又は硝酸バリウム）などが用いられる．

なお，一般に標準液は安定で，できるだけ長期間の保存に耐え，揮発性もないことが必要である．また滴定は，通常，水溶液中で行い，標準液も水溶液を用いるのが普通である．水の代わりに非水溶媒を用いる非水溶媒滴定は，ごく弱い酸や塩基など水溶液中では滴定が困難な場合に有用である．

16.4　滴定中における滴定物質の濃度変化

標準液の添加量と，滴定される物質の濃度の変化を示す曲線を滴定曲線（titration curve）といい，計算でも求めることができる．特に当量点（反応の理論的な完結点で，滴定される物質に対し当量の滴定試薬が添加された点）や滴定開始の点，あるいは半分滴定された点（半当量点），滴定試薬が2倍当量入った点（倍当量点）などは滴定系に特有で，反応を知るうえでも指示薬を選択する際にも大切な点である．表16.1に各滴定系におけるそれらの点の濃度又は電位を求める式を示す．また，図16.1には中和滴定の滴定曲線，表16.2には中和滴定における当量点及び当量点前後0.1%（50.00 mLが当量点の場合は49.95 mLと50.05 mL）における各pHとその差ΔpHの計算値を示す．正確な滴定を行うには表16.2に示した当量点の前後0.1%におけるpHの範囲内で変色する指示薬を用いることが必要である．

16.4 滴定中における滴定物質の濃度変化

表 16.1 当量点などにおける滴定物質の濃度 ($p: -\log$ を表す)[1]

種類	滴定系 滴定物質	滴定剤	パラメータの表示	滴定開始点	1/2 当量点 (半当量点)	当量点	2 当量点 (倍当量点)	備 考
酸塩基滴定	強酸	強塩基	pH	$-\log C_o$	—	$\frac{1}{2}pK_w = 7(25\text{℃})$	—	K_w：水のイオン積 (25℃ のとき 10^{-14})
	弱酸	強塩基	pH	$\frac{1}{2}(pK_a - \log C_o)$	pK_a	$\frac{1}{2}(pK_w + pK_a + \log C)$	—	C_o：滴定開始時の滴定される物質の濃度 (N)
	多塩基弱酸	強塩基	pH	$\frac{1}{2}(pK_{a_1} - \log C_o)$	[第1半当量点] pK_{a_1} [第2半当量点] pK_{a_2}	[第1当量点] $\frac{1}{2}(pK_{a_1}+pK_{a_2})$ [第2当量点] $\frac{1}{2}(pK_{a_2}+pK_{a_3})$ [最終当量点] $\frac{1}{2}(pK_w+pK_{a_n}+\log C)$	—	K_a：酸解離定数 C：反応で生成した物質の濃度 (N)
酸化還元滴定 H⁺が関与せず	還元剤 (Red_1)	酸化剤 (Ox_2)	E (ボルト)	—	E°_R	$\dfrac{bE^{\circ}_R + aE^{\circ}_O}{a+b}$	E°_O	$a\text{Red}_1 + b\text{Ox}_2$ $\to a\text{Ox}_1 + b\text{Red}_2$ E°_R：還元剤 (Red_1) の標準酸化還元電位 (V) E°_O：酸化剤 (Ox_2) の標準酸化還元電位 (V)
H⁺が関与	還元剤 (Red_1)	酸化剤 (Ox_2)	E	—	$E^{\circ}_R - \dfrac{m \times 0.0592}{a}\text{pH}$	$\dfrac{bE^{\circ}_R + aE^{\circ}_O}{a+b} - \dfrac{m \times 0.0592}{a+b}\text{pH}$	$E^{\circ}_O - \dfrac{m \times 0.0592}{b}\text{pH}$	$a\text{Red}_1 + b\text{Ox}_2 + m\text{H}^+ \to a\text{Ox}_1 + b\text{Red}_2 + m/2 \cdot \text{H}_2\text{O}$
キレート滴定	金属イオン (M)	キレート剤	pM	$-\log C_o$	—	$\frac{1}{2}(\log K_{\mathit{eff}} - \log C)$	$\log K_{\mathit{eff}}$	K_{eff}：金属イオンとキレート剤との見かけの生成定数
沈殿滴定	沈殿を生じる物質 (X)	沈殿剤	pX	$-\log C_o$	—	$\frac{1}{2}pK_{sp}$	—	K_{sp}：沈殿の溶解度積

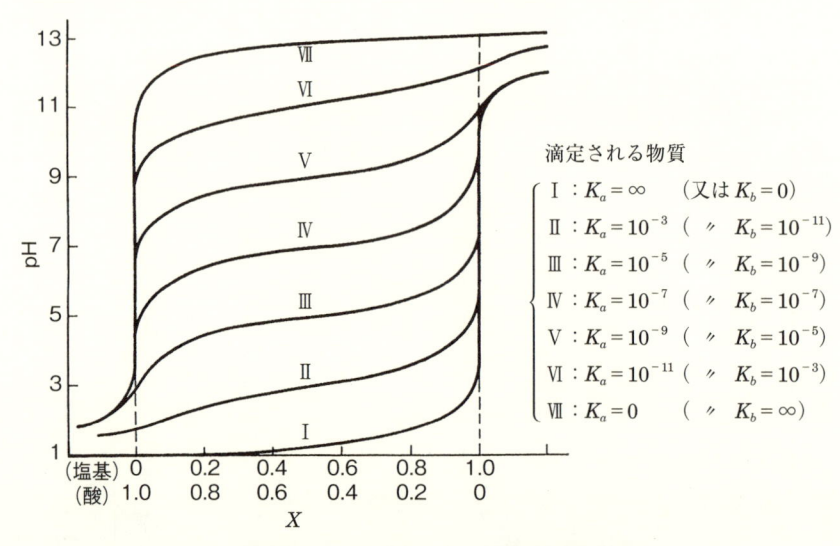

図 16.1 中和滴定における滴定曲線 [2]

滴定される物質

$\begin{cases} \text{I} : K_a = \infty & (\text{又は } K_b = 0) \\ \text{II} : K_a = 10^{-3} & (\text{〃 } K_b = 10^{-11}) \\ \text{III} : K_a = 10^{-5} & (\text{〃 } K_b = 10^{-9}) \\ \text{IV} : K_a = 10^{-7} & (\text{〃 } K_b = 10^{-7}) \\ \text{V} : K_a = 10^{-9} & (\text{〃 } K_b = 10^{-5}) \\ \text{VI} : K_a = 10^{-11} & (\text{〃 } K_b = 10^{-3}) \\ \text{VII} : K_a = 0 & (\text{〃 } K_b = \infty) \end{cases}$

表 16.2 酸を同濃度の強塩基で滴定する場合の当量点付近の pH [2]

滴定される酸の濃度（N）	pH			$\varDelta$pH
	当量点の前 0.1%	当量点	当量点の後 0.1%	
強酸				
1	3.3	7.0	10.7	7.4
0.1	4.3	7.0	9.7	5.4
0.01	5.3	7.0	8.7	3.4
0.001	6.3	7.0	7.7	1.4
0.000 1 ([1])	6.9	7.0	7.1	0.2
弱酸 ($K_a = 10^{-5}$)				
0.1	8.0	8.85	9.7	1.7
0.01	8.0	8.35	8.7	0.7
弱酸 ($K_a = 10^{-6}$)				
0.1 ([1])	8.9	9.35	9.8	0.9
弱酸 ($K_a = 10^{-7}$)				
0.1 ([1])	9.7	9.85	10.0	0.3

注([1]) 水の解離の影響を考慮して計算した．

16.5 滴定終点と指示薬

滴定の当量点は指示薬の変色,滴定溶液又は標準液自身の変色,沈殿生成の始まりや終わりなどを目視又は機器によって判別するか,溶液の物性,例えば電位差 (pH,酸化還元電位など) などを機器によって測定して判別する.

実験的に求めた反応完結点を終点という.

各滴定法に用いられる指示薬については,JIS K 8001：1998 (試薬試験方法通則) の 4.4 に指示薬の名称,調製方法,変色範囲などが記載されている.終点と当量点とのずれに基づく滴定誤差ができるだけ小さいものを選ぶ必要がある.各滴定において用いる指示薬は次のとおりである.

16.5.1 中和滴定用酸塩基指示薬

中和滴定に用いる酸塩基指示薬はそれ自身が有機の弱酸又は弱塩基で,未解離のとき (指示薬が弱酸のときは酸性側,弱塩基のときは塩基側) と解離したときとで異なった色調を呈する.表 16.3 に酸塩基指示薬を示す.解離する割合は pH によって変わり,未解離又は解離している化学種のどちらか一方が 5～10 倍以上存在するような pH 領域ではその多いほうの化学種の色調に見える.

したがって,一方の色から他方の色に見えるまでの pH 範囲 (変色範囲) は表 16.3 からもわかるように約 1.5～2 になる.二つの化学種が同量存在する pH (変色範囲のほぼ中心) は,その指示薬の pK_a (塩基性指示薬で $14-pK_b$) に等しく,中間色に見える色調が互いに補色の関係になる 2 種類の指示薬を混合したものを混合指示薬といい,色調の変化を認めやすいので変色範囲を 0.2 pH 程度にすることができる.表 16.3 には混合指示薬もあわせて示している.

前節で述べたように,指示薬は当量点前後 0.1% の pH 範囲で変色するものを用いることが必要である.強酸濃度が 1 mol/L 程度のときには二酸化炭素の影響を考えなければ,表 16.3 のブロモフェノールブルー (BPB) からチモールフタレイン (TP) までの種々の指示薬が使えるが,酸濃度が薄くなるにつれて使える指示薬の種類は減る.0.1 mol/L の強酸の場合,メチルオレンジ

(MO) を使うと完全に塩基性色になるまで滴定しないと約 0.2% の誤差を生じるので，メチルレッド (MR) 又はフェノールフタレイン (PP) のほうがよいが，PP は二酸化炭素の影響を受ける．また，0.01 mol/L の強酸では MO の塩

表16.3 中和滴定用指示薬 [3]

名　称	調製方法	変色範囲(pH)	備　考
ブロモフェノールブルー溶液	ブロモフェノールブルー (JIS K 8844) 0.10 g ＋エタノール(95) (JIS K 8102) 50 ml ＋水 (→ 100 ml)	黄色 3.0-4.6 青紫	褐色ガラス瓶に保存
メチルオレンジ溶液	メチルオレンジ (JIS K 8893) 0.10 g ＋水 (→ 100 ml)	赤 3.1-4.4 赤みの黄色	褐色ガラス瓶に保存
アリザリンレッド S 溶液	アリザリンレッド S (JIS K 8057) 0.10 g ＋水 (→ 100 ml)	黄色 3.7-5.2 黄みの赤	褐色ガラス瓶に保存
ブロモクレゾールグリーン溶液	ブロモクレゾールグリーン (JIS K 8840) 0.10 g ＋エタノール(95) 50 ml ＋水 (→ 100 ml)	黄色 3.8-5.4 青	褐色ガラス瓶に保存
メチルレッド溶液	メチルレッド (JIS K 8896) 0.10 g ＋エタノール(95) (→ 100 ml)	赤 4.2-6.2 黄色	褐色ガラス瓶に保存
ブロモチモールブルー溶液	ブロモチモールブルー (JIS K 8842) 0.10 g ＋エタノール(95) 50 ml ＋水 (→ 100 ml)	黄色 6.0-7.6 青	褐色ガラス瓶に保存
フェノールフタレイン溶液	フェノールフタレイン (JIS K 8799) 1.0 g ＋エタノール(95) 90 ml ＋水 (→ 100 ml)	無色 7.8-10.0 紅色	
チモールブルー溶液	チモールブルー (JIS K 8643) 0.10 g ＋エタノール(95) 50 ml ＋水 (→ 100 ml)	黄色 8.0-9.6 青	褐色ガラス瓶に保存 (赤 1.2-2.8 黄色)
チモールフタレイン溶液	チモールフタレイン (JIS K 8642) 0.10 g ＋エタノール(95) (→ 100 ml)	無色 8.6-10.5 青	褐色ガラス瓶に保存
ブロモクレゾールグリーン-メチルレッド溶液	ブロモクレゾールグリーン 0.15 g ＋メチルレッド 0.10 g ＋エタノール (95) (→ 200 ml)	紅色-赤紫 (5.0) -緑	褐色ガラス瓶に保存
メチルレッド-メチレンブルー溶液	メチルレッド 0.10 g ＋メチレンブルー (JIS K 8897) 0.10 g ＋エタノール (95) (→ 200 ml)	赤紫-灰青 (5.4) -緑	褐色ガラス瓶に保存
ニュートラルレッド-ブロモチモールブルー溶液	ニュートラルレッド 0.10 g ＋ブロモチモールブルー 0.10 g ＋エタノール (95) (→ 200 ml)	紅色-淡紅色 (7.1)-灰緑-青	褐色ガラス瓶に保存

基性色まで滴定しても 1〜2%の誤差となるので，MR が黄色になるまで滴定するほうがよいが，二酸化炭素の影響がある．PP, BTB, MR などを用い煮沸しながら滴定するか，メチルレッド-メチレンブルー混合指示薬（MR-MB，変色点 pH 5.4）を用いるのが最もよい．表 16.2 からは混合指示薬を用いれば 10^{-3} mol/L 以下の強酸でも正確に滴定できそうにみえるが，二酸化炭素や炭酸の完全除去が困難なので 0.01 mol/L 辺りが滴定の限界である．また，弱酸では更に使える指示薬は限られる．一般に，当量点の pH に大体等しい pK_a（又は $14-pK_b$）をもつ指示薬を用いればよい．0.1 mol/L の $K_a = 10^{-7}$ の弱酸を TP を指示薬として誤差を約 0.2%で滴定できるとされているが，通常は $K_a = 10^{-6}$ くらいの強さの酸が正しく滴定できる限界である．なお，指示薬の使用量は約 10 mL の滴定溶液に対し 0.1%程度の指示薬溶液 2, 3 滴を用いるが，多すぎると変色が見えにくくなるばかりでなく，定量成分の 1/1 000 以上になると定量誤差が 0.1%以上になる．

16.5.2　酸化還元滴定用指示薬

酸化還元滴定に用いる指示薬は，電位の変化に応じて変色する有機色素又は錯体で，酸化形と還元形とで色調が異なる．表 16.4 に，よく用いられる酸化

表 16.4　酸化還元指示薬 [4]

指示薬	変色点の電極電位 /V（pH = 0）	還元形の色	酸化形の色	調製法
インジゴスルホン酸	+0.29	無	青	0.05% K 塩水溶液
メチレンブルー	+0.53	無	緑青	0.05%塩化物水溶液
ジフェニルアミン	+0.76	無	紫	1%濃硫酸溶液
エリオグラウシン A	+1.00	緑	赤	0.1%水溶液
p-ニトロジフェニルアミン	+1.06	無	紫	0.1%水溶液
トリス（1, 10-フェナントロリン）鉄（II）錯体	+1.14	赤	青	フェナントロリン 1.485 g, $FeSO_4 \cdot 7H_2O$ 0.695 g を水 100 ml に溶解
トリス（5-ニトロ-1, 10-フェナントロリン）鉄（II）錯体	+1.25	赤	青	ニトロフェナントロリン 1.688 g, $FeSO_4 \cdot 7H_2O$ 0.695 g を水 100 ml に溶解

還元指示薬を示す．変色範囲はこの場合，指示薬の標準酸化還元電位（変色点の酸化還元電位）を中心に約 $\pm 0.06/n$ V（ボルト）（n：酸化還元に関与する電子の数）である．したがって，滴定の際には当量点の電位にほぼ等しい標準酸化還元電位をもつ指示薬を用いることが必要である．

酸化還元滴定では，指示薬を使わずに滴定試薬自身の呈色を利用することもあり，過マンガン酸カリウム滴定では溶液が紅色を呈した点を終点とする．よう素溶液は淡黄色を呈しているが鋭敏でないので，通常はでん粉溶液を指示薬に用い，よう素―でん粉反応による特有の青色を利用する．この反応は可逆的なので，よう素で滴定する場合でも，よう素を滴定する場合でも適用できる．なお，後者の場合，大部分のよう素を滴定して溶液が淡黄色になってからでん粉を加え，青色が消えた点を終点とする．液温が高いと変色が鈍る．

16.5.3　錯滴定用金属指示薬

キレート滴定では金属イオン濃度の急変によって鋭敏に変色する指示薬，すなわち金属指示薬を用いる．その多くは一種のキレート試薬で，金属イオンと結合したときと解離したときとで色調が異なるような有機色素である．この指示薬はまた分子内に解離し得る水素をもっているのでpHによっても色調が変わり，一種の酸塩基指示薬でもある．したがって，金属イオンに対して変色の鋭敏なpH範囲があり，その範囲が滴定時の最適pHにも合致していて，変色も鋭敏な金属イオンに対してだけ用いることができる．

指示薬は，通常溶液として用いるが，不安定なものは硫酸ナトリウムなどとともにすりつぶして希釈し，粉末として使用する．使用量は，通常 10^{-5} mol/L 前後の濃度になるように加えることが多いので，10^{-3} mol/L 又はそれ以下の金属イオンを滴定するときには誤差を生じる．空試験を行って補正する必要がある．表16.5に金属指示薬を示す．

16.5 滴定終点と指示薬

表 16.5 金属指示薬 [5]

名　称	調製法	滴定できる金属	備　考
エリオクロムブラック T（BT）	BT 0.5g 及び塩化ヒドロキシルアンモニウム（安定剤）4.5g をアルコールに溶解して 100 mL にする	Ca, Cd, Hg, Mg, Mn, Pb, Sr, Zn など	乾燥状態で NaCl 粉末と混合しておき, 滴定に際してこの粉末を添加してもよい. 水溶液は不安定
カルマガイト	0.1%水溶液	BT とほぼ同様	水溶液は安定で長期の使用ができる
Patton Reeder 指示薬（NN）及びヒドロキシナフトールブルー（HNB）	K_2SO_4 で 1：200 に粉砕希釈する	Ca	アルコール溶液は不安定
ピリジルアゾナフトール（PAN）	0.1%アルコール溶液	Bi, Cd, Cu, In, Zn など	変色速度が小さいので銅標準液による逆滴定, Cu-PAN 指示薬として用いられる
Cu-EDTA と PAN の混合指示薬（Cu-PAN）	滴定に際して PAN 溶液と 10^{-2}M Cu-EDTA 溶液を数滴加える	Hg, Ga, In, Zn など	混合製剤も市販されている
ピリジルアゾクレゾール（PAC）	0.1%メタノール溶液	Bi, Cu, Ni, Pb, Zn	
クレゾールフタレインコンプレクソン（PC）	0.1%メタノール溶液	Ba, Ca, Mg, Sr	溶液は 1 か月以上保存可能
メチルチモールブルー（MTB）	K_2SO_4 又は KNO_3 で 1：100 に粉砕希釈	Ba, Bi, Ca, Cd, Co, Hg, La, Mg, Mn, Pb, Sc, Sr, Th, Zn など	水溶液は不安定
バリアミンブルー B	NaCl 又は K_2SO_4 で 1：100～1：300 に粉砕希釈	Fe	水溶液は不安定
チアゾリルアゾナフトール（TAN）	0.1%アルコール溶液	Cu, Cd, Ni など	チアゾリルアゾフェノール系指示薬はピリジルアゾフェノール系指示薬に比べて変色速度が大きく, キレートの色調が深いので, 鋭敏な終点が得られる
チアゾリルアゾレゾルシノール（TAR）	0.1%アルコール溶液	Cu の指示薬として最もよい	
Cu-EDTA と TAR の混合指示薬（Cu-TAR）	滴定に際し, TAR 溶液と 10^{-2}M Cu-EDTA 溶液を Cu-TAR キレートの赤色が十分現れるまで加える	Cd, Co, Ga, Hg, In, Mn, Ni, Pb, Sc, Zn など	
チアゾリルアゾスルホメチルアミノ安息香酸（TAMSMB）	0.1%水溶液	Cu, Ni	
チアゾリルアゾクレゾール（TAC）	0.1%アルコール又はジオキサン溶液	Co, Cu, Hg, Ni など	

表 16.5 (続き)

名　称	調製法	滴定できる金属	備　考
ジンコン	0.1％希アルカリ水溶液	Zn	Zn-EDTA を加えると Ca, Cd, Pb など滴定可能
ムレキシド (MX)	K_2SO_4 で 1:100～1:500 に粉砕希釈	Ca, Co, Cu, Ni, 希土類	水溶液は非常に不安定
ピロカテコールバイオレット (PV)	0.1％水溶液	Bi, Cd, Co, Cu, Ga, In, Mg, Mn, Ni, Pb, Th, Zn	水溶液は長期間安定
ネオトリン (アルセナゾI)	0.5％水溶液	Ca, Mg, Th, 希土類	使用に際して新しく調製
キシレノールオレンジ (XO)	0.1％水溶液	Bi, Cd, Co, Cu, Hg, In, Pb, Th, Tl, Zn, Zr, 希土類など	Cu, Co の滴定には変色速度を大きくするため指示薬と同量程度の 1,10-フェナントロリンを加える．XO 水溶液は 1 年は安定
チモールフタレインコンプレクソン (TPC)	KNO_3 で 1:100 に粉砕希釈	Ba, Ca, Mg, Mn, Sr	比較的安定
カルセイン	KNO_3 で 1:100 に粉砕希釈	Ba, Ca, Mg, Sr	
ピロガロールレッド (PR)	0.05％エタノール (50％) 溶液	Bi, Co, Ni, Pb, 希土類	安定
ブロモピロガロールレッド (BPR)	0.05％エタノール (50％) 溶液	Bi, Cd, Co, Mg, Mn, Pb, 希土類	安定
タイロン (チロン)	2％水溶液	Fe, Ti	安定，無色
クロマズロール S	0.1％水溶液	Al, Ba, Ca, Cu, Fe, Mg, Ni, Th	安定
サリチル酸	2％水溶液	Fe	安定
スルホサリチル酸	2％水溶液	Fe	安定
モリン	0.1％アルコール溶液	Ga, In	

16.5.4 沈殿滴定用指示薬

沈殿滴定では，過剰の滴定試薬と反応して有色沈殿や有色錯体を生じるような指示薬又は吸着指示薬が用いられる．モール（Mohr）法は，塩化物イオンなどハロゲン化物イオンを銀滴定する場合にクロム酸カリウムを指示薬とする方法で，塩化銀沈殿が生成し終わったときクロム酸銀の赤色沈殿が生成し始める．ホルハルト（Volhard）法はチオシアン酸で銀イオンを滴定する場合に鉄（Ⅲ）の硝酸溶液を指示薬とする方法で，チオシアン酸銀の沈殿完了と同時に赤色のチオシアン酸鉄（Ⅲ）錯体を生成する．また，ファヤンス（Fajans）法はフルオレセインのような吸着指示薬を用いる方法で，当量点の前後で沈殿のコロイド粒子の電荷が正負逆転するので，当量点を過ぎると同時に指示薬イオンが吸着して変色する．表16.6に銀滴定の場合の吸着指示薬を示す．

なお，銀の定量に塩化ナトリウム標準液を用い，指示薬を用いずに標準液の少量を加えるごとによく振り混ぜて上澄みが濁らなくなった点を終点とする方法があり，これをゲイ・リュサック（Gay-Lussac）法という．

表 16.6 吸着指示薬 [6)]

指示薬	調製方法	適用	変色
フルオレッセイン（Na塩シウラニン）	0.1 g + エタノール（70 %）（→ 100 ml）又は Na 塩 0.1 g + 水（→ 100 ml）	Cl^-, Br^-, I^-, SCN^- を Ag^+ で滴定	黄緑→ばら色
ジクロロフルオレッセイン		Cl^-, Br^-, I^- を Ag^+ で滴定	黄緑→赤
テトラブロモフルオレッセイン（エオシン）		Br^-, I^-, SCN^- を Ag^+ で滴定	黄赤→赤紫

16.6 容量分析用標準物質

滴定に用いる標準液の濃度を正しく定める操作を標定（standardization）といい，標定する場合の標準物質にはJIS K 8005：2006（容量分析用標準物質）に定められた11種類の標準物質を用いる．標準物質には次の条件を満たすことが要求される．

① 乾燥後の純度が 99.9～99.95％以上ある.
② 乾燥が容易で, 熱に対して安定している.
③ ひょう量するときに質的変化の原因となる酸化, 吸湿, 二酸化炭素の吸収などを起こしにくい.
④ 標定のとき標準液との反応が速やかで, 定量的に進行する.
⑤ 分析対象成分と反応する量が大きく, ひょう量誤差を小さくできる.
⑥ 標定のときに適当な指示薬がある.
⑦ 容易に入手できる.

表 16.7 に容量分析用標準物質の種類, 乾燥方法を示す. このほか純度 99.95％以上の高純度金属も用いることができるが, 金属は上記条件の⑤を満たしていないのではかり取る場合に誤差が生じやすく, 十分注意する必要がある. な

表 16.7 容量分析用標準物質 [7)]

品　目	乾燥方法
亜　鉛	塩酸(1+3), 水, エタノール(99.5) 及びジエチルエーテルで順次洗った後, 直ちに減圧デシケーターに入れて, デシケーター内圧 2.0 kPa 以下で数分保った後, 減圧下で約 12 時間保つ.
アミド硫酸	めのう乳鉢で軽く砕いた後, 減圧デシケーターに入れ, デシケーター内圧 2.0 kPa 以下で約 48 時間保つ.
塩化ナトリウム	600℃で約 60 分間加熱した後, デシケーターに入れて放冷する.
酸化ひ素(Ⅲ)	105℃で約 2 時間加熱した後, デシケーターに入れて放冷する.
しゅう酸ナトリウム	200℃で約 60 分間加熱した後, デシケーターに入れて放冷する.
炭酸ナトリウム	600±10℃で約 60 分間加熱した後, デシケーターに入れて放冷する.
銅	塩酸(1+3), 水, エタノール(99.5) 及びジエチルエーテルで順次洗った後, 直ちに減圧デシケーターに入れて, デシケーター内圧 2.0 kPa 以下で数分保った後, 減圧下で約 12 時間保つ.
二クロム酸カリウム	めのう乳鉢で軽く砕いたものを 150℃で約 60 分間加熱した後, デシケーターに入れて放冷する.
フタル酸水素カリウム	めのう乳鉢で軽く砕いたものを 120℃で約 60 分間加熱した後, デシケーターに入れて放冷する.
ふっ化ナトリウム	500℃で約 60 分間加熱した後, デシケーターに入れて放冷する.
よう素酸カリウム	めのう乳鉢で軽く砕いたものを 130℃で約 2 時間加熱した後, デシケーターに入れて放冷する.

お，標準物質の一定量を水に溶解（亜鉛，銅は酸で分解）して一定体積にしたものは，そのまま標準液に用いることができる．

16.7 滴定用標準液の調製・標定・滴定の一般操作

16.7.1 滴定用標準液の調製操作

滴定に用いる標準液は試薬の純度，安定性などによって，一定量を溶解しただけで濃度が定まる場合と，目的とする大体の濃度の溶液を作っておき，別に純度の高い標準の試薬を用いて濃度を定める場合とがある．通常は1〜0.01 mol/L の濃度のものを1L作ることが多い．濃度はモル濃度を用いるが，滴定される物質に対する mg/L などの濃度で表すこともある．

なお，各滴定法で用いられる滴定用の標準液についてはその調製方法，標定方法，ファクターの計算方法が，JIS K 8001 の 4.5 "滴定用溶液"に詳述されている．

また，"滴定液"について，JIS K 0050 の 11. "化学分析における校正"の c) に下記のように規定されている．

　　"滴定液の調製及び標定は，個別の規格に規定された方法による．JIS K 8005 に規定する容量分析用標準物質を用いて，JIS K 8001 に規定する方法によって標定を行うことができるが，分析種の含有量（特性値）が明らかな認証標準物質を標定に用いてもよい．

　　滴定液の濃度は，mol/L（mol/dm^3）などで表す．"[8)]

標準液の調製は次のように行う．

(1) 純度が 99.9% 以上の固体試薬を用いる場合

容量分析用標準物質や高純度金属を用いる場合がこれに相当する．

(a) あらかじめ指定された条件で乾燥した試薬の一定量をはかり瓶に正しくはかり取ってビーカーなどに入れ，水又は適した溶媒に溶解し，金属などの場合は酸などで加熱分解する．このときにはビーカーを時計皿で覆う．

試薬のはかり取りは，所定量を正しくはかり取るには時間がかかり，ひょう

量中に吸湿するなどして不正確になるので，所定量に近い量を上皿天びんではかり瓶に手早くはかり取って 直ちにふたをし，化学天びんで 0.1 mg まで正確にはかるほうがよい．この場合，濃度に端数が出るが差し支えない．

(b) 加熱した場合は，冷却後，少量の水又は適した溶媒で時計皿の下面及びビーカー内壁を洗った後，校正した全量フラスコに洗い移し，ときどき振り混ぜ，標線まで水又は適した溶媒で薄める．

(c) 液温が 20℃でない場合には，その補正を行い，調製した溶液のそのときの液温における正しい体積を求めて正しい濃度を算出する．補正の仕方は，表 16.8 の溶液の温度に相当する補正値を調べ，容量に合わせて補正する．ただし，滴定するときと標準液調製時との液温の差が ±3℃ 以内ならば補正を省略してよい．0.1 mol/L を超える場合は，JIS K 8001 の 3.7(4)"滴定"に示される計算式によって補正する．

(d) ガラス瓶又はポリエチレン瓶に入れて保存する．アルカリ溶液などは

表 16.8 0.1 mol/L 以下の滴定用標準液の 1 000 mL に対する温度の補正値[9]

温度℃	補正値 mL	温度℃	補正値 mL	温度℃	補正値 mL
5	＋1.61	17	＋0.54	29	－2.15
6	＋1.60	18	＋0.37	30	－2.44
7	＋1.57	19	＋0.19	31	－2.73
8	＋1.53	20	0.00	32	－3.03
9	＋1.47	21	－0.20	33	－3.34
10	＋1.40	22	－0.41	34	－3.65
11	＋1.31	23	－0.63	35	－3.97
12	＋1.22	24	－0.86	36	－4.30
13	＋1.11	25	－1.10	37	－4.64
14	＋0.98	26	－1.35	38	－4.98
15	＋0.85	27	－1.61	39	－5.33
16	＋0.70	28	－1.88		

備考 **表の使い方** 滴定用溶液の温度が 20℃でない場合の液量の補正は，その温度に対応する表中の補正値（mL）に分率 $\left[\dfrac{使用した液量(mL)}{1\ 000\ mL}\right]$ を乗じて得た値を加算して行う．

ポリエチレン瓶，過マンガン酸カリウム溶液，硝酸銀溶液など分解するものは褐色ガラス瓶に入れる．また，二酸化炭素の吸収を防ぐには，ソーダ石灰などを詰めた管をその栓に取り付ける．

(2) 純度が 99.9% 未満の固体試薬又は液体の一般試薬を用いる場合

(a) 試薬を計算量より 5〜10% 多く，上皿天びんではかり取り，以下上記 (1) に準じて操作する．あとで標定を行うので，全量フラスコは用いなくてもよく，メスシリンダーあるいはビーカーに目盛を付けたものを用いてもよい．液温補正ももちろん必要ない．

(b) 後述の 16.7.2 項によって標定を行い，正しい濃度を求め，そのファクター（factor，'溶液の濃度を正確に表すための係数'で，真の濃度と表示濃度との比）を算出しておく．

(c) 試薬の純度が 99.5% 程度であれば (1) の調製方法によってもよい．定量目的における誤差の許容範囲を考慮して判断する．

(3) 0.02 mol/L 未満の濃度の標準液を調製する場合

(1) 又は (2) によって 0.1 mol/L 程度の濃度の標準液を調製した後，その一定量をピペットなどで分取して全量フラスコに入れ，水又は適した溶媒で標線まで薄める．この場合，標定は原則として行わず，濃度はもとの標準液の濃度から求める．

16.7.2 標 定 操 作

16.7.1 項 (2) で調製した標準液は，16.7.1 項 (1) で調製した標準液を用いて 16.7.3 項に準じて滴定操作を行い，目標とした濃度に対する係数であるファクターを求める．

(a) 標準物質を指定された条件で乾燥し，その一定量を正しくはかり取り，水などに溶解して標定する溶液とほぼ同一濃度の溶液を 250 mL 調製し，毎回その 25 ml を分取して用いる．0.2 mol/L よりも濃い溶液の標定を行う場合には，毎回固体試薬のままはかり取り，そのつど溶解して操作する．

(b) 実際の分析試料を定量するときと，液温，指示薬の種類，滴定速度な

どをできるだけ同じ条件にして行う．

(c) 操作は念入りに行い，その精確さが実際試料を分析するときよりも悪くならないようにする．特に指定されていないときには操作は3回繰り返し，平均を求める．データ間に0.5%以上の差があるときはやり直したほうがよい．

(d) ファクターfは有効数字を考えて$f=1.018$，0.986のように4桁まで求める（0.986は有効数字4桁と同じと考えてよい）．

16.7.3 滴定操作

指示薬を用いる場合の目視滴定の一般的な操作は次のように行う．なお，JIS K 0050の"附属書4（参考） 容量分析における一般的操作"を参照されたい．

(a) あらかじめ妨害成分を分離除去又はマスキングした試料溶液を，試料溶液量の2～5倍の呼び容量の三角フラスコなどに水で移し入れる．試料溶液の量は滴定の結果，標準液の使用量が10～50 mL，できれば20～40 mLになるようにする．また，容器にビーカーなどを用いた場合は，ガラス棒などで溶液をかき混ぜるか，マグネチックスターラーを用いる．

(b) 必要があればpHの調整，加熱を行い，また酸化や二酸化炭素の吸収を防ぐために不活性ガスを通す．

(c) ビュレットに標準液を入れ，ゼロ目盛に正しく合わせた後，ビュレットばさみにはさみ，スタンドに取り付け正しく垂直に保持する．逆滴定や置換滴定の場合には試料溶液に標準液又は適した試薬溶液を，過剰量として5 mL程度の一定量を加え記録しておく．

(d) 指示薬溶液を指定された量だけ加えて右手に三角フラスコを持ち，左手でビュレットのコックを緩まないよう押し気味にして静かに回し（図9.2），標準液を添加する．添加のつど，三角フラスコの底面が円を描くように回して溶液を振り混ぜ，指示薬の変色点になるまでこの操作を繰り返し続ける．

このときガラス棒で液をかき混ぜるとガラス容器を破損することがあるので注意して行う．また，標準液は初めはコックを半ば開いて2～3 mLずつ加え，

16.7 滴定用標準液の調製・標定・滴定の一般操作　　　　237

終点が近づいたならば2,3滴，最後には1，半滴ずつ加える．1滴以下を加えるときには，ビュレットのコックをわずかに開いて溶液が滴下しない程度に少し出し，これをガラス棒の先端で受けて試料溶液中に浸すが，滴定容器内壁の上部につけ，洗瓶の水を少量吹き付けてもよい．内壁には滴定中に標準液や試料溶液の飛まつが付いていることがあるので，終点近くになったときに水を少量吹きかけて洗い落とす．洗瓶の水を吹きかける代わりに容器を傾けて試料溶液に触れるようにしてもよい．

(e) 終点に達したならば，約2分経ってからビュレットの目盛をmL以下2桁まで読み取り，記録する．

変色点がわかりにくい場合には，あらかじめ二，三度練習しておくか，別に同じ形状，大きさの容器2,3個に試料溶液と同量の水と反応生成物に相当する塩類を入れ，指示薬を加えて終点1,2滴前と後に相当する呈色液を作り，これと比較しながら滴定を続けるとよい．また，滴定容器の下に白い紙を敷いておくと変色点が見やすい．

(f) 用いたビュレットの目盛補正，液温が20℃でないときの補正（表16.8による．0.1 mol/Lより濃いときは補正値を増大する．）を行い，また同一条件で行った空試験の補正を行い，標準液使用量を求める．

16.7.4　よく用いられる標準液の調製・標定方法と滴定上の注意

個々の標準液の調製・標定方法についてはJIS K 8001に規定されている．ここでは，その主なものについての概要を滴定上の注意とともに示す．

(1) 中和滴定

中和滴定では，16.5.1項にも述べたように，二酸化炭素の影響に注意しなければならない．大気中には約0.03％の二酸化炭素が含まれており，実験室ではその濃度は更に高い．空気と平衡にある純水は二酸化炭素が溶解して炭酸（H_2CO_3）となるためにpH約5.7，また0.09％含む場合にはpH 5.5になる．したがって，pH 6以上で変色する指示薬を用いて塩基標準液で滴定する場合には，一度塩基性色に変色しても空気中に放置しておくと再び酸性色に戻る．

薄い酸を空気中で振り混ぜながらゆっくり滴定すると正誤差になるのはこのためである．この影響を避けるには二酸化炭素を除いた空気か，窒素などを通じながら滴定する．差し支えない場合には pH 5.5 付近で変色する指示薬を用いるのがよい．

なお，用いる水や塩基標準液中に含まれている炭酸でも同様に誤差の原因となるのであらかじめ除いておくことが必要である．

▷ **標準液の調製と標定**

(a) 1 mol/L 塩酸（HCl, 36.46 g/L）

(調製) 塩酸 95〜100 mL に水約 1 L を加える．

(標定) 白金るつぼを用いて 600℃で乾燥した炭酸ナトリウム標準物質約 1.4 g を正しくはかり水約 20 mL を加えて溶解し，滴定する（指示薬：ブロモフェノールブルー）．

(b) 0.01 mol/L 塩酸（HCl, 3.646 g/L）

(調製) 塩酸 10 mL に水約 1 L を加える．

(標定) 1 mol/L に準じる．ただし，炭酸ナトリウム標準物質約 1.4 g を正しくはかり取り，水を加えて正しく 250 mL とし，その 25 mL を分取して滴定する（指示薬：ブロモフェノールブルー）．

(c) 1 mol/L 水酸化ナトリウム（NaOH, 40.00 g/L）

(調製) 水酸化ナトリウム 165 g を二酸化炭素を含まない水約 150 mL で溶解し，4, 5 日間放置する．上澄み液 54 mL に二酸化炭素を含まない水を加えて約 1 L とする．

(保存) ポリエチレン瓶にソーダ石灰管を取り付けて保管する．

(標定) 減圧デシケーター中で乾燥したアミド硫酸標準物質約 2.5 g を正しくはかり取り，水 25 mL を加えて溶解して滴定する（指示薬：ブロモチモールブルー）．

(d) 0.01 mol/L 水酸化ナトリウム（NaOH 4.000 g/L）

(調製) 1 mol/L 水酸化ナトリウム溶液約 100 mL に二酸化炭素を含まない水を加えて約 1 L にする．

(保存) 1 mol/L 水酸化ナトリウム溶液に同じ．
(標定) 1 mol/L 水酸化ナトリウム溶液に準ずる．ただし，アミド硫酸標準物質約 0.025 g を正確にはかり取る．

(2) 酸化還元滴定

普通の蒸留水やイオン交換水中には微量の有機物が含まれており，還元剤として働くので標準液を調製する際には注意しなければならない．0.1 mol/L 過マンガン酸カリウム溶液の場合には，試薬を水に溶解後 2 週間くらい放置するか，1〜2 時間煮沸して還元性物質を完全に酸化した後，1 夜間放置し，生じた酸化マンガン(IV)をろ過する．酸化マンガン(IV)は過マンガン酸の分解を促進するが，このような処理をしたものは長時間安定である．

酸化還元滴定では，特に酸化剤標準液を用いる場合，ビュレットのコックにグリースをつけない．また，還元剤の標準液は空気中で酸化されやすいので密栓をし，ときどき標定を行う必要がある．安定剤を入れておくこともあり，例えば，チオ硫酸ナトリウム溶液には炭酸ナトリウムを少量加えて溶解し，イソアミルアルコールを加えてよく振り混ぜ 2 日間放置してから標定する．

また，過マンガン酸を直接還元剤で滴定すると，Mn^{2+} 以外の中間の酸化状態のイオンを生じ正確な値が得られないので，過剰に還元剤を加えて逆滴定する．塩酸は過マンガン酸により酸化されるので，塩酸を含む溶液を滴定するときには硫酸マンガン(II)を添加して行う．

▷**標準液の調製と標定**

(a) 0.01 mol/L 過マンガン酸カリウム溶液（$KMnO_4$ 3.161 g/L）

(調製) 過マンガン酸カリウム約 3.2 g を水約 1 050 mL に溶解する．1〜2 時間静かに煮沸し，一夜暗所に放置する．上澄み液をガラスろ過器でろ過し，約 30 分間蒸気洗浄した褐色ガラス瓶に入れ暗所に保管する．

(標定) 200℃で乾燥したしゅう酸ナトリウム標準物質 0.2 g を正しくはかり取り，水を加えて溶解し正しく 200 mL にする．硫酸 10 ml を加え液温を 25〜30℃とし，ゆるくかき混ぜながら過マンガン酸カリウム溶液を入れたビュレットのコックを全開にして滴定所要量の約 2 mL 手前まで滴加し，紅

色が消えるまで放置する．50〜60℃に加温し，更に30秒間微紅色を保つまで滴定する．終点前の 0.4〜1 mL は 1 滴ずつ，前に加えた過マンガン酸カリウムの色が消えてから滴下する．別に水 200 mL に硫酸 10 mL を加え，55〜60℃に加温したものについて，空試験を行って補正する．

(b) 0.05 mol/L よう素溶液（I_2, 12.69 g/L）

（調製）　よう化カリウム 40 g に水約 25 mL，よう素約 13 g を加えて溶解し，水で 1 L にし塩酸 3 滴を加える．

（保存）　褐色ガラス瓶に入れて暗所に保管する．

（標定）　この溶液 25 mL を分取し，0.1 mol/L チオ硫酸ナトリウム標準液で滴定する（指示薬：でん粉溶液，溶液が微黄色になってから加える）．

(c) 0.1 mol/L 硝酸二アンモニウムセリウム(Ⅳ)溶液［$Ce(NH_4)_2 \cdot (NO_3)_6$, 54.82 g/L］

（調製）　硝酸二アンモニウムセリウム(Ⅳ) 57 g に水約 500 mL と硫酸(3+50) 500 mL を加えて溶解し，冷却後水で約 1 L とし一夜放置する．必要があればろ過する．

（標定）　0.1 mol/L 硫酸アンモニウム鉄(Ⅱ)標準液 25 mL にりん酸約 5 mL を加え滴定する（指示薬：フェロイン溶液約 3 滴）．

(d) 0.1 mol/L チオ硫酸ナトリウム溶液（$Na_2S_2O_3 \cdot 5H_2O$, 24.82 g/L）

（調製）　チオ硫酸ナトリウム五水和物約 26 g に無水炭酸ナトリウム約 0.2 g を加え，溶存酸素を含まない水約 1 L に溶解し，2 日間放置後標定する．

（標定）　130℃で乾燥したよう素酸カリウム標準物質約 1 g を正しくはかり取り，水を加えて正しく 250 mL とする．その 25 ml を共栓付きフラスコに取り，よう化カリウム 2 g，硫酸(1+1) 2 mL を加え直ちに栓をして静かに振り，暗所に 5 分間放置後滴定する（指示薬：でん粉溶液，溶液が微黄色になってから加える．）．同一条件で空試験を行って補正する．

(e) 0.1 mol/L 硫酸アンモニウム鉄(Ⅱ)溶液［$Fe(NH_4)_2(SO_4)_2 \cdot 6H_2O$, 39.21 g/L］

（調製）　水 300 mL に硫酸約 30 mL を加えて冷却後，硫酸アンモニウム鉄(Ⅱ)

六水和物約 40 g を溶解し水を加えて約 700 mL とする．

（保存）　気密容器に入れ，使用時に調製する．

（標定）　150℃で乾燥した二クロム酸カリウム標準物質 0.12 g を正しくはかり取り，約 100 mL の水で溶解し，硫酸約 30 mL を徐々に加えて冷却する．指示薬にフェロインを用い，0.1 mol/L 硫酸アンモニウム鉄（Ⅱ）溶液で滴定する．

(3)　キレート滴定

キレート滴定は多くの金属イオンに適用できるので非常に有用であるが，pH や共存する錯化剤の影響を受けるので正しい滴定を行うには目的イオンに最適の pH 範囲に保ち，このために添加する pH 緩衝液が過剰にならないように注意することが必要である．16.5.3 項で述べたように，指示薬にも最適 pH 範囲と適用できる金属イオンとがあるので，ある金属イオンをキレート滴定する場合には指示薬との組合せにより最適 pH に保つ必要がある．図 16.2 にEDTA の場合に直接滴定できる pH 範囲と指示薬を示す．2 種類以上の混合金属イオンをそれぞれ滴定する場合，それぞれの金属キレートの安定度定数（$\log K$）や共存量に差があれば pH を調節して行うことができる．また，マスキング剤を加えて目的イオン以外をマスキングする方法もある．

そのほか，標準液に用いる水は必ずイオン交換又は石英ガラスか硬質ガラスの蒸留器で精製した水を用い，緩衝液は純度のよい薬品を用い調製後の pH の確認をする．最適 pH にしたときに水酸化物を生じたり，適した指示薬がない場合，アルミニウムなどの反応が遅い場合には，逆滴定か置換滴定を行う．

▷ **標準液の調製と標定**

(a)　0.01 mol/L エチレンジアミン四酢酸二水素二ナトリウム溶液
　　　（$C_{10}H_{14}O_8N_2Na_2/2H_2O$，3.722 g/L）

（調製）　エチレンジアミン四酢酸二ナトリウム二水和物約 3.8 g に水約 1 L を加える．

（標定）　0.01 mol/L 亜鉛標準液 25 mL を取り，水 75 mL を加え水酸化ナトリウム溶液（10％）で中和後，アンモニア性塩化アンモニウム緩衝液（pH

10) 2 mL を加え滴定する（指示薬：エリオクロムブラック T 溶液 3 滴，赤色が青色となるまで）．

(b) 0.01 mol/L 亜鉛標準液

（調製） 乾燥した亜鉛標準物質 0.326 5 g （亜鉛の表面が酸化している恐れのある場合には 6 mol/L 塩酸，水，アセトンで順次洗い，110℃で 5 分間乾燥して用いる．）に水約 25 mL，硝酸(1+2) 40 ml を加えて加熱溶解する．冷却後，水を加えて正しく 500 ml とする．

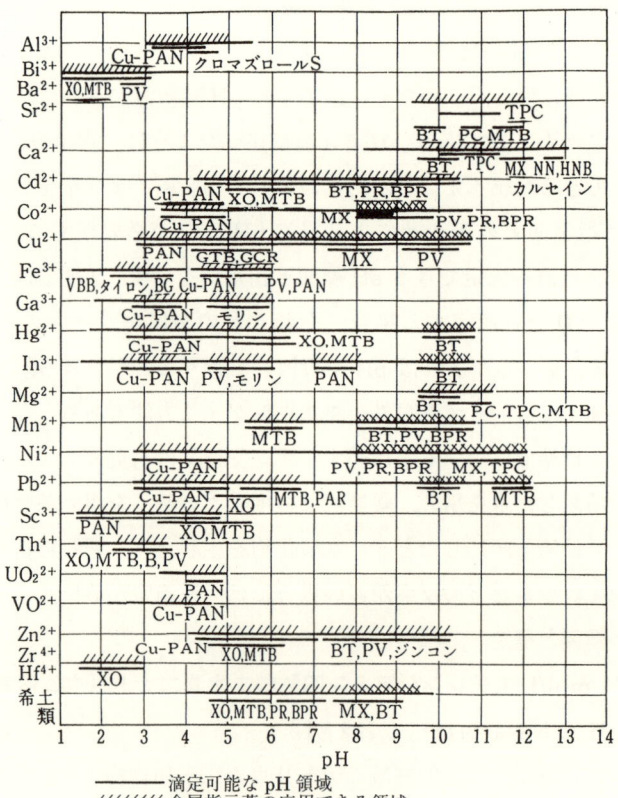

図 16.2 金属イオンを直接滴定できるキレート滴定における pH 範囲と指示薬 [10]

16.7 滴定用標準液の調製・標定・滴定の一般操作

(4) 沈殿滴定

沈殿の溶解度を小さくするためにアルコールなどの有機溶媒を加えて行うことがある.

▷標準液の調製と標定

(a) 0.1 mol/L 塩化ナトリウム溶液（NaCl, 5.845 g/L）

（調製） 塩化ナトリウム約 5.9 g を水約 1 L に溶解する.

（標定） この溶液 25 mL を取り, 水約 20 mL 及びデキストリン溶液（2%）5 mL を加え, 0.1 mol/L 硝酸銀溶液で滴定する（指示薬：ウラニン溶液 3 滴）.

(b) 0.1 mol/L 硝酸銀溶液（$AgNO_3$, 16.99 g/L）

（調製） 硝酸銀約 17 g に水約 1 L を加える.

（保存） 褐色ガラス瓶に入れ暗所に保管する.

（標定） 500〜600℃で乾燥した塩化ナトリウム標準物質 2〜2.5 g を正しくはかり取り, 水を加えて正しく 250 mL とし, その 25 mL を分取し, 水約 25 mL 及びデキストリン溶液（2%）5 mL を加え滴定する（指示薬：ウラニン溶液 3 滴）.

(c) 0.1 mol/L チオシアン酸アンモニウム溶液（NH_4SCN, 7.612 g/L）

（調製） チオシアン酸アンモニウム約 8 g を水約 1 L に溶解する.

（標定） 0.1 mol/L 硝酸銀標準液 25 mL に水約 25 mL を加え, 硫酸アンモニウム鉄(Ⅲ)指示薬溶液 2 mL, 硝酸 2 mL 及びニトロベンゼン 10 ml を加えてよく振りながら褐色を呈するまで 0.1 mol/L チオシアン酸アンモニウム溶液で滴定する.

16.7.5 滴定法の適用例

酸化還元滴定法の適用例を表 16.9 に, キレート滴定法の適用例を表 16.10 に, 沈殿滴定法の適用例を表 16.11 にそれぞれ示す.

また, JIS に採用されている容量分析法の例として, 鉄鋼化学分析法について調べた結果を表 16.12 に示す. 沈殿滴定法は採用されていないが, 他のそれぞれの滴定法が幅広く採用されている.

表 16.9 酸化還元滴定法の適用例 [11]

滴定法(滴定液)	酸化還元反応	標定に用いられる物質	電位差以外の終点検出法	応用例
$KMnO_4$ による酸化滴定法 ($KMnO_4$ より調製)	強酸性液で $MnO_4^- + 8H^+ + 5e^- \rightarrow Mn^{2+} + 4H_2O$	$Na_2C_2O_4$ $H_2C_2O_4 \cdot 2H_2O$ As_2O_3 $Fe(NH_4)_2(SO_4)_2 \cdot 6H_2O$(モール塩)	$KMnO_4$ の紫色	$5Fe^{2+} + MnO_4^- + 8H^+$ 　$\rightarrow 5Fe^{3+} + Mn^{2+} + 4H_2O$ $5NO_2^- + 2MnO_4^- + 6H^+$ 　$\rightarrow 5NO_3^- + 2Mn^{2+} + 3H_2O$ $5H_2O_2 + 2MnO_4^- + 6H^+$ 　$\rightarrow 2Mn^{2+} + 5O_2 + 8H_2O$ その他, HCOOH, しゅう酸塩, インジゴカルミンなど
$K_2Cr_2O_7$ による酸化滴定法 ($K_2Cr_2O_7$ より調製)	酸性液で $Cr_2O_7^{2-} + 14H^+ + 6e^- \rightarrow 2Cr^{3+} + 7H_2O$	$Fe(NH_4)_2(SO_4)_2 \cdot 6H_2O$(モール塩)	ジフェニルアミン	$6Fe^{2+} + Cr_2O_7^{2-} + 14H^+$ 　$\rightarrow 6Fe^{3+} + 2Cr^{3+} + 7H_2O$ その他, グリセリン, メタノール, 乳酸, 酒石酸など
Ce^{IV} による酸化滴定法 $[Ce(NH_4)_4SO_4 \cdot 2H_2O$ より調製]	$Ce^{4+} + e^- \rightarrow Ce^{3+}$	$Na_2C_2O_4$ As_2O_3 $FeSO_4$	1,10-フェナントロリン鉄(II)錯体	$Fe^{2+} + Ce^{4+} \rightarrow Fe^{3+} + Ce^{3+}$ $NO_2^- + 2Ce^{4+} + H_2O$ 　$\rightarrow NO_3^- + 2Ce^{3+} + 2H^+$ その他, ヒドロキノン, メナジオン(ビタミン K_3), トコフェロール(ビタミン E)など
臭素による酸化滴定法 (KBr に強酸性で $KBrO_3$ を加え調製)	$Br_2 + 2e^- \rightarrow 2Br^-$	$KI-NaS_2O_3$	デンプン溶液	─OH + 3Br_2 → Br─[Br,Br]─OH + 3HBr N─CONHNH_2 + 2Br_2 + H_2O →（イソニアジド）N─COOH + 4HBr + N_2 その他, 8-キノリノール錯体, ヒドラジド類
よう素酸化滴定法 (昇華したよう素より調製)	$I_2 + 2e^- \rightarrow 2I^-$	As_2O_3 $Na_2S_2O_3$	デンプン溶液	$SO_3^{2-} + I_2 + H_2O$ 　$\rightarrow SO_4^{2-} + 2I^- + 2H^+$ $2S_2O_3^{2-} + I_2 \rightarrow S_4O_6^{2-} + 2I^-$ $HAsO_2 + I_2 + 2H_2O$ 　$\rightarrow H_3AsO_4 + 2I^- + 2H^+$ $Sn^{2+} + I_2 \rightarrow Sn^{4+} + 2I^-$ $S^{2-} + I_2 \rightarrow S + 2I^-$ その他, アスコルビン酸(ビタミン C), メチオニン, ホルマリンなど
よう素還元滴定法 (KI 及び $Na_2S_2O_3$ 溶液)	$2I^- \rightarrow I_2 + 2e^-$ $I_2 + 2S_2O_3^{2-}$ 　$\rightarrow S_4O_6^{2-} + 2I^-$	KIO_3	デンプン溶液	$2Cu^{2+} + 4I^- \rightarrow 2CuI + I_2$ $2MnO_4^- + 10I^- + 16H^+$ 　$\rightarrow 2Mn^{2+} + 5I_2 + 8H_2O$ $H_2O_2 + 2I^- + 2H^+ \rightarrow 2H_2O + I_2$ その他, さらし粉, ソルビトール, キシリトールなど

備考　アンダーラインは容量分析用標準物質であることを示す.

16.7 滴定用標準液の調製・標定・滴定の一般操作

表16.10 キレート滴定法の適用例 [12]

金属は EDTA キレートの安定度定数の大きい順に並べた．したがって一般に先に現れる金属ほど低い pH で滴定可能であり，安定度定数の小さい金属の妨害も少ない．
CyDTA：シクロヘキサンジアミン四酢酸，DTPA：ジエチレントリアミン五酢酸，GEDTA：グリコールエーテルジアミン四酢酸，特に断りのない場合は EDTA 使用．指示薬の略号については表16.5参照．

金属	滴定法	指示薬	滴定条件（緩衝液，pH，温度など）	終点の変色
Zr	直接 逆(Cr^{2+})	XO PAN	1 M HNO_3，90℃以上 EDTA を加えて HCl で pH 1～1.5 として煮沸後，酢酸アンモニウムで pH 3～4 として滴定	赤紫→黄 黄→赤
Bi	直接	XO	HNO_3，pH 1～3	赤紫→黄
Fe^{3+}	直接	バリアミンブルー B	酢酸，pH 1.7～2.8，40～50℃	青紫→黄
In	直接 直接	PAC XO	0.1～0.5 M 酢酸-酢酸ナトリウム，pH 3.5～5 酢酸-酢酸ナトリウム，pH 3～4.5，50～60℃	赤紫→黄 赤紫→黄
Th	直接	XO	HNO_3，pH 2.5～3.5	赤→黄
Sc	直接 直接	XO Cu-TAR	酢酸-酢酸ナトリウム，pH 2～3 酢酸-酢酸ナトリウム，pH 3.5～5	赤紫→黄 赤→黄(緑)
Cr^{3+}	逆(Bi^{3+}) 逆 CyDTA (Pb^{2+})	XO XO	弱酸性溶液に EDTA を加え煮沸後，pH 2～3 として滴定 弱酸性溶液に CyDTA を加え煮沸後，pH 5 で滴定	黄→赤 黄→赤紫
Tl^{3+}	直接	XO	酢酸-酢酸ナトリウム，pH 4～5，50～60℃	赤→黄
Hg^{2+}	直接 直接 直接	Cu-PAN XO Cu-TAR	酢酸-酢酸ナトリウム，pH 3～3.5，煮沸 ヘキサミン，pH 6 ヘキサミン，pH 5.5～6.5	赤→黄 赤紫→黄 赤→黄(緑)
Ga	直接	Cu-PAN	酢酸-酢酸ナトリウム，pH 3～3.5，煮沸	赤→黄
Hf	逆(Bi^{3+}) 逆(Cu^{2+})	XO PAN	HNO_3，pH 1～2 酢酸アンモニウム，pH 3	黄→赤紫 黄→赤紫
Ti^{4+}	逆(Bi^{3+}) 逆(Cu^{2+})	XO PAN	酢酸，pH 2，H_2O_2 添加，20℃以下 酢酸-酢酸ナトリウム，pH 4～5，H_2O_2 添加	黄→赤 黄→赤紫
Sn^{4+} [1]	逆(Th^{4+}) 逆(Zn^{2+})	XO PV	酢酸アンモニウム，pH 2.5～3.5（塩酸酸性） 酢酸ナトリウム，pH 5，70～80℃（酢酸酸性）	黄→赤 黄→青
希土類	直接	XO	pH 5～5.5，Ce^{3+} の酸化を防ぐため，アスコルビン酸添加	赤紫→黄
Pd^{2+}	逆(Bi^{3+} 又は Th^{4+})	XO	酢酸-酢酸ナトリウム，pH 3	黄→赤
Cu	直接 直接	TAR 又は TANXO，1,10-フェナントロリン添加	酢酸-酢酸ナトリウム，pH 4～6 酢酸-酢酸ナトリウム，pH 5～6	赤→黄(緑) 赤紫→黄(緑)
VO^{2+}	直接 逆(Mn^{2+}) 逆(Th^{4+})	Cu-PAN BT XO	酢酸-酢酸ナトリウム，pH 3.5～4.5，アスコルビン酸添加 アンモニア-塩化アンモニウム，pH 10，アスコルビン酸添加 酢酸-酢酸ナトリウム，pH 2～3，アスコルビン酸添加	赤橙→緑 青→赤 黄緑→赤橙
Ni	直接 直接 直接	TAC Cu-TAR TAMSMB	酢酸-酢酸ナトリウム，pH 6，80℃ 酢酸-酢酸ナトリウム，pH 4～6，終点付近で80℃に加熱 酢酸-酢酸ナトリウム，pH 5～6，40～50℃	青→黄 赤→黄(緑) 赤紫→黄
Pb	直接 直接	XO BT	酢酸-酢酸ナトリウム，pH 5 アンモニア-塩化アンモニウム，pH 8～10，酒石酸塩，トリエタノールアミン添加	赤紫→黄 青紫→青
Co^{2+}	直接 直接	XO，1,10-フェナントロリン添加 Cu-TAR	酢酸-酢酸ナトリウム，pH 5～6，アスコルビン酸添加，50℃ 酢酸-酢酸ナトリウム，pH 4～5，アスコルビン酸添加，80℃	赤紫→黄 赤→黄(緑)

表 16.10 （続き）

金属	測定法	指示薬	滴定条件（緩衝液，pH，温度など）	終点の変色
Cd, Zn	直接	XO	酢酸-酢酸ナトリウム，pH 5～6	赤紫→黄
	直接	BT 又はカルマガイド	アンモニア-塩化アンモニウム，pH 9～10	赤→青
Al	逆(Bi^{3+})	XO	EDTAを加えて煮沸後，pH 3.5 とし，室温で滴定	黄→赤
	逆(Cu^{2+})	PAN 又は TAN	EDTAを加えて煮沸後，pH 4～5 とし，PAN の場合は 70℃，TAN の場合は室温で滴定	黄→赤
	逆 CyDTA (Pb^{2+})	XO	弱酸性溶液に CyDTA を加え，ヘキサミンで pH 5～5.5 としたのち滴定	黄→赤紫
Mn^{2+}	直接	BT	アンモニア-塩化アンモニウム，pH 10，アスコルビン酸，酒石酸塩添加，70～80℃	赤→青
	直接	TPC	アンモニア-塩化アンモニウム，pH 10，塩化ヒドロキシルアンモニウム，トリエタノールアミン添加	青→無色
Ca	直接	NN 又は HNB	水酸化カリウム，pH 12～13（Mg は水酸化物として沈殿，Ca のみが滴定される）	赤→青
	直接	カルセイン + MTB	水酸化カリウム，pH 13（Mg については上と同様，Ca が少量の場合に適している）	緑色蛍光→橙褐色（蛍光消失）
	直接 GEDTA	ジンコン Zn-GEDTA 添加	アンモニア-塩化アンモニウム又はホウ砂，pH 10（同量程度の Mg の共存は妨害しない）	青→赤
UO_2^{2+}	逆(Th^{4+})	XO	EDTA，アスコルビン酸添加煮沸，pH 2～3	緑→赤橙
Mg	直接	BT 又はカルマガイト	アンモニア-塩化アンモニウム，pH 10（Ca が共存する場合は Ca と Mg の合量が得られる．pH 13 で Ca のみを滴定し，差より Mg を求める）	赤→青
Sr, Ba	直接	PC	アンモニア，pH 10.5，終点付近でメタノール添加	紅→無色
	直接	BT, Zn-EDTA 添加	アンモニア-塩化アンモニウム，pH 10	赤→青
	直接 DTPA	BT, Zn-DTPA 添加	アンモニア-塩化アンモニウム，pH 10	赤→青
Ag	間接 [$K_2Ni(CN)_4$]	MX	アンモニア-塩化アンモニウム，pH 10～12	黄→紫
Mo^{5+}	逆(Bi^{3+})	XO	鉱酸，pH 2（塩化ヒドロキシルアンモニウム添加）	黄→赤

注([1]) Sn^{4+}-EDTA キレートの安定度定数は未確定．

陰イオンの間接滴定

陰イオン	反応	指示薬	滴定条件	
SO_4^{2-}	既知量 $BaCl_2$ で $BaSO_4$ として沈殿，過剰の Ba^{2+} を EDTA 滴定	PC	アンモニア，pH 11，同量のメタノール添加	
PO_4^{3-}	pH 10 で既知量の $MgSO_4$，NH_3 で $MgNH_4PO_4$ として沈殿，過剰の Mg^{2+} を EDTA 滴定	BT	アンモニア-塩化アンモニウム，pH 10	沈殿沪別再溶解後 Mg を EDTA 滴定してもよい
	pH 5.8～7.5 で既知量の $ZnCl_2$，NH_3 で $ZnNH_4PO_4$ として沈殿，沈殿を溶解 EDTA 滴定	BT	アンモニア-塩化アンモニウム，pH 10	
Cl^- Br^- I^-	HNO_3 酸性で $AgNO_3$ を加え AgX として沈殿，沪別後 NH_3 共存下に $K_2Ni(CN)_4$ で再溶解，遊離した Ni^{2+} を EDTA 滴定	MX	アンモニア-塩化アンモニウム，pH 10	
CN^-	既知量の $NiSO_4$ により $Ni(CN)_4^{2-}$ を生じさせ過剰の Ni を EDTA 滴定	MX	アンモニア-塩化アンモニウム，pH 10～12	

表 16.11 沈殿滴定法の適用例 [13]

目的イオン	滴定反応	終点決定法
Ag^+	$Ag^+ + SCN^- \rightarrow AgSCN$ $Ag^+ + Cl^- \rightarrow AgCl$	鉄ミョウバンを指示薬として KSCN で滴定,無色→赤（Volhard 法） 銀電極を用いる電位差滴定
Cl^-	$Cl^- + Ag^+ \rightarrow AgCl$	K_2CrO_4 を指示薬として $AgNO_3$ で滴定,無色→赤（Mohr 法） フルオレセインなど吸着指示薬を用いる銀滴定,赤（ピンク）色の発生 （Fajans 法）
Cl^-	$Cl^- + Ag^+ \rightarrow AgCl$ $Ag^+ + SCN^- \rightarrow AgSCN$ $Cl^- + Ag^+ \rightarrow AgCl$	過剰の $AgNO_3$ を加え,鉄ミョウバンを指示薬として KSCN で逆滴定 （Volhard 法） 銀電極を用いる電位差滴定
CN^-	$CN^- + Ag^+ \rightarrow AgCN$ $Ag^+ + SCN^- \rightarrow AgSCN$	Cl^- の銀滴定と同じ
PO_4^{3-}	$PO_4^{3-} + 3Ag^+ \rightarrow Ag_3PO_4$	pH 7.5〜8 のほう酸塩緩衝液を加え,$AgNO_3$ で電位差滴定
S^{2-}	$S^{2-} + Pb^{2+} \rightarrow PbS$	塩基性で硫化物イオン選択性電極を用い電位滴定
SO_4^{2-}	$SO_4^{2-} + Ba^{2+} \rightarrow BaSO_4$	カルボキシアルセナゾを指示薬として $Ba(ClO_4)_2$ で滴定,赤紫→青

表16.12 鉄鋼の分析に採用される JIS 容量分析法 [14]

元素	JIS	分析方法	原　理([1])	定量範囲(%)
C	G 1211：1995	燃焼-ガス容量法	O_2 気流中で燃焼させ C を CO_2 に変換後，ビュレットに捕集し体積を測定．CO_2 をアルカリ溶液に吸収除去後残ガスの体積測定．	0.05〜5.0
Mn	G 1213：2001	ペルオキソ二硫酸アンモニウム酸化しゅう酸ナトリウム・過マンガン酸カリウム滴定法	酸分解後，$AgNO_3$ を触媒として $(NH_4)_2S_2O_8$ で MnO_4^- に酸化．しゅう酸ナトリウムの過剰を添加後，$KMnO_4$ で逆滴定．	0.1〜30
S	G 1215：1994	燃焼-水酸化ナトリウム滴定法	O_2 気流中で燃焼させ S を SO_2 に変換後，H_2O_2 に吸収させ H_2SO_4 とする．NaOH で滴定．(メチルレッド・メチルブルー混合)	0.005〜0.50
		燃焼-よう素酸カリウム滴定法	O_2 気流中で燃焼させ S を SO_2 に変換後，HCl に吸収させ KI を含む KIO_3 で滴定．(デンプン)	0.005〜0.50
Ni	G 1216：1997	ジメチルグリオキシム沈殿分離エチレンジアミン四酢酸二水素二ナトリウム・亜鉛逆滴定法	重量法と同様にジメチルグリオキシムニッケル沈殿を生成．ろ過後 HNO_3 で溶解，EDTA2Na の過剰を添加後，pH 6 において Zn^{2+} で逆滴定．(キシレノールオレンジ)	0.1〜30
		ジメチルグリオキシム分離定量法 (ISO 4938)	同上	0.5〜30
Cr	G 1217：2005	ペルオキソ二硫酸アンモニウム酸化過マンガン酸カリウム滴定法	酸分解後，$AgNO_3$ を触媒として $(NH_4)_2S_2O_8$ で $Cr_2O_7^{2-}$ に酸化．同時に生成する MnO_4^- を HCl で，更に Cl_2 を Mn^{2+} で還元．Fe^{2+} の過剰を加え $KMnO_4$ で逆滴定．	0.1〜35
		電位差又は目視滴定法 (ISO 4937)	酸分解後，$AgNO_3$ を触媒として $(NH_4)_2S_2O_8$ で $Cr_2O_7^{2-}$ に酸化．同時に生成する MnO_4^- を HCl で還元．Fe^{2+} で電位差滴定又は Fe^{2+} の過剰添加 $KMnO_4$ で逆滴定．	0.25〜35
		間接滴定法 (ISO 15355)	過酸化ナトリウムで融解後硫酸酸性にし，Ag を触媒とし，ペルオキソ二硫酸塩で Cr(III) を二クロム酸に酸化，過剰の固体第二鉄塩で二クロム酸を還元，過剰量を二クロム酸溶液で電位差滴定する．V の影響は数学的に補正．	1〜35
V	G 1221：1998	過マンガン酸カリウム酸化硫酸アンモニウム鉄(II)滴定法	酸分解後，Fe^{2+} で Cr などを還元．$KMnO_4$ で V を酸化．過剰の $KMnO_4$ は尿素と $NaNO_2$ で分解．Fe^{2+} で滴定．(ジフェニルアミン)	0.10〜6.0
		過マンガン酸カリウム酸化硫酸アンモニウム鉄(II)電位差滴定法 (ISO 4947)	$KMnO_4$ で V を酸化．$NaNO_2$ で過剰の $KMnO_4$ を還元．$HOSO_2NH_2$ で過剰の $NaNO_2$ を分解．Fe^{2+} で電位差滴定．	0.04〜2
Al	G 1224：2001	8-キノリノール沈殿分離チオ硫酸ナトリウム滴定法	酸分解後，MIBK([2]) で除 Fe．オキシンを添加．沈殿分離．HCl で溶解後，過剰の $KBrO_3$ (+ KBr) を添加し臭素化．過剰の Br_2 を KI と反応，I_2 を $Na_2S_2O_3$ で滴定．(デンプン)	0.1〜5
B	G 1227：1999	ほう酸メチル蒸留分離水酸化ナトリウム滴定法	ほう酸メチルとして蒸留分離．pH を 6.8 に調整後，マンニトールを添加し遊離した H^+ を NaOH で pH 6.8 まで滴定．	0.10〜5.0
N	G 1228：1997	アンモニア蒸留分離アミド硫酸滴定法 (ISO 10702)	酸分解後，NaOH を添加して水蒸気蒸留し，留出した NH_3 を $HOSO_2NH_2$ で滴定．(メチルレッド・メチレンブルー混合)	0.002〜0.50

注([1]) 原理の( )内は指示薬を示す．
　([2]) MIBK は 4-メチル-2-ペンタノンを表す．

引用・参考文献

1) 武藤義一ほか（1984）: JIS 使い方シリーズ 化学分析マニュアル，p.135, 絶版，日本規格協会
2) 文献1），p.136
3) JIS K 8001 : 1998（試薬試験方法通則），p.23
4) (社)日本分析化学会（2004）: 改訂5版 分析化学データブック，p.78, 丸善
5) 文献4），p.82-84
6) 文献1），p.147
7) JIS K 8005 : 2006（容量分析用標準物質），p.3
8) JIS K 0050 : 2005（化学分析方法通則），p.6
9) JIS K 8001 : 1998（試薬試験方法通則），p.5
10) 文献1），p.161
11) 文献4），p.79
12) 文献4），p.80-82
13) 文献4），p.79-80
14) (社)日本分析化学会（2007）: 金属分析技術セミナーテキスト，p.56
15) JIS K 0050 : 2005（化学分析方法通則）
16) JIS G 1228 : 1997（鉄及び鋼―窒素定量方法）
17) JIS M 8212 : 2005（鉄鉱石―全鉄定量方法）
18) JIS G 1216 : 1997（鉄及び鋼―ニッケル定量方法）
19) 長島弘三，富田功（2001）: 基礎化学選書2 分析化学，裳華房
20) JIS K 0211 : 2005［分析化学用語（基礎部門）］
21) JIS K 8001 : 1998（試薬試験方法通則）

17. 光分析

　光分析法（photometric analysis）は，光の放射，吸収，散乱などを利用して行う化学分析法の総称である．紫外・可視分光分析法，赤外分光分析法，近赤外分光分析法，ラマン分光分析法，蛍光光度分析法，原子吸光分析法，炎光光度分析法，発光分光分析法（誘導結合プラズマ発光分光分析法，スパーク放電発光分光分析法など）などがある．ここでは，紫外・可視吸光光度分析法，蛍光光度分析法，原子吸光分析法及び誘導結合プラズマ発光分光分析法を取り上げて，それらの分析方法原理，分析装置構成，分析操作，適用例などについて述べる．

17.1　吸光光度分析法

17.1.1　概　　説

　吸光光度分析法（molecular absorption spectrophotometry）は，試料物質又はその溶液，もしくはそれに適当な試薬を加えて呈色させた溶液などの吸光度（absorbance）を測定して，試料中の分析対象成分の濃度を求める分析方法をいう．古くから，着色した溶液の濃淡を肉眼で比較して溶質の濃度を求める比色法（colorimetry）があるが，これは物質による可視光の吸収を利用したものである．この方法の精度を向上させるために，光の吸収の度合を測定する分光光度計（spectrophotometer）が開発され，吸光光度法（absorptiometry）が活用されるようになった．対象とする波長領域は一般的には 400〜800 nm の可視領域と 200〜400 nm の紫外領域の測定が行われるようになり，呈色させた溶液だけでなく紫外部に吸収を示す有機化合物の定量も可能になった．このように，紫外及び可視領域の光の吸収に基づく分析方法を吸光光度法と呼んでいる．JIS K 0115：2004（吸光光度分析通則）では，

"分光光度計又は光電光度計を用い，波長範囲として200 nm付近から1 100 nm付近の，物質による光の透過，吸収又は反射を測定し，定量を行う場合"[1]
を吸光光度法の適用範囲としてこの通則を規定している．

原子や分子は，最もエネルギーレベルの低い基底状態と，エネルギーレベルの高い励起状態に存在することができるが，励起状態から基底状態に遷移する際，光を放射する．紫外，可視領域のスペクトルは，そのときに発生する電子エネルギーの差によって生じる．無機化合物，金属錯体，共役二重結合を有する有機化合物には，可視あるいは紫外部に吸収を示すものが多い．

上に述べたように吸光光度分析法は，単色光が溶液中の特定成分によって吸収される度合，すなわち吸光度を測定し，試料中の分析対象成分の濃度を求める方法である．単色光が溶液中で吸収される場合，以下に示すようにランベルト・ベールの法則（Lambert–Beer's law）が成立する．

すなわち，強さI_0の単色光が図17.1に示すように，濃度c，液層の厚さ（光路長）bの溶液を通過した直後の光の強さをIとすれば，IとI_0の間には

$$I = I_0 \cdot 10^{-abc}$$

が成り立ち，

$$\log I_0/I = abc$$

と表される．

$\log I_0/I$は液層の厚さb（cm）に，また溶液の濃度cにも比例することを示

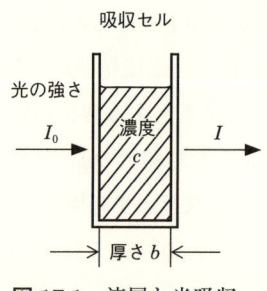

図17.1 液層と光吸収

している．ここで，a は吸光係数（absorptivity）と呼ばれ，濃度 c を g/L で表したときの比例定数である．

濃度 c g/L を c' mol/L で表した場合は，a の代わりに ε （a×分子量）を用い，ε をモル吸光係数（molar absorptivity）と呼び，呈色化学種の呈色の度合，すなわち定量の感度を示す．

これらの関係を整理すると，次に示すとおりになる．

$$E = \log 1/t = \log I_0/I = abc$$

又は，

$$E = \varepsilon bc' \text{ mol/L}$$

ここに，　　$I/I_0 = t$：透過度（transmittance）

　　　　　　$t \times 100 = T$：透過パーセント

　　　　　　透過度の逆数の常用対数 $\log 1/t = E$：吸光度（absorbance）

上記の光の吸収現象において，溶液中の分子は入射光のエネルギーを得て，エネルギー量の高い状態に遷移する．この吸収されるエネルギーは量子化されており，

$$v = (E_2 - E_1)/h$$

の関係を保つ．

　　　ここに，　v：光の振動数

　　　　　　　E_1：光を吸収する前の分子のエネルギー

　　　　　　　E_2：光を吸収した後の分子のエネルギー

　　　　　　　h：プランク定数

E_1，E_2 の値は試料中の分子について，特定の多くの数値があって，このために試料の呈色成分について，独特の吸収スペクトルが得られる．この吸収スペクトルによって対象とする成分の定性を行ううえでの基礎になる．定量方法では通常，スペクトルの最も吸収の大きい波長付近の特定の波長を測定波長として選定して用いる[2]．

17.1.2 吸光光度分析装置

吸光光度分析に用いられる装置の基本的な構成は，図 17.2 に示すように光源部，波長選択部，試料部，測光部，信号処理部，データ処理部及び表示・記録・出力部からなる．

光電光度計と分光光度計とがあり，光電光度計は波長選択部に光学フィルターを用い，分光光度計はモノクロメーターを用いる点が異なる．分光された光の検出方法には，単一波長の光を検出するものと複数の波長の光を同時に検出するものとがある．また，光源の照射方式には，波長選択をした光を試料に照射する方式のものと試料に白色光を照射して透過してきた光を波長選択する方式のものとがある．

(1) 光源部

光源部は，光源用放射体，点灯用電源及び集光ミラー，レンズを主体とする集光系などから構成される．光源用放射体には次のようなものが用いられる．それらは，160〜400 nm の波長域で使用する重水素放電管，320 nm 付近以上の長波長域で用いるタングステンランプやハロゲンランプ，253.65〜579.07 nm の波長域の多くの輝線を光源として使用する低圧水銀ランプのほか，キセノンランプ，高輝度 LED，レーザなどである．

(2) 波長選択部

光電光度計では，色ガラスフィルター，ゼラチンフィルター，干渉フィルター又はこれらを組み合わせた光学フィルターで構成される．単色性の光源を用いたものでは，波長選択部が省かれることもある．分光光度計では，シングルモノクロメーター及びダブルモノクロメーターの一つ又はそれ以上を設置して用

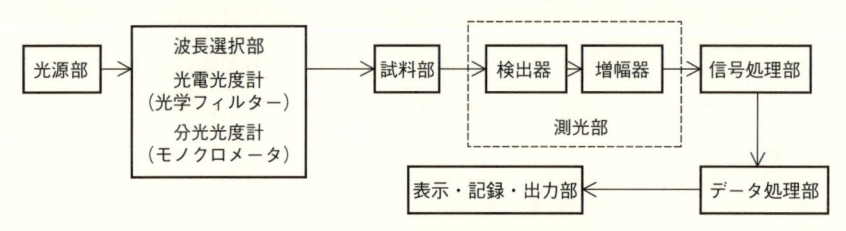

図 17.2 吸光光度分析装置の構成例 [1)]

いる．波長選択部を試料部の前に置いて分光した光を試料に照射する方式のものと，試料部の後に置いて試料を透過した光を分光する方式のものとがある．

(3) 試料部

試料部は，吸収セルとそれを固定するセルホルダーとからなる．吸収セルは気体や液体の試料を入れ，光路長を一定に保つもので，透過性が高く，測定試料に侵されにくい材質で作製されたものが用いられる．一般に，可視領域にはガラス製のものも用いられるが，溶融石英ガラス製のものが，紫外，可視領域に通じて利用される．角形セル，円筒形セル，ミクロセル，フローセルなどがある．

(4) 測光部

検出器及び増幅器からなる．検出器は入射光強度に比例した電気信号を発生させるもので，光電子増倍管，フォトダイオード，光伝導セル，光電池，光電管などがある．光路については，複光束方式と単光束方式がある．複光束方式は，光源からの光束を二つに分割して一方を試料セル用光束，他方を対象セル用光束とする．単光束方式は，同一の光束中に試料セル及び対象セルを入れ換えて測定する．

なお，測光方式には，一つの吸収セルに波長の異なる二つの単色光束を通過させて，二つの光量比を求める方式の二波長測光方式もあり，呈色溶液に濁りがある場合などにその影響を取り除くために利用される．

(5) 信号処理部，データ処理部，出力部

測光部からの電気信号をアナログあるいはデジタル処理をし，透過パーセント，反射パーセント，吸光度変換，濃度変換あるいは検量線作成などのデータ処理を行う．表示・記録・出力部は，CRT，液晶，LED，プリンターなどで構成され，データ処理した結果などを出力する．

吸光光度分析装置の性能は，①波長正確さ，②波長設定繰返し精度，③分解，④迷光，⑤測光正確さ，⑥測光繰返し精度，⑦ベースライン安定性，⑧ベースライン平坦度，⑨ノイズレベルなどの項目について表示されるようになっており，その表示の仕方は JIS K 0115 に規定されている．使用する装置は，定量目的に合わせてこれらの性能を参考にして選定する．

17.1.3 呈色溶液の調製

吸光光度法における呈色反応は，分析対象成分と選択的に反応し，酸濃度や温度などの反応条件による影響を受けにくく，操作が容易に行えることがまず要求される．呈色反応生成物は安定であり，水や有機溶媒に溶けやすく，かつ，極大吸収波長をもつ吸収曲線が得られ，ベールの法則に従うものが推奨される．また，呈色試薬自身は安定で無色のものであり，空試験値のなるべく小さいものが選ばれる．なお，分析対象成分の濃度は，可能な場合は呈色溶液の吸光度が 0.1～0.7 程度の範囲内に入るように調整する．

実際には呈色反応が分析対象成分のみに特有で選択性に優れる呈色試薬は少なく，上記のような呈色条件を満たすために，次のような操作を必要に応じて実施する．それらの操作は，

① 妨害成分による影響を取り除くために，妨害成分の除去，マスキングあるいは酸化還元反応などを利用して成分の形態を変える，

② 呈色反応を促進するために，試料溶液の分取，pH や酸・アルカリ濃度の調整，緩衝液の添加，加熱などを行う，

③ 呈色錯体の安定化や濃縮のために，保護コロイドなど安定剤の添加，呈色錯体の溶媒抽出，

などである．

JIS G 1214：1998（鉄及び鋼―りん定量方法）に規定されるモリブドりん酸抽出吸光光度法［附属書3（規定）］を例に，呈色反応に関わる諸操作を具体的にみてみる．最初に，鋼試料を酸分解する際に過塩素酸白煙処理をして正りん酸とすると同時にけい素を二酸化けい素として脱水して沈殿分離する．ひ素を含む場合は，放冷後塩酸及び臭化水素酸を加えて加熱を続け，ひ素を臭化ひ素として気化分離する．クロムを含む場合は過酸化水素を加えて $Cr(III)$ に還元し，過酸化水素は煮沸して分解する．バナジウムを含む場合は硫酸アンモニウム鉄(II)溶液を加えて還元する．ニオブ，チタン，ジルコニウムを含む場合は，ふっ化水素酸を加えてこれらの成分をふっ化物錯体にしてマスキングし，過剰のふっ化水素酸は呈色反応に影響を与えるのでほう酸を加えてほうふっ化

物錯体としてマスキングする．この溶液を分液漏斗に分取し，七モリブデン酸六アンモニウム溶液を加えて呈色錯体のりんモリブデン酸を生成させ，酢酸イソブチルを正確に加えて溶媒抽出分離する．溶媒相の波長 310 nm 付近の吸光度を測定して検量線法により鋼試料中のりん含有率を求める．

このように各種の化学反応を利用して妨害成分の影響を取り除くことにより，選択性には欠けるが感度のよい安定した呈色反応を定量分析に適用している．吸光光度法の実際試料への適用例は後述するが（表 17.1～表 17.3），いずれも呈色反応を定量方法として活用するための諸操作が採用されている．それらの詳細な条件などについては，それぞれの個別の JIS などに規定されているので活用するのがよい．

17.1.4 吸光度の測定と定量

(1) 装置の設置

吸光光度分析装置の設置条件は，JIS K 0115 に規定されており，振動，ほこり，腐食性ガスがなく，直射日光が当たらない場所で，電磁誘導の影響を受ける装置が近くに設置されておらず，環境温度は 15～35℃，相対湿度は 45～80% で結露しない場所に設置して用いる．

(2) 装置の調整

装置の手動部，接続部などを点検後，電源を入れてしばらく放置して安定状態とする．分析方法に規定された測定波長に適したフィルターを取り付けるか，又はモノクロメーターの波長設定を行う．

(3) 波長目盛及び吸光度目盛の校正

波長目盛の校正には，波長の校正値が確定された光学フィルターを吸収セルホルダーに入れ，校正値の波長付近の透過パーセント及びそれが極小値を示す波長を測定し，校正値と比較して校正を行う．より厳密な校正を行うには，低圧水銀ランプ又は重水素放電管の輝線の光強度測定を行って校正を行う．

吸光度目盛の校正は，校正用光学フィルターを用いる方法と二クロム酸カリウム過塩素酸溶液を用いる方法とがある．この二つの校正方法は JIS K 0115

の"附属書1（規定）光学フィルターによる吸光度目盛の校正方法"及び"附属書2（規定）溶液による吸光度目盛の校正方法"にそれぞれ規定されている．

(4) 測定準備操作

複光束方式の場合は試料光路に，単光束方式の場合は光路に，シャッターを入れるなどして光路を閉じて光をさえぎり，透過パーセントの指示・表示値をゼロ目盛に合わせる．次にシャッターを抜くなどして光路を開いて透過パーセントの指示・表示値を100目盛に合わせる．これらの操作を繰り返し，指示・表示値が安定していることを確認する．

(5) 測定操作

(5.1) 複光束方式における測定

(a) 対照試料を対照セルと試料セルに入れ，それぞれの光路に置き，透過パーセントを100目盛に又は吸光度をゼロ目盛に合わせる．

(b) 試料セルに入っていた対照試料を測定試料と入れ換え，その試料セルを試料光路に置き，透過パーセント又は吸光度を読み取る．

(c) 必要ならばセルブランク吸光度を補正する．

(5.2) 単光束方式における測定

(a) 対照試料を入れた対照セルを光路に置き，透過パーセントを100目盛に又は吸光度をゼロ目盛に合わせる．

(b) 測定試料を入れた試料セルを光路に置き，透過パーセント又は吸光度を測定する．

(c) 必要ならばセルブランク吸光度を補正する．

(5.3) セルブランク値の測定

測定波長範囲における試料セルと対照セルの光学特性が一致するのがよいが，その特性の差が小さい場合にはセルブランク値を測定して補正することができる．この補正はベースライン補正機構をもつ装置では必要ない．

(a) 対象とする測定波長域で吸収の少ない同一の溶媒を試料セルと対照セルに入れ，上記(5.1)又は(5.2)によって測定を行う．

(b) 透過パーセントを測定した場合は吸光度に換算する．

(c) 得られた値を，対照セルに対する試料セルのセルブランク値とし，このセルブランク値を用いるときはこの対照セルと試料セルの組合せは変えてはならない．

(6) 定 量

測定した吸光度値から分析対象成分の定量値を求めるには，分析対象成分濃度が既知の測定成分濃度と吸光度との関係を示す検量線を用いる．この検量線法以外に標準添加法やその他の方法が用いられるが，それらの操作は次のとおりである．

(6.1) 検量線法

(a) 分析対象成分の幾つかの濃度の検量線用溶液をそれぞれの個別規格に定める方法によって調製する．検量線溶液の濃度水準は，分析対象成分の濃度範囲に入るように調製する．

(b) これらの検量線用溶液の吸光度を測定する．試料の場合と同じ前処理を行い，同一条件で測定することが望ましい．

(c) 検量線用溶液中の分析対象成分濃度を横軸に，吸光度を縦軸にとり，図 17.3 に示すような検量線を作成する．この検量線を用いて，測定した吸光度から分析対象成分濃度を求める．測定の際，透過パーセントを測定した場合は吸光度に換算して求める．検量線は，直線を示す範囲で使用するのが望ましい．曲線となる場合には濃度によっては測定精度が悪くなることがある．

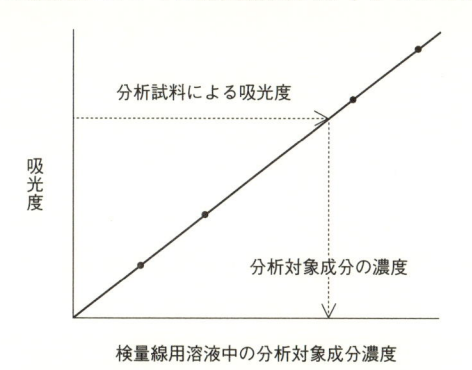

図 17.3 検量線法における検量線の作成例

(6.2) 標準添加法

(a) 定量する同一試料溶液から一定量を4個以上の全量フラスコなどに分取する．1個を除き，これらに分析対象成分濃度が既知の標準液を，それぞれ濃度が段階的に異なるように加える．

(b) これらすべての試料溶液の呈色操作を行った後，一定容量として吸光度を測定する．

(c) それぞれに添加した標準液の添加量から分析対象成分の濃度を算出し，その濃度を横軸に，吸光度を縦軸にとり，図17.4に示すような検量線を作成する．検量線と横軸の交点（図17.4に示す点X）から分析対象成分濃度を求める．標準添加法は，検量線の関係式が一次で，かつ吸光度値から空試験値を差し引いた値で作成した検量線が原点を通過する場合にのみ適用できる．

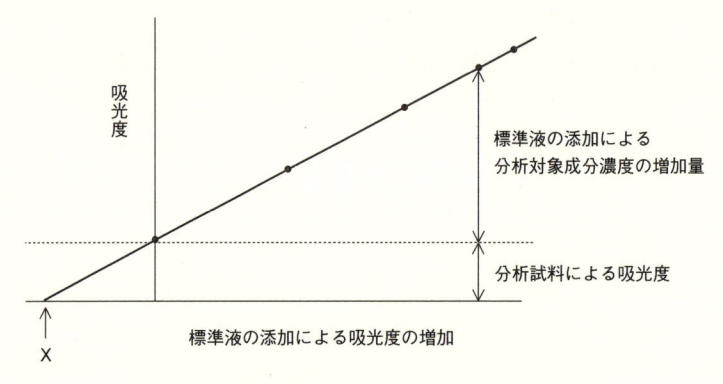

図17.4 標準添加法における検量線の作成例

17.1.5 吸光光度分析法の適用例

吸光光度法は各種分野で広く用いられる一般的な分析方法である．実用にあたっては試料の前処理，呈色反応あるいは吸光度測定などの最適条件に従って行う．各成分の呈色反応の例を金属成分について表17.1に，非金属成分について表17.2に示す．

17.1 吸光光度分析法

表 17.1 金属成分の呈色反応例 [4]

元素イオン	定量法	波長 nm	範囲 ppm	妨害
Ag	ローダニン法：酸性溶液（0.05 M HNO$_3$）で，p-ジメチルアミノベンジリデンローダニンと反応．難溶性コロイドの懸濁液（赤紫色）を測定	495	0.1～1	Hg^I, Hg^{II}, Au^{III}, Pd^{II}, Pt^{II}
Al	クロムアズロール S 法：pH 5～6 の水溶液中で錯体（1：1，又は 1：2）を生成．微酸性試料液にまず酢酸緩衝溶液（pH 6.4）を加え，これに水酸化ナトリウム溶液を加えて pH を調節後，クロムアズロール S 溶液，更に水を加えて定容とする．	567	0.05～1.5	Be^{II}, Zr^{IV}, Th^{IV}, Sn^{IV}, Fe^{III} など
Bi	よう化カリウム法：酸性溶液（0.5 M H$_2$SO$_4$）で，よう化カリウムと反応，黄色の BiI$_4^-$ を生成（2-メチルブタノール抽出は選択性，安定性が向上）	340 (460)	1～10	Fe, Pt, Pd, Sb, Sn, Tl, Ni, Co, Cr
Ca	グリオキサールビス（2-ヒドロキシアニル）法：メタノール添加，0.1 M NaOH でグリオキサールビス（2-ヒドロキシアニル）錯体（赤色）を生成	520	0.2～1.5	Cd, U, Ba, Sr, Ni, Zn, Co, Fe
Co	ニトロソ R 塩法：pH 5～8 でニトロソ R 塩錯体（赤色）を生成，次に HNO$_3$ を添加	420 又は 520	0.1～1	Cr^{III}, Ni^{II}, Cu^{II}
Cr	① ジフェニルカルバジド法：酸性（0.1 M H$_2$SO$_4$）で Cr^{VI} とジフェニルカルバジドを反応，錯体（赤紫色）を生成	542	0.02～1	Mo^{VI}, Fe^{III}, V^V
	② クロム酸法：Cr^{VI} は pH 10 以上で CrO$_4^{2-}$ として黄色	366	0.2～10	U^{VI}, Ce^{IV}, Cu^{II}, V^V
Cu	① バソクプロイン法：Cu^I は pH 4～10 でバソクプロインと 1：2 組成の錯体をつくり，iso-アミルアルコールなどで抽出吸光光度定量できる．この試薬をスルホン化したバソクプロインスルホン酸を用いれば，水溶液中で吸光光度定量できる．	480	0.1～5	少ない
	② キュープリゾン法：Cu^{II} はアンモニアアルカリ性溶液でキュープリゾン（ビスシクロヘキサノンオキサリルヒドラゾン）と反応して深青色の錯体を生成する．	600	0.1～1.6	Co^{II}
Fe	① 1,10-フェナントロリン法：pH 2～9 で，Fe^{II} と 1,10-フェナントロリンを反応，組成比 1：3 の錯体（赤色）を生成	510	0.1～2.5	Cu, Ni, Co, Sn, Cr
	② チオシアン酸塩法：硝酸酸性(0.05～0.8 M)で，Fe^{III} とチオシアン酸カリウムとを反応，[Fe(SCN)$_n$]$^{(3-n)}$（n = 1～6）の組成をもつ錯体（暗赤色）を生成（2-メチルプロパノール，酢酸エチルなどに抽出可）	480	0.3～3	Cu^{II}, Bi, Ti, Ag, Hg^I, Hg^{II}, F$^-$, ピロリン酸，しゅう酸
	③ Nitro-PAPS 法：Fe^{II} は Nitro-PAPS {2-(5-Nitro-2-pyridylazo)-5-[N-propyl-N-(3-sulpho-propyl) amino] phenol} と pH 3.5～8.5 で錯生成する．Fe^{III} とは発色しないのでアスコルビン酸などの還元剤を共存させる必要がある．	582	0.02～0.5	Ni^{II}, Co^{II}, Zn^{II}, Cu^{II}
Mg	キシリジルブルー法：pH 9.0，エタノール中で Mg をキシリジルブルー II（又は I）と反応，錯体（赤紫色）を生成（過剰の試薬による吸収を補正）	505 (510)	0.02～0.4	Fe, Cu, Al

表 17.1 （続き）

元素イオン	定量法	波長 nm	範囲 ppm	妨害
Mn	① 過マンガン酸法：硫酸りん酸混合溶液（0.5～1.8 M H_2SO_4, 0.75 M H_3PO_4）中で Mn を過よう素酸カリウムで酸化，MnO_4^-（赤紫色）を生成	525 又は 545	0.2～20	Fe^{II}, SO_3^{2-}, NO_2^-, 有機物
	② ホルムアルドキシム法：Mn はホルムアルドキシムとアルカリ性（pH 9～10）溶液で 3：1 の赤褐色の錯体を生成する．	450	0.04～4	Fe, Co, Ni, V, Cu など
Mo	チオシアン酸塩法：塩酸酸性（0.8～1.2 M）でチオシアン酸塩と塩化すず(II)を加え，生成する橙赤色の Mo 錯体を酢酸ブチル又は 2-メチルブタノールで抽出	470	0.1～5	W^{VI}, V^V
Ni	ジメチルグリオキシム法：アンモニア溶液中で Ni を臭素水で酸化，ジメチルグリオキシムと反応，ジメチルグリオキシム錯体（赤褐色）を生成	445	0.2～4	Cu, Co, Mn, Cr
Pb	PAR 法：アルカリ性溶液（pH 10）で PAR [4-(2-ピリジルアゾ)レゾルシノール] と水溶性錯体を生成する．	530	0.3～6	Co^{II}, Ni^{II}, Cu^{II}, Cd^{II}, Zn^{II}, Fe^{III} など
Sb	① ローダミン B 法：塩酸溶液（3～4.5 M）で，Sb^V を $SbCl_6^-$ としてジイソプロピルエーテルに抽出後，ローダミン B 溶液と反応，ローダミン B 錯体（紫色）をエーテル相中に生成	550	0.3～1	Au, Tl
	② よう化カリウム法：硫酸酸性（1 M）で，Sb^{III} をよう化物イオンと反応，よう化アンチモン錯体（黄色）を生成（遊離 I_2 の妨害除去のため，アスコルビン酸を添加）	330 又は 425	0.4～6	Hg, Pb, Bi, Tl
Sn	フェニルフルオロン法：pH 1.5～2 で，Sn^{IV} とフェニルフルオロンを反応，コロイド状のフェニルフルオロン錯体（赤色）を生成（コロイド分散剤としてポリビニルアルコール，アラビアゴムなどを使用）	510	0.05～1	Ge, Sb^{III}, Fe^{III}, Bi, Mo, Ti, Zr
Ti	① ジアンチピリルメタン法：塩酸酸性（1 M）で Ti とジアンチピリルメタン（ジアンチピリニルメタン）を反応，黄色錯体を生成	390	0.1～2	Fe^{III}, V^V, Nb, Mo^{VI}
	② 過酸化水素法：硫酸酸性（0.8～1.7 M）で Ti と H_2O_2 を反応，黄色錯体を生成	410	5～50	V, Nb, Mo
V	PAR 法：V^V は pH 5.2～6.5 で PAR と錯体を生成する．PAR は多くの金属イオンとキレートを生成するが CyDTA 添加によるマスキングで選択性を高めることができる．	545	0.04～0.8	Cu^{II}, Fe^{III}, Ni^{II}, Co^{II}（CyDTA でマスクむずかしい）
W	チオシアン酸塩法：塩酸溶液（8.5～9.5 M）でチオシアン酸塩と塩化すず(II)を加え，黄色錯体を生成（錯体はジイソプロピルエーテル，酢酸ブチルなどに抽出可）	400	0.5～10	Mo, Cu, F^-, NO_3^-
Zn	① 5-Br-PAPS 法：Zn^{II} は pH 7.5～9.5 で 5-Br-PAPS [2-(5-bromo-2-pyridylazo)-5 [N-propyl-N-(3-sulphopropyl)amino]phenol] と水溶性キレートを生成する．Fe^{II} はクエン酸とメタリン酸で，Cu はジチオカルボキシザルコシンなどである程度マスキングできる．	485	0.01～0.5	Zn^{II}, Cu^{II}, Fe^{II}, Ni^{II}, Co^{II}
	② ジンコン法：pH 8.5～9.5 でジンコンと反応，ジンコン錯体（青色）を生成	620	0.1～2.4	Al^{III}, Cd^{II}, Co^{II}, Cr^{II}, Cu, Fe^{II}, Mn^{II}, Ni^{II}

17.1 吸光光度分析法

表17.2 非金属成分の呈色反応例 [5]

元素イオン	定量法	波長 nm	範囲 ppm	妨害
As	モリブデンブルー法：As^V に硫酸酸性（約 0.25 M）でモリブデン酸塩添加，生成するヘテロポリ酸（黄色）をヒドラジンなどで還元（青色），測定（$AsCl_3$ 又は AsH_3 として As を妨害物質から蒸留分離後，適用）	840	0.1～2	P^V, Si など
B	① クルクミン法：酢酸-硫酸中でクルクミンと反応，ロゾシアニンを生成，エタノール又はメタノールで希釈（B を硫酸とメタノールで蒸留分離後，適用）	550	0.004～0.04	F^- など
	② アゾメチン H 法：アゾメチン H（1-サリチリデンアミノ-8-ヒドロキシナフタレン-3,6-ジスルホン酸）は pH 4～6 の水溶液中でほう素と 1：1 の錯体をつくるが，反応速度が小さいので数十分放置後，吸光度を測定する．金属イオンの多くは EDTA の添加によりマスキングできる．	415	0.2～1.5	Cu^{II}, Fe^{III}, Al^{III}, Zn^{II}
Br^-	フェノールレッド法：Br^- をクロラミン T で BrO^- に酸化，フェノールレッドと反応，ブロモフェノールブルーを生成	590	0.1～1	I^-
CN^-	ピリジン-ピラゾロン法：CN^- は中性でクロラミン T と反応，CNCl を生成，ピリジンに付加すると同時に開環，ピラゾロンと縮合（青色）（酸性で HCN として蒸留分離，水酸化ナトリウム溶液に吸収後，適用．ピリジンの代わりにイソニコチン酸使用可）	620	0.012～0.12	Cl_2, S^{2-}
F^-	ランタン-アリザリンコンプレクソン（ALC）法：pH 4～5.2 で La^{III}-ALC の赤色キレートは F^- と反応，1：1：1 の複合錯体（青色）を生成，アセトン添加（増感効果）して測定（H_2SiF_6 蒸留法で分離後，適用）	620	0.1～1	Al, Fe^{III}, Co, Ni, Cu^{II}, Pb
I^-	① よう素デンプン法：硫酸酸性で H_2O_2 などの酸化剤を加えて I_2 に酸化後，デンプン溶液を加えて発色させる．	575	0.1～5.0	
	② 接触法：硫酸酸性で $I^- + 2Ce^{IV} + As^{III} \rightarrow 2Ce^{III} + As^V$ 反応の触媒になり Ce^{IV} の黄色は速く退色，一定条件下で退色（420 nm における吸光度の減少）を測定	420	0.02～0.06 μg	CN^-, Cl^-, Br^-, Ag, Hg, Os
NH_4^+ (NH_3)	フェノール-次亜塩素酸塩法（インドフェノール法）：塩基性で NH_3 と NaClO が反応，NH_2Cl を生成，フェノールと反応，インドフェノールを生成（青色）（ニトロプルシドナトリウムや Mn^{II} は触媒として作用）	630	0.1～0.5（N として）	S^{2-}, SO_3^{2-}, Cu^{II}

表17.2 （続き）

元素イオン	定量法	波長 nm	範囲 ppm	妨害
NO_2^- (又は NO^2)	① ザルツマン法：NO_2^-は酸性でスルファニル酸と，次にN-(1-ナフチル)エチレンジアミンと反応，アゾ染料を生成（赤色）	545	0.02〜0.2 (Nとして)	Fe^{III}, Al, S^{2-}, $S_2O_3^{2-}$, SO_3^{2-}など
	② ナフチルエチレンジアミン法：①におけるスルファニル酸の代わりにスルファニルアミドを使用	540	①と同じ	①と同じ
NO_3^-	還元-ナフチルエチレンジアミン法：適当な還元剤（亜鉛，銅-カドミウム，又は硫酸ヒドラジニウム）でNO_3^-をNO_2^-に還元後，上記ナフチルエチレンジアミン法を適用			
P	① モリブドリン酸法：酸性（約1 M H^+）でオルトリン酸にモリブデン酸アンモニウム溶液を添加し，生成したヘテロポリ酸（黄色）の吸光度を測定	380	5〜40	Ti, Zr, Ab, As, Siなど
	② モリブデンブルー法：上記モリブドリン酸をアスコルビン酸，又は硫酸ヒドラジニウムなどの適当な還元剤で還元（青色）	830	0.1〜1.2	Ti, Zr, Th, As, Si, V, Wなど
S^{2-}	メチレンブルー法：酢酸亜鉛溶液でZnSとし，N,N-ジメチル-p-フェニレンジアミン溶液と$FeCl_3$溶液（いずれも酸性）を添加し，メチレンブルーを生成（青色）	670	0.05〜0.5	酸化性物質，S^{2-}と反応する重金属
SO_3^{2-} (SO_2)	p-ローザニリン-ホルムアルデヒド法：SO_2をNa_2HgCl_4溶液に吸収後，p-ローザニリン（塩酸酸性）とホルマリンで発色	560	0.02〜2.5	NO_2^-, S^{2-}など
SO_4^{2-}	クロム酸バリウム法：酢酸(0.5 M)と塩酸(0.01 M)の混酸に$BaCrO_4$を懸濁させた溶液を加え，$BaSO_4$を沈殿後，Ca^{II}を含むアンモニア水とエタノール(40%)を添加し遠心分離，SO_4^{2-}と置換したCrO_4^{2-}を測定 さらに溶液中のCr^{VI}を塩酸酸性でジフェニルカルバジドで発色（紫赤色）	370 545	5〜50 0.2〜10	P, As, V, Pb, Cu^{II}など
Si	① モリブドケイ酸法：pH約1.5でモリブデン酸アンモニウムを添加，モリブドケイ酸生成（黄色）（モリブドリン酸は酒石酸を加え分解）	410	0.3〜10	As, Ge, Ti, Fe^{III}, SO_3^{2-}など
	② モリブデンブルー法：上記モリブドケイ酸を適当な還元剤（例えば1-アミノ-2-ナフトール-4-スルホン酸，Na_2SO_3, $NaHSO_3$の混合物）で還元（青色）	820	0.1〜1	①と同じ

17.1 吸光光度分析法

また，JIS に採用されている吸光光度分析法の例として，鉄鋼化学分析に採用されている方法をまとめて表 17.3 に示す．非常に多くの元素の微量域の定量方法として活用されている．鉄鋼には微量不純物の種類が多いことから，共存成分の影響を除くために沈殿分離，蒸留分離，溶媒抽出分離などの各種分離法，あるいは還元反応やマスキングなどを駆使しており，また微量定量のために多くの溶媒抽出法が活用されている．

表 17.3 鉄鋼分析に採用される JIS 吸光光度分析方法[6]

元素	JIS	分析方法	定量範囲(%)
Si	G 1212 : 1997	モリブドけい酸青吸光光度法(1)	0.01〜1.0
		モリブドけい酸青吸光光度法(2)(ISO 4829-1)	0.05〜1.0
		モリブドけい酸青吸光光度法(3)(ISO 4829-2)	0.01〜0.05
Mn	G 1213 : 2001	過マンガン酸吸光光度法	0.01〜20
P	G 1214 : 1998	モリブドりん酸青吸光光度法	0.005〜0.50
		モリブドバナドりん酸抽出吸光光度法（ISO 10714）	0.001 0〜1.0
		モリブドりん酸抽出吸光光度法	0.000 3〜0.010
		モリブドりん酸抽出分離モリブドりん酸青吸光光度法	0.000 3〜0.010
S	G 1215 : 1994	硫化水素気化分離メチレンブルー吸光光度法 (ISO 10701)	0.000 3〜0.010
Ni	G 1216 : 1997	ジメチルグリオキシム吸光光度法(1)	0.01〜1.0
		ジメチルグリオキシム吸光光度法(2)	1.0〜5.0
		ジメチルグリオキシム吸光光度法(3)(ISO 4939)	0.10〜4
Cr	G 1217 : 2005	ジフェニルカルバジド吸光光度法	0.020〜2.0
Mo	G 1218 : 1994	チオシアン酸塩吸光光度法	0.02〜9.0
		チオシアン酸塩抽出吸光光度法	0.001〜0.020
Cu	G 1219 : 1997	2,2′-ジキノリル吸光光度法（ISO 4946）	0.02〜5
		ネオクプロイン抽出吸光光度法	0.002〜1.0
W	G 1220 : 1994	タンニン酸ニオブ共沈分離チオシアン酸塩吸光光度法	0.05〜7.0
		モリブデン分離テトラフェニルアルソニウムクロリド・チオシアン酸塩抽出吸光光度法	0.01〜7.0
V	G 1221 : 1998	N-ベンゾイルフェニルヒドロキシルアミン抽出吸光光度法(1)	0.005〜0.50
		N-ベンゾイルフェニルヒドロキシルアミン抽出吸光光度法(2)(ISO 4942)	0.005〜0.50

表 17.3 （続き）

元素	JIS	分析方法	定量範囲(%)
Co	G 1222 : 1999	1-ニトロソ-2-ナフトール-3,6-ジスルホン酸二ナトリウム吸光光度法	0.1～20
		2-ニトロソ-1-ナフトール抽出吸光光度法	0.001～0.1
Ti	G 1223 : 1997	4,4′-ジアンチピリルメタン吸光光度法	0.002～2.5
		チオシアン酸アンモニウム・トリオクチルホスフィンオキシド抽出吸光光度法	0.005～0.10
Al	G 1224 : 2001	鉄分離クロムアズロールS吸光光度法	0.000 5～0.12
As	G 1225 : 2006	よう化物抽出分離モリブドひ酸青吸光光度法	0.005～0.10
		水酸化ベリリウム共沈・三水素化ひ素気化分離ジエチルジチオカルバミン酸銀吸光光度法	0.000 3～0.005 0
		三塩化ひ素蒸留分離モリブドひ酸青吸光光度法（ISO 17058）	0.000 5～0.10
Sn	G 1226 : 1994	よう化物抽出分離フェニルフルオロン吸光光度法	0.001～0.10
B	G 1227 : 1999	ほう酸メチル蒸留分離クルクミン吸光光度法(1)	0.000 1～0.10
		ほう酸メチル蒸留分離クルクミン吸光光度法(2)（ISO 13900）	0.000 05～0.001 0
		クルクミン吸光光度法	0.000 2～0.012
		メチレンブルー吸光光度法	0.000 2～0.015
N	G 1228 : 1997	アンモニア蒸留分離ビスピラゾロン吸光光度法	0.000 5～0.020
		アンモニア蒸留分離インドフェノール青吸光光度法	0.000 5～0.050
Pb	G 1229 : 1994	鉄分離ジフェニルカルバゾン抽出吸光光度法	0.000 2～0.010
Zr	G 1232 : 1980	キシレノールオレンジ吸光光度法	≦0.6
		ふっ化物共沈分離キシレノールオレンジ吸光光度法	≦0.6
Se	G 1233 : 1994	2,3-ジアミノナフタリン抽出吸光光度法	0.001～0.4
Te	G 1234 : 1981	塩化第一すず還元吸光光度法	≦0.3
		ビスムチオールⅡ抽出吸光光度法	0.001～0.06
Sb	G 1235 : 1981	イソプロピルエーテル抽出-ローダミンB吸光光度法	≦0.02
		ブリリアントグリーン-トルエン抽出吸光光度法	≦0.02
Ta	G 1236 : 1992	ふっ化物・ビクトリアブルーB抽出吸光光度法	0.000 5～0.10
Nb	G 1237 : 1997	スルホクロロフェノールS吸光光度法	0.5～2.5
		スルホクロロフェノールS抽出吸光光度法	0.01～0.5

17.2 蛍光光度分析法

17.2.1 概　　　説[7)]

試料溶液に紫外線を照射することによって放射される蛍光の強さを測定する方法が，蛍光光度分析法（fluorometric analysis）として一般に採用されている．そのなかで，分析対象成分に蛍光試薬を反応させて，発蛍光性の化学構造をとらせて，これを測定試料とする分析方法が多く採用される．

蛍光の放射は，発蛍光性化学構造の成分が紫外線などで励起され，それが基底状態に戻るとき，光としてエネルギーを放射する．この間の時間差は極めて短く，光の照射を停止すると直ちに光の放射も消失する．

光の照射中の電子は励起状態と基底状態との間を往復し，光の放出エネルギー E は，$E=h\nu$ に従い，その放出光は蛍光である（E, h, ν は17.1節と同一表示記号）．蛍光は吸収した紫外線よりエネルギーの小さい長波長光として放射されるが，測定の波長域は紫外可視から近赤外領域における 185～1 200 nm 程度の範囲で，通常は 200～800 nm が多く用いられる．

定量分析の基礎となる事項は次のとおりである[7)]．

励起光として，例えば強さ I_0 の紫外線を，濃度 c の蛍光物質，厚さ b のセルに入射して，透過光の強さが I である場合，蛍光物質による光の吸収は，

$$I_0 - I = I_0(1 - e^{-abc})$$

となる．ただし，a は吸光係数である．

光の照射方向と直角に受光部を置いて光の強さを測定して，その場合，蛍光強度（F）は蛍光自身の溶液に吸収されず，また，照射光の吸収に比例すると仮定すれば，

$$F = K(I_0 - I)\varphi = K I_0 (1 - e^{-abc})\varphi$$

ここに，K：溶液の面積，受光器の大きさその他機器による定数 φ

φ：蛍光の量子収率（吸収される照射光量と総蛍光量との比）

$abc < 0.05$ の希薄溶液では，上の式は $F = K I_0 \varphi abc$ となり，測定機器の諸条件を一定にすれば，蛍光強度 F は蛍光物質濃度 c に比例する．このような

希薄な蛍光物質（例えば，10^{-7}〜10^{-8} ppm）については，あらかじめ F と c との関係線として求めておけば，未知の蛍光物質濃度を蛍光強度の測定値から知ることができる．

なお，$0.05 < abc < 0.25$ では
$$F = K I_0 \varphi abc(1 - abc/2)$$
の式が用いられる．

17.2.2 蛍光光度分析装置

蛍光光度法に用いられる測定装置には，蛍光光度計［fluoro (photo) meter］，分光蛍光光度計（spectrofluorophotometer）及び蛍光分光光度計［fluorescence spectro (photo) meter］がある．蛍光光度分析装置の基本的な構成は，光源部，励起光波長選択部，試料部，蛍光波長選択部，測光部，信号処理部，データ処理部及び表示・記録・出力部からなる．蛍光分光光度計の構成例を図17.5に示す．蛍光分光光度計は，試料部の前の光源部との間，又は試料部の後の測光部との間のどちらかにモノクロメーターを用い，他方に光学フィルターを用いる．分光蛍光光度計は，両方の波長選択部にモノクロメーターを用いる．蛍光光度計は，両方の波長選択部に光学フィルターを用いる．

(1) 光源部

光源部は，光源用放射体，点灯用電源，集光ミラー，レンズを主体とする集

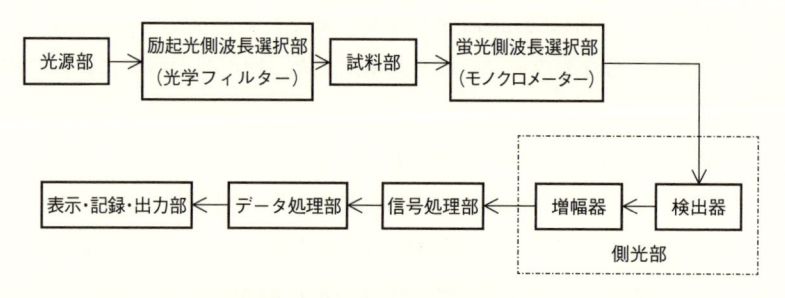

図17.5 蛍光分光光度分析装置の構成例[8]
　　　　（試料部の後にモノクロメーターを設置した場合）

光系などから構成される．光源用放射体には次のようなものが用いられる．それらは，200〜900 nm の波長域で用い連続点灯するキセノンランプ，320 nm 付近以上の長波長域で用いるタングステンランプやハロゲンランプ，160〜400 nm の波長域で使用する重水素，253.65 nm，365.0 nm，435.8 nm，546.1 nm の輝線を光源として使用する水銀ランプのほか，高輝度 LED，レーザなどである．

(2) 波長選択部

光源の後に設置される励起光波長選択部と試料部の後に設置する蛍光波長選択部がある．前者は光源から放射される光の中から分析に必要な励起光を選択して試料に照射するためのものである．後者は，試料から放射される蛍光の中から分析に必要な波長の光を選択して検出器に導くためのものである．

光学フィルター又はモノクロメーターが用いられるが，光学フィルターは色ガラスフィルター，ゼラチンフィルター，干渉フィルター又はこれらを組み合せたものなどが用いられる．モノクロメーターにはシングルモノクロメーター，ダブルモノクロメーターなどがある．

(3) 試料部

試料部は，吸収セルとそれを固定するセルホルダーとからなる．蛍光測定用セルには測定波長範囲内での高い透過性をもち，蛍光がほとんどないもの，測定試料に侵されない材質のものが要求される．角型セル，ミクロセル，キャピラリーセル，フローセルなどがある．

(4) 測光部

検出器及び増幅器からなる．検出器は入射光の強度に比例した電気信号を発生させるもので，光電子増倍管，フォトダイオードなどがある．

(5) 信号処理部，データ処理部，出力部

信号処理部では，測光部からの電気信号をアナログあるいはデジタル処理をし，測定に必要な信号を分離して出力する．データ処理部では，蛍光強度を光子数に比例する量への変換，濃度換算，検量線作成などを行う．表示・記録・出力部は，CRT，液晶，LED，プリンターなどで構成され，データ処理した

結果などを出力する．また，波長と蛍光強度との二次元，三次元スペクトルを出力することもできる．

分析装置の性能表示について，JIS K 0120：2005（蛍光光度分析通則）に次のような項目について表示するように規定されている．

(a) 蛍光光度計

① 波長, ② 分解

(b) 分光蛍光光度計及び蛍光分光光度計

① 波長正確さ, ② 波長設定の繰返し性, ③ 分解, ④ 感度, ⑤ 測光安定性, ⑥ 迷光

使用する装置は，定量目的に合わせてこれらの性能を参考にして選定する．

17.2.3 蛍光強度の測定と定量

(1) 装置の設置

蛍光光度分析装置の設置条件は，JIS K 0120 に規定されており，振動，ほこり，腐食性ガスがなく，直射日光が当たらない場所で，電磁誘導の影響を受ける装置が近くに設置されておらず，環境温度は 15～35℃，相対湿度は 45～80％で結露しない場所に設置して用いる．

(2) 試料の調製

試料の調製において留意すべき事項は，発蛍光物質の生成条件，成分濃度範囲，溶液の pH，温度，共存塩の影響，時間変化，紫外線照射に対する蛍光の安定性，照射光波長，蛍光波長の選定などである．実際には試料の調製操作は，それぞれの個別規格に規定されている方法に従って行うのがよいが，試料の組成，共存成分，分析対象成分の性状や濃度などを考慮して分析条件を設定する．蛍光光度分析用の溶媒については，特に次の項目を考慮して選定する．

① 励起波長において蛍光性がない．
② 溶存酸素が十分に少ない．
③ 蛍光光度分析用の精製溶媒を使用する．
④ 溶媒自体の蛍光及びラマン光の影響が少ない．

17.2 蛍光光度分析法

(3) 装置操作条件の設定

操作条件の設定は，次に示す項目について行う．

(a) 蛍光光度計

① 光源の選定
② 励起光波長選択部のフィルターの選定
③ 光量の選定
④ 蛍光波長選択部のフィルターの選定
⑤ 蛍光強度の選定

(b) 分光蛍光光度計及び蛍光分光光度計

① 光源の選定
② 蛍光強度等測定モードの選択
③ 励起光波長選択部及び蛍光波長選択部の波長の選定
④ モノクロメーターのスペクトル幅の選択選定
⑤ モノクロメーターの走査方法の選択
⑥ 励起光，蛍光強度の選定

(4) 蛍光強度の測定

蛍光強度の測定は，輝線スペクトルとしての水銀ランプ，連続光源としてのキセノンランプなどの光源から放射される光のうち，波長選択部で選択した特定の波長の光を励起光として吸収セル中の試料溶液に入射させ，それによって発散する蛍光を，入射光の影響を受けないように設計された装置により，波長を選定して検出器で受光する．そのほか，装置の取扱いについては前節の吸光光度法に類似するところが多く，操作方法なども準じるところが多い．

(5) 定　量

測定した蛍光強度から分析対象成分の定量値を求めるには，濃度既知の分析対象成分濃度と蛍光強度との関係を示す検量線又は蛍光強度の時間変化を用いる．この検量線法以外に標準添加法が用いられる．これらの操作については，前節の吸光光度法に類似するので省略する．その他の定量方法には，

① 消光を用いる方法

② 二波長を用いる方法
　③ 蛍光偏光を用いる方法
　④ 時間変化測定法
などがある.

　蛍光光度分析法の適用例については，(社)日本分析化学会編『改訂5版　分析化学データブック』に記載されている．掲載内容の項目は以下のとおりで，その適用範囲は広い.

　　蛍光分析・化学発光　a.環境測定用（水質分析）蛍光指示薬，b.細胞測定用蛍光プローブ，c.有機化合物の蛍光分析，d.化学発光

17.3　原子吸光分析法

17.3.1　概　　説

　原子吸光分析法（atomic absorption spectrometry）は，試料中に存在する元素固有の波長である輝線の吸光度を測定し，得られた吸光度とその元素の試料中の濃度との相関を求めて成分分析を行う分析手法をいう．具体的には，分析試料を微粒子とした蒸気を更に解離させて成分の原子を形成している層にその原子特有の波長の光を照射する．すなわち，基底状態の原子に対してその励起エネルギーに等しいエネルギーをもった光を透過させると，その光は原子によって吸収される．その光を回折格子などで分散させて得られる原子吸光スペクトル（atomic absorption spectrum）を利用するものである．原子化する方法には，フレーム加熱方式，電気加熱方式のほか冷蒸気方式などがあり，このうちフレーム加熱方式が最も広く用いられてきた.

　上記の原理から分かるように，原子吸光分析法ではフレーム中に基底状態で存在する原子の密度が重要な意義をもつことになる．例えば，厚さbの原子蒸気層に強度I_0の入射光が通過すると，原子吸収が起こり，透過光の強度はIとなる．このとき，透過パーセントT（%）は次のように定義される.

　　　$T = I/I_0 \times 100$

17.3 原子吸光分析法

さらに，原子吸光と原子密度との関係をみてみる．いま，振動数 v，強度 I_0 の光が厚さ b cm で原子数 N が存在する原子蒸気層を通ったとき，透過光の強度を I_v，吸収係数を K_v とすると次の関係が成り立つ．

$$I_v = I_{0v} e^{-K_v b^N}$$

この式を吸光度 A との関係式に書きかえると，

$$A = \log_e(I_{0v}/I_v) = K_v b^N$$

となり，吸光度と原子数が比例関係にあることを示している．

試料溶液中の定量目的元素濃度 c と原子蒸気層中の原子数 N は比例関係にあるので，上記の式は次のように書き直すことができる．

$$A = K_v b^N = K_v' bc$$

この式は 17.1.1 項などで既に説明したランベルト・ベールの法則(Lambert–Beer's law)で，原子吸光分析における定量の基礎となるものである．ここで，K_v' は原子吸光率で，ランベルト・ベールの法則の ε に相当し，目的原子に固有の定数であるから，吸光度 A を測定することによって定量目的元素の濃度 c を求めることができる．

定量方法としては，分析試料の目的元素濃度に応じて調製した数種類の濃度の標準液について，吸光度に相当する指示値を求め，濃度と吸光度との関係を示す検量線を作成し，これを用いて測定した試料中の目的元素の吸光度に相当する指示値に対応した濃度を読み取る．一般的なこの検量線法のほか，吸光光度法と同じで標準添加法や内標準法も用いられる．

17.3.2 原子吸光分析装置

原子吸光分析装置の基本的な構成は，図 17.6 に示すように光源部，試料原子化部，測光部（分光・検出），信号処理部，データ処理部及び表示・記録・出力部からなる．光源からの特定の原子スペクトル線が試料の原子蒸気に照射され，その透過光は分光器で選別されて，特定の分析線だけが光電子増倍管で受光される．そこで分析線の強度は電流値に変換されて分析結果が算出される．

(1) 光源部

光源部は光源及びランプ点灯用電源から構成される．光源には，中空陰極ランプ，高輝度ランプ，低圧水銀ランプ，キセノンランプ，重水素ランプなどが用いられる．

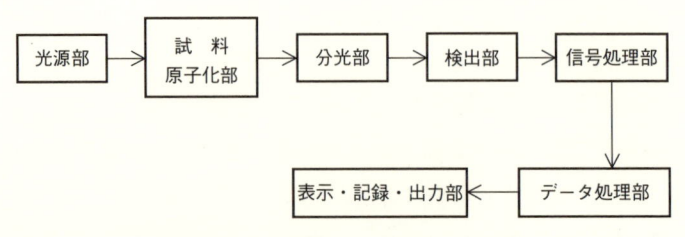

図 17.6 原子吸光分析装置の構成例

図 17.7 に中空陰極ランプ（ホローカソードランプ；hollow cathode lamp）の一例を示す．このランプは，測定対象元素を含む金属又は合金製の中空円筒型の陰極と陽極が真空管中に固定され，その中に低圧のネオン又はアルゴンガスが封入されている．両極間に高圧の直流電圧をかけると封入ガスがイオン化（$Ar + e^- \rightarrow Ar^+ + 2e^-$）され，$Ar^+$ は陰極にぶつかり加熱して目的原子の蒸気を発生させる．蒸気は更に Ar^+ と衝突して励起状態となり，この励起された原子が基底状態に戻るときに，特定波長の光を発光する．このようにして得られる中空陰極ランプからの発光線は，線幅が非常に狭い（0.001 nm 程度）輝線であり，そのために大きな発光強度を得ることができる．なお，中空陰極ランプは単元素用のものが一般的であるが，複数元素を含む合金で作られた多元素複

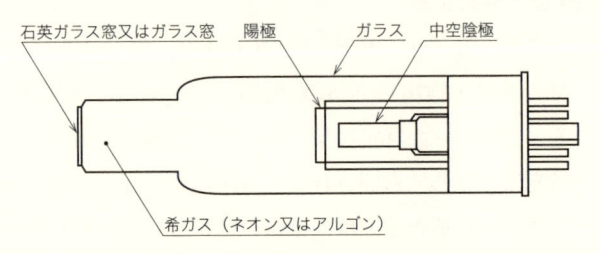

図 17.7 中空陰極ランプの構造例[10]

合ランプもある．

(2) フレーム加熱方式の原子化部

フレーム原子吸光分析に用いられる原子化部は，バーナー及びガス流量制御装置からなる．バーナーには，試料溶液をチャンバー内に吹き込んで細かい粒子だけをフレームに送り込む予混合バーナーと，霧化された試料溶液の全量をフレームに送り込む全噴霧バーナーがある．予混合バーナーの例を図17.8に示す．試料溶液はネブライザーによって吸引され，チャンバー内に噴霧され，更にディスパーサーに衝突してより細かい試料ミストのみがフレーム中に導入される．試料の吸引には助燃ガスの一部が使われ，生成したミストは噴霧室内で燃料ガスと助燃ガスに混合されてフレーム中に入る．噴霧室に導入された試料のうちフレームに入るのは約10%程度であり，残りはドレインとして捨てられる．

原子吸光分析法では，試料溶液から中性原子を効率よく生成することが最も重要であり，この過程を原子化といい，一般的に1 500～3 000℃の温度のフレームが用いられる．

光源の光は，フレームの中心で焦点を結ぶように通過させる．元素によって，

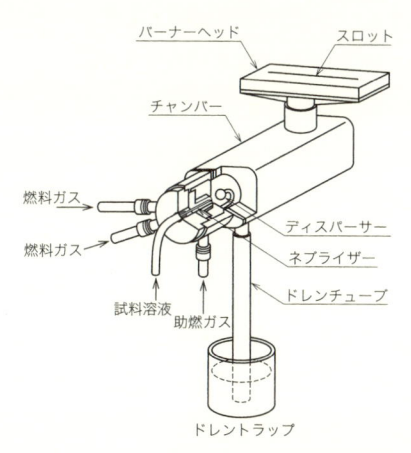

図17.8 フレーム加熱方式の原子化部の構造例[10]

またフレームの位置によって原子の分布が異なるので，光源光が通過するフレームの位置を上下，前後に調整して，最も大きな吸光度を得るようにする．このような温度での原子蒸気中では，大多数の原子は基底状態の中性原子として存在する．したがって，これに適当な光を照射すれば，大部分の原子は光吸収を起こす．最も強い吸光線は最低の励起準位から基底状態に遷移するときに放射する共鳴線で，原子吸光法ではこの共鳴線の波長で吸光度を測定する．大部分の元素の共鳴線は 200 nm 程度の紫外域から可視部の上限 850 nm あたりの波長範囲にある．

　ネブライザーから試料溶液をフレームに噴霧導入した場合，まず，ネブライザーから噴霧室を通して微細粒子を生成し，フレームに入った液滴は脱水されて塩（$M^+ + X^- \rightarrow MX$）が生成される．この塩は熱分解されて中性原子 M（基底状態）となり，この原子 M の原子吸光が測定される．しかしながら，フレーム中での反応はこのように単純ではなく，熱分解反応のほかに，フレーム中の成分との酸化，還元など複雑な反応が起こる．高温フレーム中で酸化物や水酸化物が安定な場合は，多燃料炎を用いるとフレーム成分が還元剤として働き原子化が促進されることがあり，このような工夫が必要である．

　燃料ガスと助燃ガスとを混合して燃焼して得られるフレームは化学炎と呼ばれ，種々の組合せがある．主に，①空気―アセチレン炎（最高温度：2 500 K），②一酸化二窒素―アセチレン炎（最高温度：3 000 K）③アルゴン―水素炎の3 種類が使用されている．目的元素に応じて使い分けるが，空気―アセチレン炎は揮発性の高い元素に，一酸化二窒素―アセチレン炎は揮発性の低い元素に適用される[11]．

　なお，付属装置としては必要に応じて，自動試料導入装置，自動希釈装置，フローインジェクション装置，水素化物発生装置などを用いる．還元気化しやすい成分であるひ素，セレン，アンチモン，ビスマス，テルルなどは，水素化物発生装置を付属させてガス化し，フレーム又は加熱吸収セルに導入して原子化して定量する方法がとられる．

(3) 電気加熱方式の原子化部

電気加熱原子吸光分析法は，試料溶液を添加した加熱炉を通電加熱して原子化を行う方法である．電気加熱炉は，発熱体に電流を流して試料溶液を乾燥，灰化，原子化するもので，黒鉛や耐熱合金製のものを用いる．加熱炉システム全体は水冷されており，酸化防止及び試料蒸気の移送などのためにアルゴン，窒素，アルゴンと水素の混合ガスなどを流す．黒鉛製加熱炉の概略構造を図17.9に示す．両端の電極から直流電圧をかけ，抵抗体である黒鉛管をジュール熱によって加熱する．試料溶液は，上部中央の注入孔よりマイクロピペットを用いて 10～50 μL を黒鉛管内に注入する．次に，乾燥，灰化，原子化の3段階の加熱操作を順次行い，原子化までもっていく．

灰化及び原子化の最適な温度や時間は元素によって異なるので事前に十分調査を行って条件を設定するようにする．特に，揮発性の亜鉛，カドミウム，銅，鉛などでは灰化温度を 500℃ 以上にすると揮散の可能性がある．一方，揮発性の低いアルミニウム，バナジウム，チタンなどの場合には原子化温度を 2 500℃ 以上のようにできるだけ高くする必要がある．

以下は，加熱操作の一例である．

(a) 乾燥（drying） 100～150℃ で 30～120 秒間保つ．

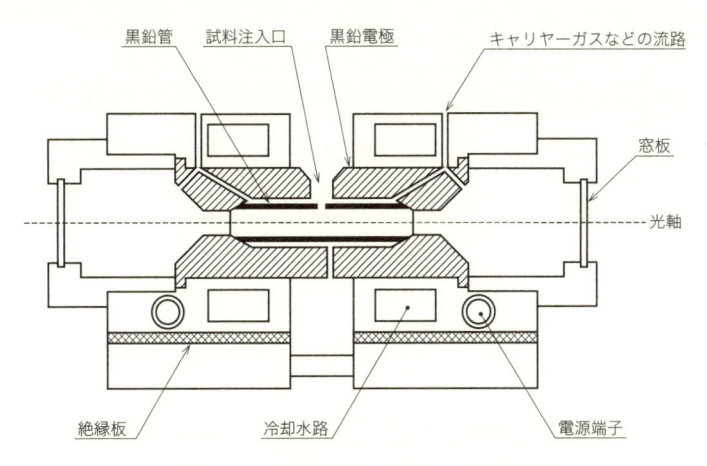

図 **17.9** 黒鉛製電気加熱炉の構造例[10]

(b) 灰化（ashing）　400～800℃で30～120秒間保ち，有機物を燃焼させて灰化する．

(c) 原子化（atomizing）　2 000～2 800℃に5～10秒で急速に加熱して原子化する．

(4) 冷蒸気方式の原子化部

冷蒸気原子化を用いる原子吸光分析法は，分析試料溶液から分析対象成分を還元気化あるいは加熱気化して分離した後，吸収セルに導き分析対象成分の原子吸収を測定する方法である．

JIS K 0121 : 2006（原子吸光分析通則）は，水銀専用原子吸光分析を新たに追加して規定しており，試料中の水銀を原子蒸気化する方式に還元気化方式及び加熱気化方式を規定している．還元気化方式の一例を図 17.10 に示すが，試料溶液を還元容器に入れ，硫酸酸性下で塩化すず(Ⅱ)により原子状水銀に還元する．原子状水銀はアルゴンガスによって除湿瓶を経由して吸収セルに送られ，低圧水銀ランプを光源とする原子吸収を測定する方法である．加熱気化方式は，燃焼管内の試料ボートを加熱して気化させた水銀を捕集剤にいったんトラップし，捕集剤を加熱して水銀を再度気化させて吸収セルに導入して原子吸収を測定する方法である．

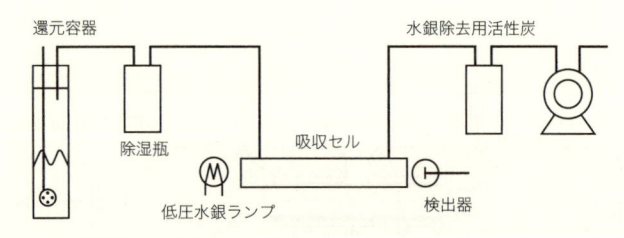

図 17.10　還元気化方式による水銀定量用原子吸光分析装置の構成例 [12]

(5) 測光部

測光部は主に分光器と検出器からなる．中空陰極ランプから放射された特定の原子スペクトル線が試料の原子蒸気に照射され，その透過光は分光器に入射されて分光され，特定の分析線のみが光電子増倍管で受光され，分析線の強度

は電流値に変換される．

測光方式として，シングルビーム方式とダブルビーム方式とがある．前者は1本の光束で測定を行うが，後者は光束をハーフミラーなどによって分割し，一方を原子化部に通過させ，他方は参照光として光強度の補正を行う．

分光器は，光源から放射されたスペクトルの中から目的とする分析線を分離して取り出し，検出器に送るためのものである．回折格子を用いるなど，近接線を十分に分離できる分解能が必要となる．分光器には，リトロー型分光器，ツェルニ・ターナー型，エバート型，エッシェル型などが用いられる．これらの分光器の構成などについての詳細は JIS K 0121 を参照されたい．

検出器は，入射光の光強度をその強度に応じた電気信号に変換するもので，光電子増倍管，光電管，半導体検出器などが用いられる．

(6) 信号処理部，データ処理部及び表示・記録・出力部

ここでは，検出器からの電気信号をもとに吸光度，濃度，検量線，定量結果などを算出して表示，記録する．デジタル方式及びアナログ方式があり，ディスプレー，プリンター，記録計などが用いられる．データ処理には，測定強度値の読み取り精度向上及び迅速化のために，信号の積分，吸収ピーク値の読み取り，検量線の作成，記憶などの機能をもつものがある．

バックグラウンド補正機能をもつが，その補正の方法としては連続スペクトル光源補正方式，ゼーマン補正方式，非共鳴近接線補正方式，自己反転補正方式が採用されている．

17.3.3 試料の調製，測定及び定量

測定試料は，分光学的，物理的，化学的のいずれの干渉のないものを目標として調製する．化学的干渉を防止するためには，あらかじめ化学的分離操作を行って妨害成分を分離するか，試薬を添加して妨害を抑制する．

実用上，目的元素濃度は，フレーム加熱法では例えば 1 ppm 程度，電気加熱法では 0.1 ppm 又はそれ以下が一応の目安となるが，分析試料，定量元素の種類や分析条件によって異なる．溶液の種類は硝酸や塩酸の $0.1 \sim 1$ mol/L

溶液など，単純な酸の希薄溶液を用いることが多い．バックグラウンド値が大きくなる条件は避け，また検量線の作成などに用いる標準液は測定溶液の標準として類似組成のものを用いるようにする．

　測定に際して，試料の採取量はフレーム加熱原子化法では通常 1 mL 以上を用い，電気加熱法では 10〜50 μL をマイクロピペットなどを用いて取る．水素化物発生法，冷蒸気方式還元気化水銀定量法などの場合は，試料溶液や容器

表 17.4 フレーム原子吸光分析法による鉄鋼中微量成分定量における各種分析条件 [13]

定量元素	試料溶解酸	溶液調製の途中操作	測定溶液の液性	測定波長 nm	バンド幅 nm	化学炎
Al	塩酸＋硝酸	ろ過—灰化—$H_3BO_3 \cdot K_2CO_3$ 融解	塩酸＋硝酸＋K^+＋H_3BO_3	309.3	0.2〜0.7	N_2O-C_2H_2 酸化状態炎
	王水	ろ過—灰化—$Na_2S_2O_7$ 融解	塩酸＋硝酸＋Na_2SO_4	309.3	—	N_2O-C_2H_2
Ca	王水	過塩素酸白煙—ろ過—灰化—Na_2CO_3 融解	過塩素酸＋塩酸＋Na^+＋$SrCl_2$ (or $LaCl_3$)	422.7	—	N_2O-C_2H_2
	塩酸	ろ過	塩酸＋硝酸＋KCl＋$La(NO)_3$		0.3〜1.0	N_2O-C_2H_2 貧燃料炎
Cr	塩酸	ろ過—灰化—$KHSO_4$ 融解	塩酸＋硝酸＋K_2SO_4	357.9 425.4	0.2〜1.0 0.2〜1.0	N_2O-C_2H_2 貧燃料炎
Cu	塩酸＋硝酸＋過塩素酸	過塩素酸白煙	過塩素酸	324.7	0.3〜1.0	Air-C_2H_2 貧燃料炎
Mn	王水	過塩素酸白煙	過塩素酸＋塩酸	279.5 403.1	—	Air-C_2H_2
Mo	塩酸＋硝酸	ろ過	塩酸＋硝酸＋$AlCl_3$	313.3	—	N_2O-C_2H_2
	王水	過塩素酸白煙—ろ過	過塩素酸＋$AlCl_3$			
	硫酸＋りん酸	硫酸白煙—ろ過	硫酸＋りん酸＋$AlCl_3$			
Ni	硝酸＋過塩素酸	過塩素酸白煙—ろ過	過塩素酸	352.5 232.0	0.2〜0.4 0.15〜0.25	Air-C_2H_2 貧燃料炎
Ti	塩酸	ろ過—灰化—$Na_2S_2O_7$ 融解	塩酸＋Na_2SO_4＋$AlCl_3$	364.3	—	N_2O-C_2H_2
	王水	過塩素酸白煙—ろ過—灰化—$Na_2S_2O_7$ 融解	過塩素酸＋Na_2SO_4＋$AlCl_3$			
V	王水	過塩素酸白煙—ろ過	過塩素酸白煙＋$AlCl_3$	318.4	—	N_2O-C_2H_2
	塩酸＋硝酸	過塩素酸白煙—ろ過	過塩素酸白煙＋塩酸＋$AlCl_3$	318.4	—	N_2O-C_2H_2 貧燃料炎

17.3 原子吸光分析法

などに応じて適量となる試料量を用いる．

試料溶液の調製方法，各種分析条件などについては，個別の規格に詳細に規定されているのでそれらに従うのがよい．鉄鋼中の各種成分の原子吸光分析法は，JIS G 1257：2000（鉄及び鋼—原子吸光分析方法）に規定されている．表17.4にフレーム加熱原子化法における分析条件を，表17.5に電気加熱法における分析条件を示す．

原子吸光分析の操作手順の概要を次に示す．

(a) 電源スイッチ及び装置関連スイッチを入れ，測光部に通電する．目的に合った中空陰極ランプを設定して点灯し，適当な電流値に設定して安定させる．

表17.5 電気加熱黒鉛炉原子吸光分析法による鉄鋼中微量成分定量における各種分析条件 [14]

定量元素	試料溶解酸	化学修飾剤	測定波長 nm	原子化加熱の例	備考
As	塩酸＋硝酸	—	193.7	100℃ 30秒 800℃ 30秒 2 800℃ 7秒	プラットフォーム使用可 ピーク面積又は高さ測定 ゼーマン補正 1％吸収が100 pg以下の感度
Al	塩酸＋硝酸	NH_4NO_3 又は $(NH_4)_2SO_4$	309.3	100-150℃ 30秒 1 400-1 700℃ 30秒 2 400-3 000℃ 7秒	プラットフォーム使用可 ピーク面積又は高さ測定 ゼーマン補正 1％吸収が100 pg以下の感度
Sn	塩酸＋硝酸	りん酸	224.6 286.3	100℃ 30秒 900℃ 30秒 2 400℃ 5秒	プラットフォーム使用可 ピーク面積又は高さ測定 ゼーマン補正 1％吸収が120 pg以下の感度
Se	ふっ化水素酸＋硝酸	—	196.0	130℃ 30秒 400℃ 30秒 1 800℃ 5秒	プラットフォーム使用可 ピーク面積又は高さ測定 ゼーマン補正 1％吸収が100 pg以下の感度
Sb	塩酸＋硝酸 りん酸＋塩酸＋硝酸（W, Nb共存の場合）	—	217.6	—	標準添加法 ピーク高さ測定

(b) フレーム加熱原子化法では，燃料ガスと助燃ガスの組合せと流量をあらかじめ選定しておく．両者のガス容器のガス圧が十分であることを確認し，それぞれガス流量調節器を介してバーナーに配管が接続されていることを確かめる．助燃ガスに次いで燃料ガスを流してバーナーに点火し，その流量を所定に調節する．光源からの光束とフレーム並びに波長選択部入射スリットとの相互の位置関係が正しい状態にあることを確かめる．

(c) 分光器の波長ダイアルを分析線に合わせる．ゼロ合わせを行い，次いで100合わせを行う．これを繰り返し行って，メーターなどの状態，フレームや光路などが適正で安定していることを確かめる．

(d) 試料溶液をフレーム中に噴霧して，吸光度を測定する．

(e) バーナーの消火については，始めに燃料ガスを次に助燃ガスの流れを止める．燃料ガスにアセチレンや一酸化二窒素を用いる場合は，安全について特に注意し，操作しなければならない．

(f) 電気加熱方式では，あらかじめ乾燥，灰化，原子化のそれぞれの温度と時間，フローガス流量などの条件を選定し，設定しておく．冷却水を原子化部に流し，例えばアルゴンガスの適量を原子化セルに流し，試料溶液を原子化セルに注入し，設定した温度及び時間の条件で乾燥，灰化，原子化操作を行って，吸光度を測定する．原子化セルは測定に先立ち空焼き処理をする．バックグラウンドの補正は17.3.2項の装置に応じた方法による．

(g) 冷蒸気方式による水銀定量の場合は，還元気化器又は加熱気化器それぞれの経路に支障のないことを確かめた後，定量操作を行う．

(h) 水素化物発生—フレーム加熱原子化法による場合は，反応容器と原子吸光分析装置との接続を確かめてから定量操作を行う．

上記の測定操作を行い正しい分析結果を得るためには，原子吸光分析装置の使用判定の基準となる数値をあらかじめ実験によって求めておくことが望ましい．判定基準の項目としては，装置検出下限，方法定量下限，短時間安定性，長時間安定性，検量線の妥当性などで，これらの求め方は例えば，JIS K 0121

の"附属書(規定)原子吸光分析装置の使用判定項目"に規定されている.

測定した吸光度から分析対象成分の定量値を求めるには,濃度既知の分析対象成分濃度と吸光度との関係を示す検量線を用いる.この検量線法以外に標準添加法やその他の方法が用いられる.表17.6に各元素の分析線波長と検出限界についての例を示す.この表では,FAASはフレーム原子吸光分析法,GFAASは黒鉛炉電気加熱原子吸光分析法,A/Aは空気・アセチレン炎,N/Aは一酸化二窒素・アセチレン炎,Ar/Hはアルゴン・水素炎,A/Hは空気・水素炎を示し,検出限界にd)を付けてあるものは還元気化水素化物発生法によるもので単位はng/mLである.

そのほか,光源以外の装置の構成あるいは装置の取扱いについては前節の吸光光度法に類似するところが多く,操作方法なども準じるところが多い.

17.3.4 原子吸光分析法の適用例

原子吸光分析法は広範囲な分野の試料の分析に活用されている.生産現場における工程管理や品質管理,食品や医薬品の検査,血液中の有害金属成分などの臨床分析,河川水,地下水,水道水,工場排水などの水質分析,岩石,鉱物,土壌などの地球化学試料分析など,工業生産,人の健康あるいは環境の保全など多くの分野で役に立っている.

公定法として環境分析などにも採用されているが,鉄鋼分析のJISを例について概要を述べる.JIS G 1257:1994(鉄及び鋼—原子吸光分析方法)には,18成分に適用する分析方法が規定されている.適用成分,前処理方法,適用含有率範囲を表17.7に示す.これらはすべてフレーム原子吸光分析法によるものであり,JIS G 1257:2000(鉄及び鋼—原子吸光分析方法)(追補2)には,電気加熱原子吸光分析法によるアンチモン[適用含有率範囲0.000 5〜0.010 % (m/m)],ひ素[0.000 3〜0.003 % (m/m)],アルミニウム[0.001〜0.005 % (m/m)],すず[0.000 3〜0.010 0 % (m/m)],セレン[0.000 2〜0.002 % (m/m)]の定量方法が規定されている.

17. 光分析

表 17.6 原子吸光分析法における測定元素の分析線波長と検出限界[15]

元素	波長 nm	FAAS[1] フレーム[3]	FAAS[1] 検出限界 μg mL^{-1}	GFAAS[2] 検出限界 pg
Ag	328.1	A/A	0.003	0.3
Al	309.3	N/A	0.03	1
As	193.7	A/A, Ar/H	0.05 (0.1) [4]	8
Au	242.8	A/A	0.02	2
B	249.8	N/A	2	200
Ba	553.6	N/A	0.03	6
Be	234.9	N/A	0.002	0.03
Bi	223.1	A/A	0.005 (0.2) [4]	5
Ca	422.7	A/A, N/A	0.002	0.4
Cd	228.8	A/A	0.002	0.08
Co	240.7	A/A	0.008	2
Cr	357.9	A/A	0.005	2
Cs	852.1	A/A	0.05	6
Cu	324.8	A/A	0.005	1
Dy	404.6	N/A	0.2	
Dy	421.2	N/A	0.05	40
Er	400.8	N/A	0.05	80
Eu	459.4	N/A	0.02	20
Fe	248.3	A/A	0.004	4
Ga	294.4	N/A	0.4	20
Ga	287.4	N/A	0.3	1
Gd	368.4	N/A	8	
Ge	265.2	N/A	0.3 (4) [4]	3
Hf	307.3	N/A	8	
Hf	286.6	N/A	2	34 000
Hg	253.7	A/A	0.2	120
Ho	410.4	N/A	0.06	90
I	183.0	N/A	30	30
In	303.9	A/A	0.06	5
Ir	208.9	A/A	2	
Ir	264.0	A/A	3	100
K	766.5	A/A	0.001	0.5
La	550.1	N/A	3	1 200
Li	670.8	A/A	0.002	3
Lu	336.0	N/A	0.7	4 000
Mg	285.2	A/A	0.000 4	0.2
Mn	279.5	A/A	0.002	0.2
Mo	313.3	N/A	0.02	3
Na	589.0	A/A	0.000 3	0.2
Nb	334.4	N/A	3	
Nd	463.4	N/A	2	10 000
Nd	492.5	N/A	4	
Ni	232.0	A/A	0.008	9

17.3 原子吸光分析法

表 17.6 （続き）

元素	波長 nm	FAAS[1] フレーム[3]	FAAS[1] 検出限界 $\mu g\ mL^{-1}$	GFAAS[2] 検出限界 pg
Os	290.9	N/A	0.2	270
P	213.6	N/A	100	2 000
Pb	217.0	A/A	0.04	3
Pb	283.3	A/A	0.03 (0.6)[4]	2
Pd	247.6	A/A	0.03	4
Pr	495.1	N/A	10	4 000
Pt	265.9	A/A	0.2	20
Rb	780.0	A/A	0.02	1
Re	346.1	N/A	1	1 000
Rh	343.5	A/A	0.008	6
Ru	349.9	A/A	0.1	26
S	180.7	N/A	5	100
Sb	217.6	A/A	0.06 (0.5)[4]	5
Sc	391.2	N/A	0.08	60
Se	196.0	A/A, Ar/H	0.2 (0.3)[4]	9
Si	251.6	N/A	0.1	2
Sm	429.7	N/A	1.5	400
Sn	224.6	A/H, Ar/H, N/A	0.2 (0.5)[4]	8
Sn	286.3	N/A	0.8	5
Sr	460.7	N/A	0.003	1
Ta	271.5	N/A	3	
Tb	432.7	N/A	1	4
Tc	261.4	A/A	0.5	
Te	214.3	A/A	0.05 (1.5)[4]	7
Ti	365.4	N/A	0.05	120
Ti	364.3	N/A	0.4	40
Tl	276.8	A/A	0.01	3
Tm	371.8	N/A	0.03	10
U	358.5	N/A	60	1 000
U	351.5	N/A	30	
V	318.5	N/A	0.09	3
W	255.1	N/A	4	
W	400.9	N/A	0.5	
Y	410.2	N/A	0.3	400
Yb	398.8	N/A	0.006	0.7
Zn	213.9	A/A	0.001	0.2
Zr	360.1	N/A	1.5	12 000

注[1] フレーム原子吸光分析
[2] 黒鉛炉原子吸光分析
[3] A/A：air-C_2H_2 炎，N/A：N_2O-C_2N_2 炎，Ar/H：Ar-H_2 炎，A/H：air-H_2 炎
[4] 水素化合物発生法（ng mL^{-1}）

表17.7 フレーム原子吸光分析法による鉄及び鋼中の各種成分の定量方法 [16]

成分	定量方法	適用含有率範囲 ％(m/m)	附属書番号
マンガン	酸分解直接法	0.003 以上 2.0 以下	1
りん	モリブドりん酸抽出法([1])	0.000 3 以上 0.010 以下	2
ニッケル	酸分解直接法	0.003 以上 1.0 以下	3
	酸分解直接法 (ISO 4940)	0.002 以上 0.5 以下	4
クロム	酸分解直接法	0.002 以上 2.0 以下	5
	酸分解直接法 (ISO 10138)([2])	0.002 以上 2.0 以下	6
モリブデン	酸分解直接法	0.01 以上 1.0 以下	7
銅	酸分解直接法	0.003 以上 1.0 以下	8
	酸分解直接法 (ISO 4943)	0.004 以上 0.5 以下	9
バナジウム	酸分解直接法([3])	0.005 以上 1.0 以下	10
	酸分解直接法 (ISO 9647)	0.005 以上 1.0 以下	11
コバルト	酸分解直接法	0.01 以上 0.50 以下	12
チタン	酸分解直接法	0.01 以上 0.50 以下	13
アルミニウム	酸分解直接法	0.005 以上 0.10 以下	14
	酸分解直接法 (ISO 9658)([4])	0.005 以上 0.20 以下	15
	鉄分離法	0.001 以上 0.010 以下	16
すず	よう化物抽出法	0.002 以上 0.10 以下	17
鉛	酸分解直接法	0.01 以上 0.30 以下	18
	よう化物抽出法	0.000 5 以上 0.010 以下	19
マグネシウム	酸分解直接法	0.001 以上 0.10 以下	20
カルシウム	酸分解直接法	0.000 5 以上 0.010 以下	21
	酸分解直接法 (ISO 10697-1)([5])	0.000 5 以上 0.003 以下	22
亜鉛	酸分解直接法	0.005 以上 0.025 以下	23
	よう化テトラヘキシルアンモニウム・トリオクチルアミン抽出法	0.000 5 以上 0.006 0 以下	24
ビスマス	よう化物抽出法	0.000 5 以上 0.015 以下	25
アンチモン	よう化物抽出法	0.001 5 以上 0.050 以下	26
テルル	よう化物抽出法	0.000 5 以上 0.050 以下	27

注([1]) この方法は，タングステン含有率 0.1％ (m/m) 以上の試料には適用できない．
　([2]) ISO 10138 の方法は，炭素鋼及び低合金鋼だけに適用する．
　([3]) この方法は，タングステン含有率 1.0％ (m/m) 以上及びチタン含有率 0.5％ (m/m) 以上の試料には適用できない．
　([4]) ISO 9658 の方法は，炭素鋼中の全アルミニウム定量方法のほかに酸可溶性アルミニウムの定量方法についても規定している．
　([5]) ISO 10697-1 の方法は，鋼中の酸可溶性カルシウムの定量方法について規定している．

17.4 高周波誘導結合プラズマ発光分光分析法

17.4.1 概　　説

発光分光分析法（AES：atomic emission spectrometry, OES：optical emission spectrometry）とは，高温熱媒体中で励起された原子やイオンが輻射する光を分光し，そのスペクトル線の波長から定性分析を，発光強度から定量分析を行う方法である．励起源にはフレーム，アーク，スパーク，グローなどの電気的放電，あるいはレーザー照射などによって発生させたプラズマなどが用いられるが，高周波誘導結合プラズマ（ICP）発光分光分析法（inductively coupled plasma emission spectrometry）は励起源にICPを用いたものである．

試料溶液をICPトーチに微粒子として導入すると，プラズマのエネルギーを受けて成分原子が励起される．励起された原子が低いエネルギー準位に戻るときに発光スペクトルが生じるが，この発光させた光を回折格子などで分光して原子発光スペクトル（atomic emission spectrum）を得る．このようにして，試料中に存在する特定元素固有の波長である発光線の発光強度を測定する．得られた発光強度とその特定元素の試料中の濃度との相関を求めて成分分析を行う．

17.4.2　ICP発光分光分析装置

ICP発光分光分析装置は，図17.11に示すように励起電源部，試料導入部，発光部，測光部（分光・検出），データ処理部及びシステム制御部から構成さ

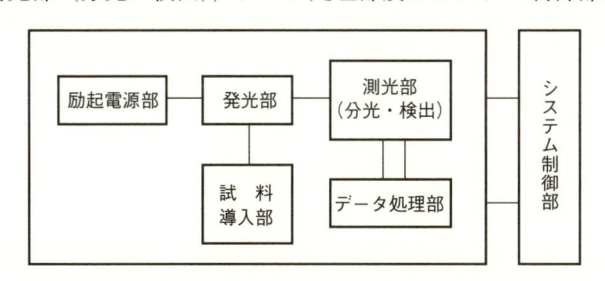

図 17.11　ICP発光分光分析装置の構成例

れる．各種発光分光分析法では励起電源部と試料導入部が異なるが，その他の部分はほぼ同じである．

(1) 励起電源部，試料導入部

励起電源部は，発光部を制御するための電源回路及び制御回路からなる．試料導入部は，発光部に試料を微粒子として導入するためのもので，ネブライザー，スプレーチャンバー及びドレントラップから構成される．溶液試料を対象とした試料導入部の構成の一例を図 17.12 に示す．発光部への試料の導入方法は，上記以外に水素化物発生導入装置，電気加熱気化導入装置，レーザーアブレーション導入装置などがそれぞれの目的に応じて用いられる．これらの付属装置についての詳細は，JIS K 0116：2003（発光分光分析通則）の解説に記載されているので参照されたい．

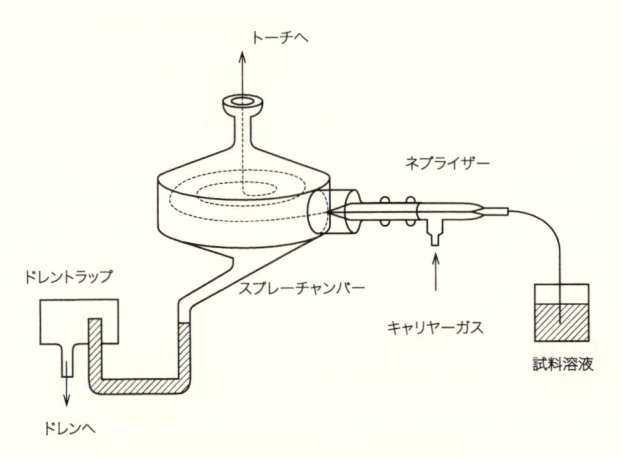

図 17.12 試料導入部の構成例 [17]

(2) 発光部

発光部は，試料中の分析対象成分を励起・発光させるためのもので，トーチ及び誘導コイルからなる．概略構成図を図 17.13 に示すが，トーチは石英ガラス製で三重管からなり，管中にはすべてアルゴンガスを流す．最外周管に流すアルゴンはプラズマガスと呼ばれ，主にプラズマを形成する働きをするが，トー

17.4 高周波誘導結合プラズマ発光分光分析法

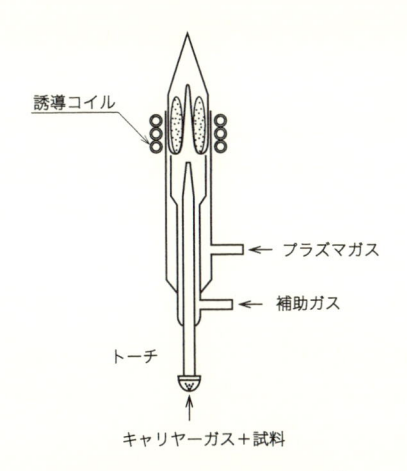

図 17.13 発光部の構成例 [17)]

チの冷却も兼ねるので冷却ガスとも呼ばれる．中間の管を流れるアルゴンは補助ガスと呼ばれ，プラズマを上方に浮かせてトーチの中央の管などの熔解を防いでいる．トーチの外側上部に巻いた誘導コイルに高周波電流を流すことにより，高周波がトーチ内のガス中に誘導されて中央部にドーナツ状に穴の開いたフレーム状のプラズマを形成する．微粒子状にした試料溶液をアルゴンをキャリヤーガスとして中心の管から導入する．試料粒子は，このプラズマの中を通る間に原子化されて励起・発光する．

(3) 測光部（分光・検出）

測光部は，励起光を分光する部分と発光強度を電気信号として検出する部分からなる．形成されたプラズマ炎の励起光を分光部で観測するための光路は，プラズマの横方向及び軸方向から行う2種類の方式がある．分光部は，発光部から放射された励起光を効率よく導く集光系，スペクトル線を分離する分光系からなる．分光器には回折格子を用いた分光器を備え，近接線を十分に分離できる分解能を備えたものが必要で，ツェルニ・ターナー型，パッシェン・ルンゲ型，エッシェル型などの分光器が用いられている．ツェルニ・ターナー型分光器は波長をスキャンできるシーケンシャル型分光器として，パッシェン・

ルンゲ型及びエッシェル型分光器は主として多元素同時測定型分光器として使用される．

発光スペクトル線の数は元素により数千本以上あるものもあり，これを分解するには高い分散をもった分光器が必要である．通常，発光分光分析に用いられる分光器では，出口スリット位置における波長分散（逆線分散，reciprocal linear dispersion）が，0.2〜1 nm/mm のものが多い．スリット幅を 30 μm とすれば，スペクトルバンド幅は 0.006〜0.03 nm（吸光光度法，原子吸光分析法では，0.5〜3 nm）ということで，分散はかなり高い．

また，通常紫外部から可視部にかけてのスペクトル線が測定されるが，りん，ひ素，硫黄など波長が 190 nm 以下の真空紫外域に強いスペクトルをもつ元素の測定では，発光線が空気中の酸素分子によって吸収される問題がある．このために，集光系及び分光器内を真空にするか，あるいはアルゴンガスや窒素ガスで空気を置換できるような構造，機能をもったものを使用する必要がある．なお，これらの分光器の構成などについての詳細は JIS K 0116 を参照されたい．

検出部は，入射した光をその光強度に応じた電気信号に変換するもので，光電子増倍管又は半導体検出器が用いられる．

(4) データ処理部，システム制御部

データ処理部では，測光部から送られる電気信号をデータ処理し，検量線や測定結果などの情報として CRT やプリンターなどに表示し，出力する．データ処理部には，バックグラウンド補正，分光干渉補正，内標準元素補正など精確さを向上するための処理機能をもつものもある．

システム制御部は，ICP 発光分光分析システムを最適条件下で稼動させるために，励起電源部の電力，トーチへのガス流量，トーチの測光高さなどの制御をするものである．

17.4.3 試料の調製と測定

ICP 発光分光分析法の試料の調製は，原子吸光分析法の場合と同様に，測

17.4 高周波誘導結合プラズマ発光分光分析法

定試料は分光学的,物理的,化学的のいずれの干渉のないものを目標として調製する.化学的干渉を防止するためには,あらかじめ化学的分離操作を行って妨害成分を分離する.対象とする試料に適した分解方法によって試料の溶液化を行うが,通常は塩酸,硝酸,硫酸,過塩素酸などを用いて酸分解し,未分解物は融解する方法を採用する.また,加圧酸分解やマイクロ波酸分解などの分解法も採用されている.試料分解条件の詳細については,金属,鉱物,食品などそれぞれの分析方法を規定した個別規格を参考にするのがよい.試料を確実に分解することがまず重要で,用いる試薬や容器からの汚染に注意を払うことが必要であり,ネブライザーを詰まらせる可能性のある沈殿物が観察される場合はろ過を行う.なお,試料の分解については,13章"試料の分解"を参照されたい.

酸分解して調製した試料溶液のマトリックス成分の濃度が高く,分析対象成分の濃度が低い場合には,分析対象成分の分離及び濃縮を行う.分離・濃縮方法には,沈殿分離法,共沈分離法,溶媒抽出法,イオン交換法,水素化物発生法などが用いられる.上記の試料分解の前処理操作における誤差要因としては,分析者の体や衣服,分析室の環境,容器や器具,水や試薬などからの汚染,試料の分解不完全,分解時の分析対象成分の揮散などの原因があげられる.微量成分の汚染源についての認識をもち,常に注意をすることが必要である.なお,試料の前処理については,14章"分離とマスキング"を参照されたい.

調製した試料溶液のICP発光強度測定における操作手順の概要を次に示す.

(a) 電源スイッチ及び装置関連スイッチを入れ,測光部に通電して分光器,検出器などを安定させる.

(b) 測定する元素の波長を分光器に設定し,所定の波長に設定されるように波長校正を行う.アルゴンの発光線,水銀ランプからの発光線,又は短,中,長波長の元素を含んだ調整用溶液を用いて全波長範囲の調整をするのが望ましい.

(c) 測定する元素の発光強度が最大になるようにトーチ位置を移動させ,又は分光部の集光系ミラーの角度か入口スリットの位置を調整して光軸調整を

行う．

(d) 予備運転を 30 分程度行ってプラズマが安定した後，分析目的に応じて最適条件の設定を行う．これは，分析対象成分の分析線を選択し，高周波出力，キャリアーガス流量及び測光高さの調整をすることによって行う．

分析線の選定にあたっては，分析対象成分の定量範囲に適する発光強度が得られる分析線を選ぶが，検出下限や測定精度なども十分検討する．また，共存成分の干渉が想定される場合には，干渉を受けない別の分析線を使用するか，又は適切な方法によって補正を行う．

(e) 試料溶液を導入し，発光強度を測定する．

上記の測定操作を行い正しい分析結果を得るためには，ICP 発光分光分析装置の使用判定の基準となる数値をあらかじめ実験によって求めておくことが望ましい．判定基準の項目としては，バックグラウンド等価濃度（*BEC*），装置検出下限（*ILOD*），方法定量下限（*MLOD*），短時間安定性，長時間安定性，検量線の直線性などで，これらの求め方は例えば JIS K 0116 の"附属書1（規定）ICP 発光分光分析装置の使用判定項目"に規定されている．

一定時間の積分によって得られた発光強度値から試料溶液中の分析対象成分の定量値を求める．濃度既知の分析対象成分濃度と発光強度との関係を示す検量線を作成して，これを用いて定量値を求める．検量線作成用溶液は，分析対象とする1元素又は複数元素（内標準元素を含む）を含む溶液を調製する．調製にあたっては，

 ① 複数元素の溶液の調製では，混合によって沈殿が生じないような試薬及び成分の組合せとする，

 ② 使用する分析線に分光干渉が生じないような成分の組合せにする，

 ③ 測定用試料溶液の液性とできるだけ同じ条件にする，

などの注意が必要である．

この検量線法には，発光強度を用いる方法と，一定濃度で加えた内標準元素との強度比を用いる方法とがある．また，これら以外に標準添加法などが用い

られる.検量線に関係することは,11.11節"定量方法"及び24.5節"標準物質の必要性と検量線"を参照されたい.

17.4.4 ICP発光分光分析法の適用例

ICP発光分光分析法は,溶液試料に適するために環境水の分析などに活用されるが,金属なども含めてあらゆる産業分野でなくてはならない分析方法となっている.分析システムを安定して運転できるようにしておき,装置校正及び標準物質による定量の精度管理を行っておけば,容易な操作で他元素を同時に分析できることがこの分析方法が活用される大きな要因といえる.

ICP発光分光分析法における適用元素,分析線及び定量下限について具体的にみてみるためにこれらを表17.8に示す.この表は分析線の種類についても示している.ICP励起源によって得られた発光線には,通常,中性原子線とイオン線の両方のスペクトル線が存在する.一般に,中性原子線を記号Ⅰで,イオン線を記号Ⅱとして各元素の波長の前につけて表す.例えば,アルミニウムの中性原子線の波長はAl Ⅰ 308.216 nmで,イオン線の場合はAl Ⅱ 167.081 nmのように表す.

表 17.8 ICP 発光分光測定元素の分析線波長と検出限界 [18]

元素		波長(1) nm	軸方向観測 検出限界(2) ng mL^{-1}	横方向観測 検出限界(2) ng mL^{-1}	元素		波長(1) nm	軸方向観測 検出限界(2) ng mL^{-1}	横方向観測 検出限界(2) ng mL^{-1}
Ag	I	328.068	0.6	1	Ca	II	396.847	0.01	
Al	II	167.081	0.5	3	Cd	II	214.438	0.3	0.6
Al	I	308.216		8	Cd	II	226.502	0.2	0.6
Al	I	396.153	1.5	3	Cd	I	228.802	0.4	0.5
As	I	189.042	2		Ce	II	413.747	2.4	5
As	I	193.759	5	5	Ce	II	418.660	2	3
Au	I	242.795	1.4	3	Cl	I	134.724	19	
B	I	182.641	0.5		Cl	I	135.166	50	
B	I	249.773	0.5	0.3	Cl	I	837.597		50 ng(3)
Ba	II	455.404	0.05	0.09	Co	II	228.616	0.3	0.8
Be	I	234.861	0.05	0.08	Cr	II	205.552	0.3	1
Be	I	313.042	0.09	0.1	Cr	II	267.716	0.5	0.8
Bi	II	153.317	8.4		Cs	I	455.536	1 500	10 000
Bi	I	223.061	5.9	5	Cu	I	324.754	1.3	1
Br	I	148.845	34		Cu	I	327.396	0.6	
Br	I	154.065	9		Dy	II	353.171	0.3	2
Br	I	700.521	3 500		Er	II	323.059	0.9	
Br	I	827.246		50 ng(3)	Er	II	337.275	0.4	2
C	I	193.090		10	Er	II	349.910	0.4	
C	I	247.857		40	Eu	II	381.966	0.1	0.09
Ca	II	183.801	1.2		Eu	II	412.974	0.1	
Ca	II	393.367	0.04	0.1	Eu	II	420.505	0.06	
F	I	685.602		350 ng(3)	P	I	214.911		30
Fe	II	238.204	0.4	0.5	Pb	II	168.215	1.8	
Fe	II	259.940	0.5	0.3	Pb	II	220.351	3	5.5
Ga	II	141.444	0.8		Pd	I	340.458	2	7
Ga	I	294.364	2	4	Pd	I	363.470		12
Ga	I	417.206		5	Pr	II	390.843	0.9	2
Gd	II	342.247	0.6	3	Pr	II	422.533		10
Ge	II	164.919	1.3		Pt	II	177.709	2.6	
Ge	I	265.118	4	3	Pt	I,II	214.423	3	4
Hf	II	277.336	1	1					
Hg	I	184.950	2		Pt	II	224.552	11	
Hg	I	253.652	3	12	Pt	I	265.945	4	3
Ho	II	339.898	0.5		Rb	I	780.023	4	20
Ho	II	345.600	0.3	1	Re	II	197.313		2
I	I	142.549	13		Re	II	227.525	0.9	1
I	I	206.163		15	Rh	II	233.477	3	20
In	II	158.637	0.2		Rh	II	249.077	2.7	
In	II	230.606	4	5	Rh	I	343.489	2	14
In	I	325.609	4.5		Ru	II	240.272	0.8	2
In	I	451.132		45	Ru	II	267.876	0.6	

17.4 高周波誘導結合プラズマ発光分光分析法

表 17.8 （続き）

元素	波長(1) nm	軸方向観測検出限界(2) ng mL^{-1}	横方向観測検出限界(2) ng mL^{-1}	元素	波長(1) nm	軸方向観測検出限界(2) ng mL^{-1}	横方向観測検出限界(2) ng mL^{-1}
Ir	II 212.681	2		S	I 142.507	10	
Ir	II 224.268	1.6	4	S	I 180.734	13	
Ir	I 322.078		60	S	I 182.034	4.9	45
K	I 769.898	1.5		Sb	I 206.838	2.5	6
K	I 766.491	9	40	Sb	I 217.589	3.4	14
La	II 333.749	0.4	2	Sb	I 231.147	2	
La	II 379.477	0.3	2	Sc	II 361.384	0.09	0.2
La	II 408.671	0.6		Se	I 196.090	5	20
Li	I 670.784	0.5	0.5	Si	I 251.612	3	20
Lu	II 261.542	0.05	0.1	Si	I 288.158		11
Mg	II 279.079	4.3		Sm	II 359.260	0.9	0.8
Mg	II 279.553	0.06	0.02	Sn	II 140.045	1.5	
Mn	II 257.610	0.1	0.09	Sn	II 147.501	1.3	
Mo	II 202.030		2	Sn	II 189.989	7	9
Na	I 588.995	0.2	0.15	Sn	II 283.999		15
Na	I 589.592	0.8	2	Sr	II 407.771	0.03	0.05
Nb	II 309.417	1	3	Sr	II 421.552		0.2
Nb	II 316.340		11	Ta	II 240.063	1.4	4
Nd	II 401.225	1	2.3	Tb	II 350.917	0.7	0.8
Ni	II 221.647	0.4	3	Tb	II 367.635	1.4	
Ni	II 231.604	1.3	1	Te	I 170.00	3.9	
Os	II 225.585	0.9		Te	I 214.275	6	7
Os	I 290.906		4	Th	II 283.730	1.3	5
P	I 177.440	7		Th	II 339.204	0.7	
P	I 177.499	1		Th	II 401.914	1.9	5
P	I 178.287	9		Ti	II 334.941	0.3	0.3
P	I 213.620	10	10	Tl	II 132.172	19	
Tl	II 190.864	5	10	W	II 207.911	3	5
Tl	I 377.572		58	W	II 239.709	4.3	
Tm	II 313.126	0.4	2	Y	II 371.029	1	0.1
Tm	II 346.220	0.5	0.2	Yb	II 328.937	0.06	0.3
Tm	II 384.802	0.3		Yb	II 369.420	0.05	0.2
U	II 385.958	8.1	12	Zn	II 202.551	0.8	
U	II 424.167	3		Zn	II 206.191	0.3	
V	II 292.403	0.4	1.5	Zn	I 213.856	0.3	0.5
V	II 309.311	0.4	0.3	Zr	II 339.198	0.3	2
V	II 311.071	0.6	1.5	Zr	II 343.823	0.4	1

注(^{1}) I：中性原子線，II：イオン線．
(^{2}) バックグラウンドの標準偏差の3σのシグナルを得る濃度を検出限界とした．
(^{3}) ガス試料導入のため絶対量で表した検出限界．

引用・参考文献

1) JIS K 0115:2004（吸光光度分析通則），p.1, 3
2) 武藤義一ほか（1984）：JIS 使い方シリーズ 化学分析マニュアル，p.168，絶版，日本規格協会
3) JIS G 1214:1998（鉄及び鋼―りん定量方法）
4) （社）日本分析化学会（2004）：改訂 5 版 分析化学データブック，p.90-92，丸善
5) 文献 4），p.93-94
6) （社）日本分析化学会（2007）：金属分析技術セミナーテキスト，p.57
7) 文献 2），p.182 ／ JIS K 0120:2005（蛍光光度分析通則），p.19
8) JIS K 0120:2005（蛍光光度分析通則），p.5
9) 文献 4），p.94-97
10) JIS K 0121:2006（原子吸光分析通則），p.3, 4
11) 原口紘き，古田直紀（1989）：分析化学教育用ビデオ 5 原子吸光分析，p.12，（社）日本分析化学会
12) 文献 10），p.13
13) 文献 6），p.66
14) 文献 6），p.67
15) 文献 4），p.86
16) JIS G 1257:1994（鉄及び鋼―原子吸光分析方法），p.2
17) JIS K 0116:2003（発光分光分析通則），p.4
18) 文献 4），p.88
19) JIS K 0115:2004（吸光光度分析通則）
20) 武藤義一ほか（1984）：JIS 使い方シリーズ 化学分析マニュアル，絶版，日本規格協会
21) JIS K 0121:2006（原子吸光分析通則）
22) 長島弘三，富田功（2001）：基礎化学選書 2 分析化学，裳華房
23) JIS G 1257:1994（鉄及び鋼―原子吸光分析方法）
24) 河口広司（1989）：分析化学教育用ビデオ 6 ICP 発光分光分析法，解説，（社）日本分析化学会
25) JIS K 0116:2003（発光分光分析通則）

18. 電磁気分析

電磁気分析は, JIS K 0050:2005 (化学分析方法通則) の一般事項 [6.1 "化学分析の種類" d)] で, 次のように述べられている.

"電磁気分析は, X線, 電子線, イオンビーム, 電場, 磁場などの電磁気的特性を分析種に作用させて, 分子, 原子などに関する情報を得る分析方法である. X線回折分析, 蛍光X線分析, 電子線マイクロアナリシス, 光電子分光分析, 核磁気共鳴分析, 電子スピン共鳴分析, 質量分析 (ガスクロマトグラフ質量分析, 高速液体クロマトグラフ質量分析, 誘導結合プラズマ質量分析, グロー放電質量分析, 二次イオン質量分析など), 走査電子顕微鏡試験, 透過電子顕微鏡試験などがある."[1]

18.1 X 線 分 析

18.1.1 X線回折分析

X線回折分析 (XRD : X-ray diffractiometry) は, JIS K 0131 : 1996 (X線回折分析通則) に規定されている. この規格では, X線回折装置を用いて回折X線を測定し, これによって物質の同定・定量, 格子定数の精密測定, 結晶化度の測定を行う場合の一般事項について規定されている. 装置の基本構成は, X線発生部, ゴニオメータ部, 計数・指示記録部, 制御・データ処理部からなる.

X線管球は, 特性X線を発生し, 測定に適する回折X線強度が得られる容量のものを使用する. 封入式管球と開放式管球がある. ゴニオメータ部は, 回折X線の回折角度をはかるもので, 十分な角度精度, 再現精度をもつものとする. 光学系は, 集中方式と平行ビーム方式とがある. 検出器は, X線を検出し, その強度に応じたパルスを発生するもので, 比例計数管, シンチレーショ

ン計数管，半導体検出器，位置敏感形比例計数管などがある．

測定試料は，粉体試料，固体試料（薄膜，棒状，板状など），堆積粉じん及び浮遊粉じんなどを対象とする．標準物質としては，回折角の精密測定用標準物質，定量分析用標準物質を用いる．回折データの整理にはデータベースを検索する方法や，リートベルト法を使用する方法がある．定量分析では，内標準法，標準添加法，回折吸収法，マトリックスフラッシング法，リートベルト法による定量などがある．

X線回折データを用いて，

・結晶格子の精密測定［測定した回折角について，誤差の補正をして得られた面間隔 d と面指数(hkl)から格子定数 $a \cdot b \cdot c \cdot \alpha \cdot \beta \cdot \gamma$ を求める．］，
・結晶子の大きさと不均一ひずみの測定（結晶子が微細な場合，結晶に不均一ひずみが存在する場合など，回折X線の幅が広がることを利用して，結晶子の大きさや不均一ひずみを測定する．），
・結晶化度（回折図形を試料中の結晶質からの部分と非結晶からの部分に分離して結晶化度を求める．），
・極点図測定（多結晶体を構成する結晶粒の優先配向，すなわち集合組織の解析），
・配向性の評価（多結晶体の回折X線強度比は結晶子の配向性を反映しているので，強度比を用いて配向性の評価を行う．），
・残留応力の測定（残留応力測定装置により格子面の回折X線ピーク位置 2θ の変化量によって残留応力を測定する．），
・動径分布測定（液体や非結晶物質の回折図形には，鋭いピークの代わりにハローが観測される．これを解析することで，動径分布の情報が得られる．）

などの測定解析が行われる．最近の装置では，強度測定，データ処理，構造解析のための一連の計算をコンピュータ支援のもとに行えるようになっている．このような測定方法の進歩により，たんぱく質などの巨大高分子の構造解析も比較的短時間でできるようになっている．X線回折分析法（XRD）では，よ

り表面の情報を得るために視斜角入射X線回折法（GIXRD）が利用されるようになり，表面分析の一角を占めるようになった．

18.1.2 蛍光X線分析

蛍光X線分析（X-ray fluorescence spectrometry）の通則は，JIS K 0119: 2008（蛍光X線分析通則）に規定されている．この規格は，蛍光X線分析装置を用いて蛍光X線を測定し，これによって定性分析，定量分析を行う場合の一般事項を規定している．

蛍光X線分析装置は，1948年にFriedemanとBirksによって開発され，Phillips社から発売されてから約50年が経過した．取扱いやすさと汎用性とから，蛍光X線分析法はあらゆる分野で使用されて急速に普及してきた．この間，内外のメーカーによる装置の改良とユーザーサイドによる定量方法の研究開発と公定法への規格化が積極的に実施され，スパーク放電発光分光法とともに鉄鋼を初めとする金属材料，原料の迅速分析法として汎用的な手法となっている．

分析試料にX線管球で発生させた一次X線を照射すると，一次X線の一部は透過し，一部は試料に吸収されたり，散乱したりする．この吸収された一次X線が原子核近傍の電子を放出させ空位を生じさせる．この電子軌道の空位を補うために外殻の電子が遷移する．この際余剰となったエネルギーが放出される．これが蛍光X線と呼ばれるものである．空位の電子軌道及び遷移する電子の軌道によってスペクトルの波長が異なる．これらの蛍光X線のスペクトルは，K殻への遷移はK線，L殻への遷移はL線と呼ばれ，K系列，L系列，M系列の蛍光X線となり，それぞれ数本から数十本のスペクトル線からなっている．α線，β線は次殻からの電子遷移，次次殻からの電子遷移で決定される．蛍光X線のスペクトル波長は元素特有のもので，Moseleyの式(18.1)の関係で決まる．

$$\lambda = C/[A^2(Z-B)^2] \tag{18.1}$$

ここに，　　λ：波長

C：光速度
A, B：固有X線定数
Z：原子番号

発生した蛍光X線は，分光結晶で元素ごとに分光される．蛍光X線の分光角度は，分光結晶の原子面間隔既知の物質を用い，入射X線角度，反射X線角度を光学的に配置することにより，Braggの回折式(18.2)から求められる．

$$2d \sin \theta = n \lambda \tag{18.2}$$

ここに，d：分光結晶の原子面間隔
θ：回折角
n：次数
λ：波長

分光された各波長の蛍光X線強度は放射線計数管で計測され，ノイズの除去，近接エネルギーの分離などを電気回路で補正して計数値とする．

蛍光X線分析装置には，製造工場の炉前分析，生産工程管理分析に使用される多元素同時測定型と，研究分析，材料開発分析に適用される単元素測定型(走査型)がある．蛍光X線分析装置の分光方式としては，波長分散方式(図18.1)，エネルギー分散方式(図18.2)，全反射方式(図18.3)の3種類がある．

(a) 波長分散方式 X線発生部は，励起X線を発生させるためのX線管，これに電力を供給する高電圧電源，その制御を行う制御部からなる．分光器には，ソーラスリットと平面分光素子を組み合わせた平行法によるものと，スリットと湾曲分光素子を組み合わせた集中法によるものとがある．検出器には，比例計数管，シンチレーション計数管などを用いる．分光器と検出器の配置には，一つの分光器を用いて分析元素ごとに検出器を設定する走査型と，複数の分光器と検出器を固定するマルチチャンネル固定型とがある．計数部には比例増幅器やパルス波高分析器が付いている．波長分散方式のほうが一般的には波長分解能や定量性に優れている．このために，鉄鋼，非鉄金属，セメント，セラミックス，窯業，ガラス工業などの分野では製造工程の工程管理分析法として汎用的に利用されている．

18.1 X線分析

(b) エネルギー分散方式 X線発生部は，X線管以外にラジオアイソトープ線源なども用いられる．検出器は，エネルギー分解能の高い半導体検出器や，比例計数管などが用いられる．エネルギー分散方式は波長分解能や定量性は波長分散型より劣るものが多いが，小型化しやすく，可搬型としての利用や電子顕微鏡への付属設備などとしての利用が広く行われている．最近では土壌分析などの環境分野にも使用されている．

(c) 全反射方式 X線発生部はX線管を用いる．X線管は，封入管方式と回転陰極管方式を使う場合がある．検出器は半導体検出器が多い．全反射方式のものはシリコンウエハなどの電子材料の表面極微量元素分析に用いられる場合が多い．

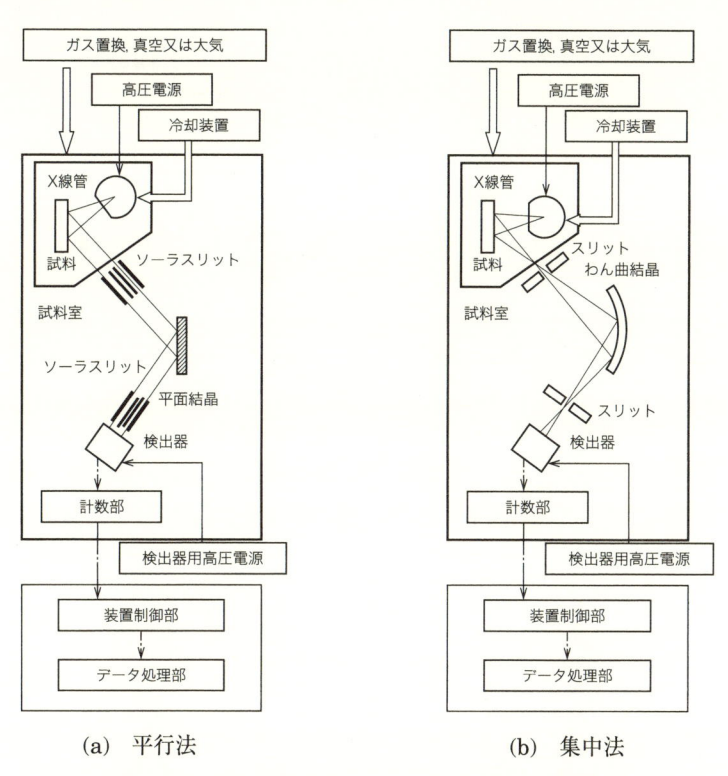

(a) 平行法　　　　　　　(b) 集中法

図 18.1 波長分散方式蛍光X線分析装置の構成例 [2)]

蛍光X線分析に関するJISを表18.1に示す.

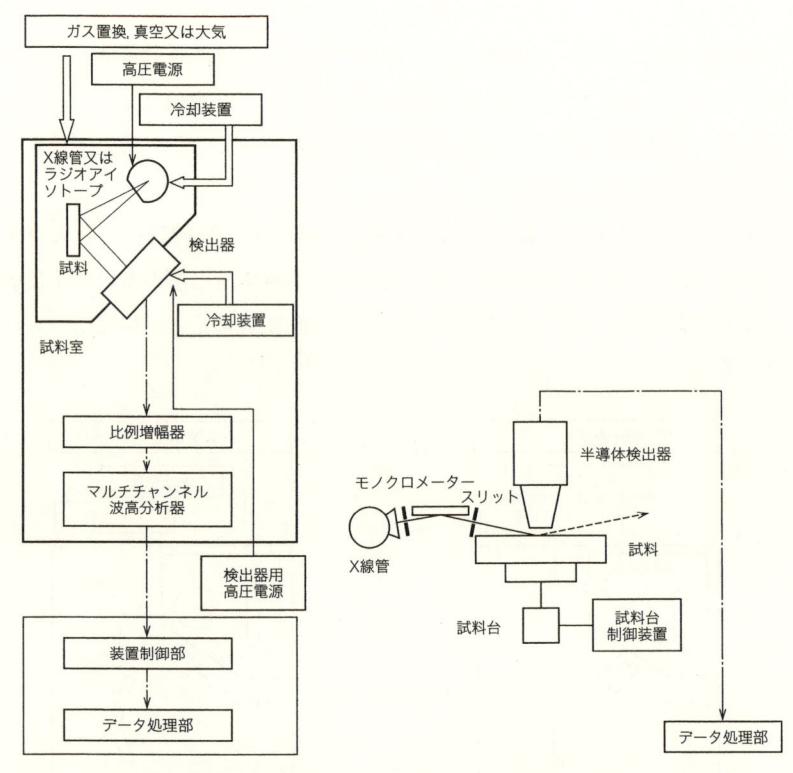

図18.2 エネルギー分散方式蛍光X線分析装置の構成例[2]

図18.3 全反射方式蛍光X線分析装置の構成例[2]

表18.1 蛍光X線分析法JIS一覧

JIS K 0119：2008	（蛍光X線分析通則）
JIS G 1256：1997	（鉄及び鋼―蛍光X線分析方法）
JIS G 1351：2006	（フェロアロイ―蛍光X線分析方法）
JIS M 8205：2000	（鉄鉱石―蛍光X線分析方法）
JIS H 1292：2005	（銅合金の蛍光X線分析方法）
JIS H 1614：1995	（チタン及びチタン合金中の鉄定量方法）
JIS H 1621：1992	（チタン合金中のパラジウム定量方法）
JIS H 1669：1990	（ジルコニウム合金の蛍光X線分析方法）

18.2 電子線分析

　走査電子顕微鏡(SEM：scanning electron microscopy)，オージェ電子分光分析(AES：auger electron spectroscopy)，透過電子顕微鏡(TEM：transmission electron microscopy)などの電子プローブを用いる分析機器において，電界放射型電子銃（FEG：field emission gun）を用いることによって像分解能の向上，高輝度化，電子ビームエネルギー幅の高分解能化（単色化）が図られるようになってきた．その結果，SEM，AESにおいては1μm以下，TEMではnm領域へと，より微細な部分の元素分析を行うことが可能となった．SEMの操作性も向上し，光学顕微鏡を取り扱う感覚で簡便にSEM観察が可能になっている．TEMと同様に，SEMにエネルギー分散型蛍光X線分析法(EDX：energy dispersive X-ray analysis)を取り付けて元素分析を可能にした装置や電子線マイクロアナライザー（EPMA：electron probe microanalyzer）も多用されている．

　JIS K 0132：1997（走査電子顕微鏡試験方法通則）が規格化されている．また，JIS K 0145：2002（表面化学分析―X線光電子分光装置―エネルギー軸目盛の校正）にX線光電子分光装置―エネルギー軸目盛の校正方法が規格化されている．

　微小領域や表面の分析手法は，1960年代後半までは，TEM，XRD，XRF，EPMAが主流であった．前二者は結晶構造解析手段として，後二者は元素分析手段として現在でも広く活用されている．ここで，元素分析を対象とするXRF，EPMAは，表面としては約1～数十マイクロメートル（μm）厚さ，微小部としては1μmφ程度が分析領域である．1970年代に入ると，表面分析法が大きくクローズアップされてきた．Sieghbahnらにより開発されたX線光電子分光法（XPS：X-ray photoelectron spectroscopy）やHarissによって提案されたAES，Benninghovenにより開発された二次イオン質量分析法（SIMS：secondary ion mass spectrometry）が市販されて，数ナノメートル(nm)厚さの表面の元素分析が可能となってきた．鉄鋼分野では数ナノメート

ル厚さの表面分析だけでなく，めっき層などを対象とした数マイクロメートル厚さの元素分析も重要である．1970年代後半に実用化されてきたグロー放電発光分光分析法（GDS）が，めっき皮膜の深さ方向分析に適用され，XRDやXRFとともに電気亜鉛めっき鋼板などの品質管理に重要な位置を占めるようになった．

微小部に関しては，電子ビームを照射する分析手法が主流であるが，1980年代の初めに半導体検出器タイプのエネルギー分散型蛍光X線分析を附加した走査電子顕微鏡（SEM-EDX）やAESに使用されてきた電子銃に，従来のフィラメントを用いた熱電子放出型からWチップを用いた電界放射型（FE）が利用されるようになり，サブミクロン領域の元素分析が可能になった．結晶構造解析法では，従来からXRD，TEMが活用されてきた．TEMでは，EDXによる分析機能を附加した分析電子顕微鏡（ATEM）が結晶構造に加えて，10 nm程度の微小領域の元素分析を可能にした．このように元素分析，構造解析法はここ十数年の間に，より表面，より微小部が分析できるようになってきた．1980年代後半には走査トンネル顕微鏡（STM）の発展があり，原子オーダーの観察が可能となった．同様の顕微鏡として原子間力顕微鏡（AFM）などの各種の走査プローブ顕微鏡（SPM）も開発され，種々の材料の表面分析手法として利用されている．

18.3 磁気共鳴分析

磁気共鳴を利用する分光法としては，核磁気共鳴分析（NMR：nuclear magnetic resonance）及び電子スピン共鳴分析（ESR：electron spin resonance）がある．NMRでは原子核の核スピンが，ESRでは電子スピンが測定対象となる．いずれも分子レベルの物質の研究に有効な手段である．

NMRは，有機化合物や生体関連物質の構造解析，立体配置や水素結合の解明，分子相互作用の研究などに重要な手段となっている．最近ではゲノム解析などにも応用されている．NMRの原理を応用した人体の診断システムNMR-

18.3 磁気共鳴分析

CT（核磁気共鳴コンピュータ断層画像診断法）も開発されて各種の病理解析に利用されている．

核磁気共鳴吸収の原理は，磁気モーメント μ をもつ核スピンが磁場の強さ H の中に置かれると，次式で示される磁気エネルギー E を生じる．

$$E = -\mu \cdot H = -\mu H \cos\theta$$

θ は μ と H のなす角度で，磁気モーメント μ は H と θ の角度を保って H の回りを回転運動する．いま核スピンを I とすると，その成分 m は，$I, I-1, \cdots, -I$ なので $\cos\theta = m\sqrt{I(I+1)}$ となる．^{1}H や ^{13}C のように $I = 1/2$ の場合は $m = \pm 1/2$ なので，$\Theta = 35°15'$ と $144°45'$ となる．これは核スピンが $1/2$ の場合は，μ が磁場中で取り得る方向は二つの方向のみである．一般に核スピンが I の原子核では，磁場の中でそのエネルギー準位はゼーマン効果により $(2I+1)$ 本に分裂する．核スピン遷移の選択則は $\Delta m = \pm 1$ に相当する準位間の核スピン遷移が観測される．このような核スピンの遷移が核磁気共鳴であり，核スピンによる電磁波エネルギーの吸収を共鳴吸収という．

NMR 装置は電磁波放射源，試料部，磁場（分光部），検出部，記録部から構成される．最近の高分解 NMR では 900 MHz の装置も開発されている．原子核の核スピンによる高周波エネルギーの吸収は共鳴条件に従って観測される．試料中では同じ核種であっても，化学的環境（化合物，結合状態，官能基の種類など）によって共鳴周波数や共鳴磁場がずれて観測される．これが化学シフトと呼ばれる．一般には周波数を一定にして，磁場を掃引しながらスペクトルを測定する．磁場は分光器の役割をしている．最近のものはパルス法を応用した FT–NMR（フーリエ変換核磁気共鳴吸収法）が一般的である．このため，水素 H 以外の ^{13}C のように同位体比の小さい核種や，$I>1$ である他核種のスペクトルの測定も容易になり，NMR による分子構造の研究は著しい発展を遂げている．

多重パルス法は，コンピュータ制御によって，適当な長さ，周波数範囲，強度と位相をもつ 2 種類以上のパルスを，時間間隔を変化させて照射する方法で，さまざまなパルスシーケンスが開発され，一次元，二次元 NMR 法を用いた三

次元表示も可能になっている．この手法により，化学的に異なる環境下にある核群の同定や，同一化合物中の異なる元素の相関をより簡単に行うことができるようになった．

ESR は NMR ほど一般的には利用されていないが，ラジカルが関与する反応中間体や放射線照射生成物，又は金属イオンの溶液構造や固体存在状態の研究に有益な情報が得られている．

18.4 質量分析

質量分析（MS：mass spectrometry）は，試料をイオン化して高真空中で加速し，電場や磁場の中を通過させて，各種イオン種の質量と場との相互作用の程度の差を利用して，分離，検出し，得られる質量スペクトルから原子量の精密測定や同位体比の決定，あるいは化合物の分子量，分子式及び化学構造に関する知見を得る方法である．対象とする試料は無機元素，無機化合物，有機化合物などである．

質量分析装置の種類としては，各種イオン種の分離に磁場のみを用いる単収束磁場型装置，電場で速度収束を行った後磁場で m/z（質量/電荷数）による質量分離を行って高い分解能を得る二重収束型装置，平行な4本のポール状金属電極に電場をかけてイオン種を分離する四重極型装置（QMS：quadruple mass spectrometer），静電場中でイオン種の m/z の差による飛行時間の違いを利用する飛行時間型装置（TOF：time-of-flight mass spectrometer）などがある．

質量分析の原理は，気化された試料（M）が $10^{-5} \sim 10^{-6}$ Torr の高真空で作動しているフィラメントからの熱電子を用いる電子衝撃イオン化源に導入されてイオン化される．

$$M + e \rightarrow M^+ + 2e$$

このとき生成する M^+ は親イオン（又は分子）と呼ばれる．試料分子の性質によっては更に質量の小さいフラグメントイオンへと開裂するものもある．こ

のように生成した各種イオン種は，正に帯電したリペラー電極（S_1）に反発して，S_1 よりも V_1 だけ負に帯電しているスリット S_2 に向かって引き寄せられる．このスリット S_2 を通過したイオンは，次の加速スリット S_3 との間に印加され（V_2）た数キロボルトの加速電圧（$V=V_1+V_2$）で更に加速されて，$10^{-6}\sim 10^{-8}$ Torr の高真空に保たれた磁場 H のかかった分離管に突入し，質量の大きさによって異なった軌道を通って分離され，スリット S_4 を通過した特定のイオン強度がイオン増幅器及びエレクトロメータを通して，スペクトル上に記録される．

イオン源としては，無機化合物のイオン化には，スパークやグローなどの放電や加速イオンなどが用いられる．誘導結合プラズマ（ICP）も用いられる．有機化合物のイオン化では，電子衝撃（EI）や，ソフトなイオン化としてメタンやイソブタンなどの試薬ガスのイオン種と試料分子とのイオン分子反応を利用する化学イオン化が用いられる．難揮発性化学種の場合は，二次イオン質量分析法，高速中性原子衝撃法（FAB：fast atom bombardment），電界脱離法（FD：field desorption），大気圧イオン化法など用いられる．

18.4.1　ガスクロマトグラフ質量分析

ガスクロマトグラフの検出部として最も汎用性のあるものは質量分析計であり，また質量分析計の試料としては純物質を気相でとり出せるガスクロマトグラフからの分離ガスが最も望ましい．そこで，この両者を直結した装置をガスクロマトグラフ質量分析計（GC/MS）といい，有機分析の分野で広く利用されている．

気体又は液体の混合物試料を GC/MS 装置に導入すると，分析対象成分はガスクロマトグラフで分離され，連続的に質量分析計のイオン源に導かれてイオン化される．イオン化法には，電子イオン化（EI）法，正イオン化学イオン化（PCI）法，負イオン化学イオン化（NCI）法などがある．生じた正又は負のイオンは，アナライザー（質量分離部）に入り，質量電荷比（m/z）に応じて分離される．分離されたイオンは，順次，検出部でその量に対応する電気信号に変換され，各種クロマトグラム及び質量スペクトルとして記録される．こ

のクロマトグラム上の分析対象成分の保持時間及び質量スペクトルから定性分析を行い，クロマトグラム上のピーク面積から定量分析を行う．特に最近では，ダイオキシン類の分析方法などにも JIS が制定され広く用いられている．また，食品中の農薬分析，環境ホルモン物質などにも応用が広がっている．

低分解能での対応が適している農薬分析などには，キャピラリーカラムのガスクロマトグラフと四重極型質量分析計を組み合わせた GC/MS が一般的に用いられている．ダイオキシン類の分析のように高分解能が求められる場合は二重収束型質量分析計が用いられている．

分析試料の前処理としては，分析対象成分の溶解・分離・濃縮，妨害成分の除去，揮発性・安定性の向上，高感度化のための誘導体化などを目的として行う．この GC/MS による分析方法の一般的事項は，JIS K 0123 : 2006（ガスクロマトグラフィー質量分析通則）に規定されている．

18.4.2　高周波プラズマ質量分析

高周波プラズマ質量分析（high frequency plasma mass spectrometry）は，高周波イオンをイオン源とする質量分析法である．1980 年代のはじめに開発されるとまもなく市販装置が登場し，半導体や環境分析等を中心に広い分野で活用されるようになった．高周波プラズマ質量分析法は，JIS K 0133 : 2007（高周波プラズマ質量分析通則）が規格化されている．JIS では，超純水，高純度試薬や工業用水の分析にも採用されている．

高周波プラズマ質量分析法では，液体試料は試料導入部のネブライザーで霧状にされた後，キャリヤーガスにより高周波プラズマに導入される．気体試料は直接キャリヤーガスに混合されて導入される．固体試料の場合は，酸分解により溶液化後液体試料と同様に扱うか，又はレーザーアブレイションなどで微粒子化後高周波プラズマに導入される．導入された試料は大気圧化のプラズマで加熱分解され，試料中の測定元素はイオン化される．イオン化された元素は，真空排気されたインタフェース部を通りイオンレンズ光学系で収束された後，質量分離部へ導かれ，質量電荷比（m/z）に応じて分離されて検出器に入り，

18.4 質量分析

電気信号として出力される.

高周波プラズマ部としては,ラジオ波領域の高周波電力を誘導結合させて発生する誘導結合プラズマ (ICP),及びマイクロ波領域の高周波電力により誘導されて発生するマイクロ波誘導プラズマ (MIP) がある. MIP プラズマのほうがプラズマの安定性はよい. 一般的には ICP–MS のほうが先に適用化が進展したこともあり,多くの分野で汎用的に使用されている.

鉄鋼分析においてもその高感度,迅速性に注目して適用研究が行われたが,鉄鋼分析で重要な炭素,窒素,水素などのガス成分やけい素,りんなどの元素は汎用の四重極型 ICP–MS では分析が困難であることや,遷移金属では ArO などの多価イオンの重なりがあるためマトリックス分離が不可欠なことなどのため ICP–AES と比べると普及が遅く,研究所レベルでの開発研究用の使用が多かった. しかし,電子材料や鉄鋼材料などの高純度化に対応して高感度な分析方法として最近は積極的に適用研究が進められている. 環境分析分野や水質分析分野でも適用が進展している.

ICP–MS の特徴は, pg/mL〜fg/mL という感度のよさと多元素分析の迅速性である. 鉄鋼材料のように素材中の不純物を分析対象とする場合は,前処理時の汚染低減の試料分解法と多元素に適応可能なマトリックス分離法を用いればその特徴が生かせる. 例えば,溶媒抽出とイオン交換分離を組み合わせて鋼中の約 30 元素をサブ µg/g 以下レベルまで簡便に定量できる. 最近の装置では,イオントラップ,コールドプラズマやコリジョンセルによる妨害イオンの除去,低減が図られている装置もある. 質量分析計として二重収束型のものを使用すればより高感度で妨害元素の影響の少ない定量結果が得られる.

試料導入系では,レーザー気化法,電熱気化法,水素化物発生法,クロマトグラフィー,フローインジェクション,超音波ネブライザーなどの適用で応用範囲を広げつつある.

同位体希釈法も絶対定量法(検量線,標準物質不要)として高精度,高感度で前処理操作が簡単なことにより適用が進展している.

18.4.3 グロー放電質量分析

グロー放電質量分析（GDS：glow discharge mass spectrometry）は，固体表面にグロー放電を行い，表面をスパッタしてイオン化しそのイオン種を質量分析する方法である．グロー放電質量分析装置は，グロー放電部と質量分析計から構成されている．

質量分析計は二重収束型の高分解能装置が用いられる．多元素同時に極微量域（pptレベル）までの分析が可能である．このため，電子材料原料や金属材料の極微量分析などに適用されている．定量方法は，同じマトリックス系の標準物質を用いて測定元素の相対感度係数を求めておいてから，目的とする測定試料に対応した検量線を標準物質を用いて作成し定量を行う．表面からのスパッタリングが可能なため材料の深さ方向分析にも応用されている．グロー放電を行う場合は試料の形状によっても放電効率が変化する場合があるので，試料形状の確認も必要になる．

引用文献

1) JIS K 0050：2005（化学分析方法通則），p.3
2) JIS K 0119：2008（蛍光X線分析通則），p.5-7

19. 電気化学分析

19.1 概　説

　電気化学分析（electrochemical analysis）とは，試料溶液中に挿入した電極間で物質の電気化学的性質（電位差，電流，電気量，電気伝導度など）を直接的又は間接的に測定して行う分析方法である．電気化学分析は容量分析との関係が深く，常量から微量までの成分が高い精確さで定量でき，古くから化学の様々な分野で利用されている．電気化学分析には，電極電位と物質量との関係（ネルンスト式）を利用するポテンシオメトリー，電解析出した物質の質量を測定する電解重量分析，電解に要した電気量（電流×時間）と物質量との関係（ファラデーの法則）を利用するクーロメトリー，電解電流と物質量との関係（イルコビッチ式など）を利用するボルタンメトリー（ポーラログラフィー），物質量の電流変化を測定するアンペロメトリー，電極反応が直接関与しない溶液の抵抗（電気伝導度）変化を測定するコンダクトメトリーなどがある（表 19.1）．

表 19.1　主な電気化学分析法

測定量	分析方法
	(1) 定電流を利用する方法
電位（電流＝0）	ポテンシオメトリー，電位差滴定
電位（電流≠0）	定電流ポテンシオメトリー，定電流電位差滴定，クロノポテンシオメトリー
電気量（電流≠0）	電量滴定（定電流クーロメトリー）
	(2) 定加電圧又は定電位を利用する方法
電流	アンペロメトリー，電流滴定，クロノアンペロメトリー
電気量	定電位クーロメトリー
（析出相の）質量	電解重量分析，定電位電解重量分析
	(3) 電位を変化させる方法
電流	ボルタンメトリー，ポーラログラフィー
	(4) 電極反応を考慮する必要がない方法
コンダクタンス（＜約 0.1 MHz）	コンダクトメトリー，電気伝導度滴定（導電率滴定）

19.2 ポテンシオメトリー

ポテンシオメトリー（potentiometry）（電位差測定法）とは，試料溶液中に挿入した作用電極の電位特性を測定する分析方法である．溶液中に浸した金属電極において，Ox + ne = Red（Ox は酸化体，Red は還元体）という電極反応が平衡状態にあったとすると，この電極の溶液に対する平衡電位 E は次式で表される．

$$\begin{aligned} E &= E^0 + (RT/nF)\ln(a_{Ox}/a_{Red}) \\ &= E^{0'} + (RT/nF)\ln(C_{Ox}/C_{Red}) \\ &= E^{0'} + 2.303(RT/nF)\log(C_{Ox}/C_{Red}) \end{aligned} \quad (19.1)$$

ここに，　　　E^0：反応に含まれるすべての物質が標準状態にあるときの平衡電位（標準酸化還元電位，standard redox potential）
　　　　　　　R：気体定数
　　　　　　　T：絶対温度
　　　　　　　F：ファラデー定数
　　　a_{Ox}, a_{Red}：それぞれ Ox, Red の活量
　　　C_{Ox}, C_{Red}：それぞれ Ox, Red のモル濃度

活量の代わりにモル濃度を用いたときの $E^{0'}$ は式量電位又は見かけの電位（formal potential）と呼ばれる．この値は活量係数に関する項を含むので，溶液のイオン強度によって変化する．式(19.1)がネルンスト（Nernst）式で，電極の平衡電位と電気化学的活性物質の活量との関係を与える重要な式である．ポテンシオメトリーは一般に選択性が高く，簡便，迅速であるが，その正確さは活量係数の不確かさ，液間電位差の変動などにより制限される．

溶液中に指示電極（indicator electrode）と参照電極（比較電極，reference electrode）を浸し，両電極間の電位差を電位差計（potentiometer）又は高入力インピーダンス電圧計で測定する．異なった組成の二つの液相間（液絡部分など）で各イオン種の移動速度の差によって生じる電位差（液間電位差，

liquid junction potential）は，分離した槽のそれぞれに電極を入れ，その槽間を適当な塩類の濃厚溶液の入った塩橋（salt bridge）でつなぐことにより十分に小さくすることができる．参照電極は，可逆電位を示すこと，長時間安定な電位を示すこと，ヒステリシスがないこと，製作が容易であることなどの条件を満足するものでなくてはならない．主な参照電極を表 19.2 に示す．電極の形状によって，単一液絡形，二重液絡形などがあり，内部には銀―塩化銀電極，カロメル電極などが使われる．液絡部の形状によってスリーブ形，セラミックス形，ファイバ形，ピンホール形などがある．なお，表中の参照電極を直接試料溶液中に挿入しても，液間電位差は数ミリボルト以下である．

表 19.2 主な参照電極

参照電極	電極反応	電極電位 (V $vs.$ NHE, 25℃)
標準水素電極([1])	$2H^+ + 2e = H_2$	0（基準）
飽和カロメル電極([2])	$Hg_2Cl_2 + 2e = 2Hg + 2Cl^-$	0.241
銀―塩化銀電極（1 M KCl）	$AgCl + e = Ag + Cl^-$	0.236
銀―塩化銀電極（飽和 KCl）		0.196
硫酸水銀（I）電極([3])	$Hg_2SO_4 + 2e = 2Hg + SO_4^{2-}$	0.615

注([1]) normal hydrogen electrode（NHE）又は standard hydrogen electrode（SHE）
 ([2]) saturated calomel electrode（SCE）
 ([3]) 硫酸イオンの活量＝1

19.2.1 イオン電極測定法

イオン電極（ion-selective electrode）（イオン選択性電極）は，イオン選択性があり，特定イオン活量に応じた電位を生じる膜をもった電極で，その感応膜の種類によってガラス膜電極，固体膜電極，液体膜電極，隔膜形電極に分類される．主なイオン電極の例を表 19.3 に，構造の例を図 19.1 に示す．

(a) ガラス膜電極 ガラス膜を感応膜とするイオン電極（pH 電極を除く）

表 19.3 主なイオン電極の例 [1]

使用するイオン電極		おおよその定量範囲		応答こう配 (mV/10倍濃度変化)	測定 pH 範囲	妨害を与える主なイオン
電極の形式	電極の種類	mg/L	mol/L			
ガラス膜	Na^+	0.2〜23 000	10^{-5}〜10^0	50〜60	6〜11	Ag^+, H^+
固体膜	I^-	0.1〜13 000	10^{-6}〜10^{-1}	-50〜-60	3〜12	S^{2-}, CN^-
	CN^-	0.03〜260	10^{-6}〜10^{-2}	-50〜-60	11〜13	S^{2-}, I^-
	S^{2-}	0.03〜32 000	10^{-6}〜10^0	-25〜-30	13〜14	
	Pb^{2+}	0.2〜20 000	10^{-6}〜10^{-1}	25〜30	4〜7	Hg^{2+}, Ag^+, Cu^{2+}, Fe^{3+}, Cd^{2+}, Cl_2
	Cu^{2+}	0.01〜6 000	10^{-7}〜10^{-1}	25〜30	3〜7	Hg^{2+}, Ag^+
固体膜(単結晶)	F^-	0.02〜20 000	10^{-6}〜10^0	-50〜-60	5〜8	Al^{3+}, Fe^{3+}, Ca^{2+}, OH^-
液体膜	Cl^-	3〜3 500	10^{-4}〜10^{-1}	-50〜-60	3〜10	ClO_4^-, I^-, Br^-, NO_3^-
	NO_3^-	6〜6 000	10^{-4}〜10^{-1}	-50〜-60	3〜10	ClO_4^-, I^-
	Li^+	0.1〜700	10^{-5}〜10^{-1}	50〜60	3〜10	K^+, Na^+, Cs^+
	K^+	0.4〜4 000	10^{-5}〜10^{-1}	50〜60	3〜10	Cs^+
	Ca^{2+}	0.4〜4 000	10^{-5}〜10^{-1}	25〜30	5〜8	Zn^{2+}
隔膜形電極(ガス透過膜電極)	NH_3	0.03〜170	2×10^{-6}〜10^{-2}	-50〜-60	11〜13	揮発性アミン
	CO_2	4〜440	10^{-4}〜10^{-2}	50〜60	0〜4	NO_2, SO_2, CH_3COO^-
	NO_2	0.2〜460	5×10^{-6}〜10^{-2}	50〜60	0〜1	CO_2, CH_3COO^-

の中で最も多く使用されているものは,ナトリウムイオン電極であり,それ以外のガラス膜電極(カリウム,アンモニア,銀などのイオン電極)はあまり使用されない.

(b) 固体膜電極 難溶性金属塩を主成分とする粉末の加圧成形膜を感応膜とし,内部溶液を必要としないもの(ハロゲン化物,シアン化物などのイオン電極)と,単結晶膜を感応膜とするもの(ふっ化物イオン電極)がある.

(c) 液体膜電極 ポリ塩化ビニルなどの高分子物質に可塑剤(高脂溶性有機溶媒)とイオン感応物質(バリノマイシン,クラウンエーテルなど)を混合した電極膜が使用される.

19.2 ポテンシオメトリー

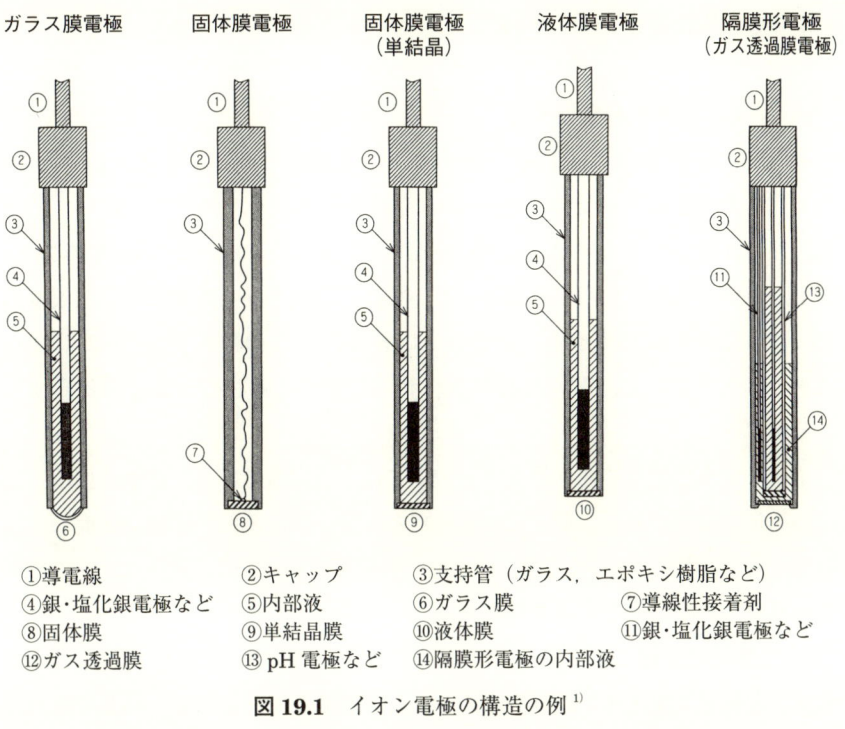

| ガラス膜電極 | 固体膜電極 | 固体膜電極
(単結晶) | 液体膜電極 | 隔膜形電極
(ガス透過膜電極) |

①導電線　　　　　　②キャップ　　　　　③支持管（ガラス，エポキシ樹脂など）
④銀・塩化銀電極など　⑤内部液　　　　　　⑥ガラス膜　　　　　　⑦導線性接着剤
⑧固体膜　　　　　　⑨単結晶膜　　　　　⑩液体膜　　　　　　　⑪銀・塩化銀電極など
⑫ガス透過膜　　　　⑬pH電極など　　　　⑭隔膜形電極の内部液

図 19.1　イオン電極の構造の例[1]

(d) 隔膜形電極　ガス透過膜とpH電極又はイオン電極を組み合わせたガス成分測定用の電極で，参照電極も電極本体に組み込まれた構造のものが多い．

　測定装置は，イオン電極のほかに電位差計又はイオン濃度計（イオンメーター），参照電極，試料槽，かくはん機などからなる．参照電極には，外側の内部液に試料溶液が浸入しても内側の内部液まで浸入することが少なく，安定な測定が長期間続けられる構造の二重液絡形を使用することが好ましい．
　試料溶液中に入れたイオン電極と参照電極間の電位差（応答電位）E と分析対象成分のイオン活量 a との間にはネルンスト式［式(19.1)］の関係があり，一般に全イオン濃度が 10^{-3} mol/L 以下の低濃度溶液においては，イオン活量とイオン濃度 C はほぼ等しい（活量係数 $= a/C ≒ 1$）と考えてよいから，次の

式から応答電位 E が求められる.

$$E = E^0 + S \log C \tag{19.2}$$

ここに, S：応答こう配

式(19.1)中の 2.303 (RT/nF) をネルンスト定数と呼び, イオン活量が10倍変化した場合のこの定数値を理論応答こう配という. 例えば, 25℃での理論応答こう配は1価のイオンで 59.16 mV, 2価のイオンで 29.58 mV である. 通常, イオン電極を利用する測定においては, 濃度の異なる複数の既知濃度溶液によってあらかじめイオン濃度 C と応答電位 E との関係を式(19.2)によって求めておくことで, 試料溶液中のイオン濃度 C を応答電位 E から決定することができる.

イオン電極によるイオン濃度測定方法には, 絶対検量線法, 標準添加法, 電位差滴定法などがある. 測定上の注意点として, 測定範囲, イオン強度, 応答時間, pHの影響, 温度の影響, かき混ぜの影響, 光の影響, 共存イオンの影響, 測定精度（再現性）などがあげられる.

(a) 絶対検量線法 試料溶液の組成に類似した標準液を用いて作成した検量線から測定対象イオン濃度を求める最も一般的な方法である. 必要な場合には, 標準液と試料溶液にイオン強度調節液（例えば, TISAB, LIPB など）を加え, イオン強度を等しくして測定する. また, 測定対象イオンが錯体を形成している場合には, 錯体解離剤溶液の添加, pHの調整などによって錯体を解離させた後に測定する. イオン強度調節と同時に錯イオンの解離や pH 調節の機能をもついろいろな緩衝液が考案されている. 単にイオン強度を調節するだけでよい場合には, 測定対象イオンと反応せず, 電極感応膜を汚損しない電解質（硝酸カリウムなど）の濃厚溶液が用いられる.

(b) 標準添加法（一般法） 試料溶液に標準液を一定量添加し, 添加前後の応答電位の変化量を測定してイオン濃度を求める. この方法は既知量添加法とも呼ばれ, 試料溶液中の共存成分の影響などによって応答こう配が理論応答こう配と異なる場合にも適用できるが, 標準液及び試薬の添加前後で測定対象イオンの活量係数が変化しないこと, また測定対象イオンが錯体を形成する場合

は錯体形成度合いが変化しないことが必要である.

(c) グランプロット法 標準添加法や電位差滴定法において，イオン電極の応答電位 E から計算した $10^{E/S}$ と測定対象イオン濃度が直線関係にあることを利用して測定対象イオン濃度を求める方法であり，検量線法のような標準液の調製と検量線の作成が不要なために操作が比較的簡単となる．ただし，$10^{E/S}$ と測定対象イオン濃度の直線関係は，イオン電極の応答こう配が一定である範囲で成立する．希薄溶液の電位差滴定のように，終点付近の応答電位の変化率が小さい場合の終点決定などに使われる．

イオン電極法は，工場排水中のアンモニウムイオン（NH_4^+），ハロゲン化物イオン，シアン化物イオン（CN^-）などの定量に利用されている[2]．例えば，前処理を行った試料水に水酸化ナトリウム溶液を加え，pH を 11～13 に調節してアンモニウムイオンをアンモニアに変え，アンモニア電極を指示電極として電位を測定し，アンモニウムイオンを定量する．ふっ素化合物の定量では，前処理して蒸留分離し，緩衝液（イオン強度調節液）を加えて pH を 5.0～5.5 に調節後，ふっ化物イオン電極を用いて測定する．同様に，試料水に酢酸塩緩衝液を加えて pH を約 5 に調節した溶液について塩化物イオンが，前処理して得られたシアン化物イオン溶液（pH 12～13）についてシアン化物イオンが，それぞれのイオン電極で電位を測定して定量される．

19.2.2　電位差滴定法[3]

電位差滴定（potentiometric titration）とは，被滴定溶液中に浸された一対の電極間の電位差を化学反応の終点指示に用いる滴定である．すなわち，被滴定溶液をかき混ぜながら標準液の一定量をビュレットから滴加し，滴加量に対応する指示電極—参照電極間の電位（pH）を記録して滴定曲線を描く．滴定曲線の変曲点から終点を求め，標準液の消費量を決定する．滴定の過程と電極電位の関係はネルンスト式［式(19.1)］によって説明される．

電位差滴定装置は，滴定部，制御部及び表示記録部で構成される．滴定曲線

から終点を決定する方法は次による．

(a) 変曲点法 滴定曲線の変曲点又は滴定曲線の傾斜が最大の点．

(b) 交点法 滴定曲線に 45°の傾きの二つの接線を引き，これらから等距離にある平行な線と滴定曲線との交点．

(c) 微分曲線の利用 電位差変化率の絶対値が最大となる点．

電位差滴定はすべての滴定反応に利用でき，酸・塩基反応にはガラス電極，酸化還元反応には白金電極，沈殿生成反応には銀電極，イオン電極，錯体生成反応にはイオン電極，水銀電極などが指示電極に用いられる．イオン選択性のあるイオン電極を用いると，一般に終点付近における応答電位の変化率が大きく，終点の決定が容易になる．電位差滴定法は，指示薬法では終点が決定しにくい着色溶液，懸濁溶液，希薄溶液などに適用でき，自動化が容易であるなどの長所をもっている．

19.3 クーロメトリー

クーロメトリー（coulometry）（電量分析）とは，100％の電流効率が得られる条件で分析対象成分を直接電解し，完全に電解されつくすまでに要した電気量から定量を行う分析方法である．電解重量分析（15.5節参照）では，分析対象成分を作用電極上に電解析出し，その質量をひょう量して定量する．もし電解槽を通過した電解電流のすべてが分析対象成分の析出に使われたならば，析出物の質量をひょう量する代わりに電解に要した電気量を測定し，物質量と電気量との関係を定量的に表したファラデー（Faraday）の法則から分析対象成分の定量が可能になる．

$$w = QM/nF \tag{19.3}$$

ここに，w：物質の量（g）

Q：電極を通過した電気量（C）[＝電流（A）×時間（s）]

M：その物質のモル質量（g/mol）

n：電極反応に関与する電子数

F：ファラデー定数（C/mol）

式（19.3）の成立は，電流効率（current efficiency，供給された電流のうち，目的とする電極反応に使用された電流の割合）が100％あるいは見かけ上100％の場合に限定される．

クーロメトリーで実測する値は質量と電気量（電流と時間）だけであり，この基本物理量は容易にしかも精確に求めることができる．分析対象成分のすべてが反応に関与するのでほかに標準を必要とせず（原則として検量線は不要），分析結果は直接国際単位系（SI）に基づくことから，クーロメトリー法は基準分析法［definitive method；対象とする特性値が測定の基本単位によって直接的に測定されるか，物理的又は化学的理論により標準物質を用いないで間接的に関連づけられる分析方法．一次標準測定法（primary method）という．］である．また，電気量はかなり小さな値でも正確に測定できるから，分析対象成分が微量になってもほかの方法ほど精度が低下しない．さらに，自動化・連続化が容易，遠隔操作が可能，装置が比較的安価などの特長がある．クーロメトリーは，定電位クーロメトリーと電量滴定（定電流クーロメトリー）とに大別される．

19.3.1 定電位クーロメトリー

作用電極の電位を一定にして電解し，要した電気量を測定する方法を定電位クーロメトリー（controlled potential coulometry 又は potentiostatic coulometry）という．自動的に電気回路を調節して参照電極に対する作用電極電位を規制するポテンシオスタット（potentiostat），電気量の測定に電量計（coulometer）又は電流積分器が用いられる．

電解とともに電解液中の分析対象成分濃度が減少し，電解電流は次式で表されるように指数関数的に減少する．

$$I_t = I_0 10^{-kt} \tag{19.4}$$

ここに，I_0, I_t：それぞれ電解開始時及び時間 t 経過後の電流

k：実験条件に依存する定数

電流は電解液中に残っている分析対象成分濃度に比例するので，電解が99％完了するのに要する時間は$t=2/k$，99.9％では$t=3/k$となり，電解に要する時間はkにだけ依存し，分析対象成分の初濃度には無関係である．kの値を大きくするには，電極面積を大きくして電解液量を減らし，激しくかき混ぜて拡散層の厚さを薄くする．また，電解槽の形状，電極の配置なども迅速性と正確さに大きな影響を与える．

この方法では，電解重量分析のように析出物の質量をひょう量する必要がないので，$Fe(Ⅲ) \to Fe(Ⅱ)$，$N_2H_4 \to N_2$など生成物が電極上に析出しない場合にも適用でき，また電極に水銀が使用できるので応用範囲は広い．しかし，100％の電流効率の得られることがこの方法の必要条件であることから，目的以外の電極反応を生じるような共存物質はあらかじめ分離するか，妨害しないような形に変えておかなければならない．この方法の正確さを大きく左右するものは残余電流であり，使用する試薬の精製，溶存酸素の除去などに十分な注意が必要である．

定量には通常かなりの時間を要するが，多種類の物質が0.1％以内の精確さで定量できる．正の還元電位をもつ貴金属元素をクロロ錯体として選択性よく精確に定量可能である．また，高い選択性を活かして混合物の逐次分析，あるいは一つの元素の異なる価数間［例えば，$Sb(Ⅴ \to Ⅲ \to 0)$］を連続的に還元する分析に応用できる．電極反応解析，迅速定電位電解を可能にしたフロークーロメトリー，液体クロマトグラフィーなどの高感度検出器にも利用されている．

19.3.2　電量滴定法（定電流クーロメトリー）[3]

電量滴定（coulometric titration）とは，分析対象成分を定電流で電解するのに要した時間から分析対象成分を定量する分析方法である．分析対象成分の直接電解だけで100％の電流効率を得ることは不可能な場合が多いので，特別な第二の成分を電解液に加えて適当な物質（滴定剤）を電解発生させ，これと分析対象成分を定量的に化学反応させて100％の電流効率を達成する．すなわ

ち，電子で標準液を作りながら一定速度で分析対象成分を滴定するのと原理的には同じことで（電流は容量分析における標準液の濃度に，時間はその添加量に対応する．），電子は万能の滴定剤といえる．図19.2に終点指示に電流法を利用した電量滴定装置の概念図を示す．滴定槽中の溶液と対極用電解液との間には，液の混合を防ぐための隔膜を置く．容量分析と同様に電解終了点を決定する必要があり，高い感度や精度が得られる電気化学的手法を用いて滴定終点が検出される．終点検出に電位差滴定法を用いる場合には19.2.2項，電流滴定法を用いる場合には19.5節による．

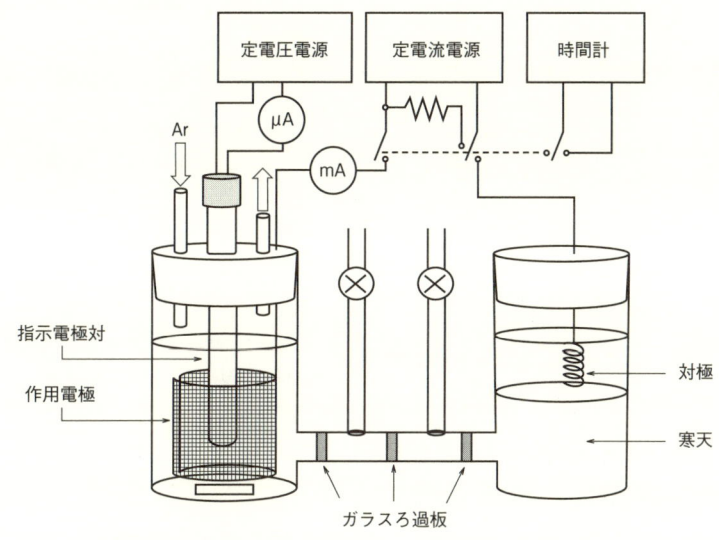

図19.2 電流終点指示を利用した電量滴定装置の概念図

容量分析に利用される滴定反応のほとんどに適用可能である．また，不安定なために容量分析では利用できないような滴定剤が使用でき，現在までに電量滴定に利用された滴定剤は80種以上に及ぶ．よく用いられる滴定剤の電解発生条件とその応用例を表19.4に示す．非常に多くの無機及び有機化合物の分析例があり，約70種の元素が定量されている．一定電気量をもったパルス電解を利用するカールフィッシャー微量水分計[3]，金属材料中の微量炭素，酸素，

表 19.4 よく用いられる滴定剤の電解発生条件とその応用例

滴定の種類	滴定剤	電解液	発生電極	定量された主な物質
中和滴定	H^+又はOH^-	0.05〜1 mol/L KCl, KBr, Na_2SO_4 など	Pt	無機及び有機の酸と塩基, $C(\to CO_2)$, $O(\to CO_2)$
沈殿滴定	Ag^+	1 mol/L $NaNO_3$ 又は $HClO_4$(+CH_3COOH)	Ag	無機及び有機のハロゲン化物や硫黄, CN^-, 色素
	Hg_2^{2+}		Hg	
酸化還元滴定	Ce^{4+}	0.1 mol/L Ce^{3+}−3 mol/L H_2SO_4	Pt	Fe^{2+}, Ti^{3+}, U^{4+}, H_2O_2, 有機物
	I_2	0.1 mol/L KI−りん酸塩 (pH 7)	Pt	As^{3+}, Sb^{3+}, Sn^{2+}, H_2O, SO_2, 有機物
	Mn^{3+}	0.5 mol/L Mn^{2+}−3 mol/L H_2SO_4(−0.5 mol/L KF)	Pt	As^{3+}, Fe^{2+}, Nb^{3+}, Ti^{3+}, U^{4+}, H_2O_2, 有機物
	Fe^{2+}	0.5 mol/L Fe^{2+}−4 mol/L H_2SO_4	Pt	Ce^{4+}, Cr^{6+}, Mn^{7+}, Pu^{6+}, U^{6+}, V^{5+}, Cl_2, 有機物
	Ti^{3+}	0.5 mol/L Ti^{4+}−7 mol/L H_2SO_4, HCl	Pt又はHg	Cr^{6+}, Fe^{3+}, Mo^{6+}, U^{6+}, V^{5+}, 有機物
錯滴定	EDTA	0.02 mol/L Hg^{2+}−EDTA (pH 8.5)	Hg	アルカリ土類金属, Ni, Pb, Zn
	Zn^{2+}	0.5 mol/L NaCl−酢酸塩(pH 5.5)	Zn(Hg)	Al, Ga, In, Zn, Zr

硫黄などの自動滴定装置や連続分析装置に採用され,日常分析の手段として広く利用されている.

電量滴定法が公定法として採用されている例として,金属材料中の炭素,硫黄の定量がある.これらの方法は次のようである.金属試料を酸素気流中で燃焼して炭素を二酸化炭素とし,一定のpHにした吸収液(弱アルカリ性溶液)に吸収させた後,減少したpHが元のpHに戻るまでその溶液を電解し,それに要した電気量から炭素量が求められる[4].また硫黄定量では,炭素定量と同様に燃焼により生成した硫黄酸化物の吸収により減少したpHを元のpHに戻すのに要した電気量を測定して硫黄量が求められている[5].

19.4 ボルタンメトリー

微小電極を用いて試料溶液を電解し，得られた電流電圧曲線を解析する分析方法をボルタンメトリー（voltammetry）と呼び，微小電極に水銀などの滴下電極を用いた方法をポーラログラフィー（polarography）という．近年，ポーラログラフィーは電極に水銀を用いているため，実用分析には利用されない．

19.4.1 ポーラログラフィー
(1) 直流ポーラログラフィー（DC polarography）[6]

多量の支持電解質を含む静止試料溶液中，滴下水銀電極（DME）の先端から滴下する水銀小滴と対極間に直流加電圧を連続的に変化させて電解を行い，分析対象成分の電解によって流れる電流を電圧に対して記録する．ポーラログラフは，分析対象成分を含む電解液を入れた電解槽及び電極からなる電解部，制御された電位を作用電極に与えるための加電圧部及び流れる電流を測定・記録するための記録部とから構成される．直流ポーラログラムの基本回路を図

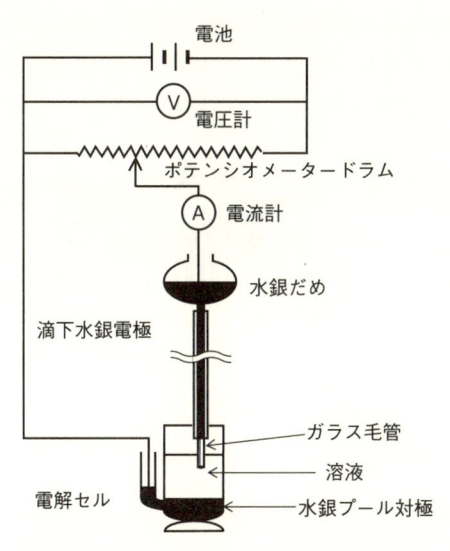

図 19.3 直流ポーラログラフの基本回路

19.3 に示す．肉厚ガラス毛管（内径 10〜50 μm）の先端から溶液内に水銀小滴を自然滴下させ（滴下間隔 0.5〜7 s/滴，水銀流出速度 0.5〜3 mg/s），水銀プールのような非分極性電極（電流が流れても電位が変化しない電極）を対極にして連続的に直流電圧を走査する（0.5〜5 mV/s）．反応物質（復極剤，depolarizer）の電解により流れる電流は微小であるから（通常，μA レベル），水銀プールの表面積が滴下水銀電極のそれに比べて十分に大きければ対極の電位は一定であり，滴下水銀電極の電位は加電圧の変化に相当する．水銀電極は水素過電圧が大きく，電極表面が常に更新されて高い再現性が得られるなどの特長を有する．分析対象成分のモル濃度は，原則として 0.01 mol/L 以下にする．

　金属イオンの直流ポーラログラムの例を図 19.4 に示す．ぎざぎざの波形は水銀滴の成長と落下により生じる．図中の A〜B の部分は残余電流［residual current，注目する電極反応過程以外の原因で流れる電流で，水銀滴と溶液との境界面に形成される電気二重層が荷電されるために流れる充電電流（容量電流）が主成分をなし，これに溶液中の微量不純物や溶存酸素の電解電流が加わる．］で，金属イオンの還元はまったく起こっていない．B 点で還元が起こり，電流は急激に流れ始める．水銀滴界面の金属イオン濃度がゼロになると電流の増加は止まり（C 点），電流値はほぼ一定になる（限界電流，limiting current）．

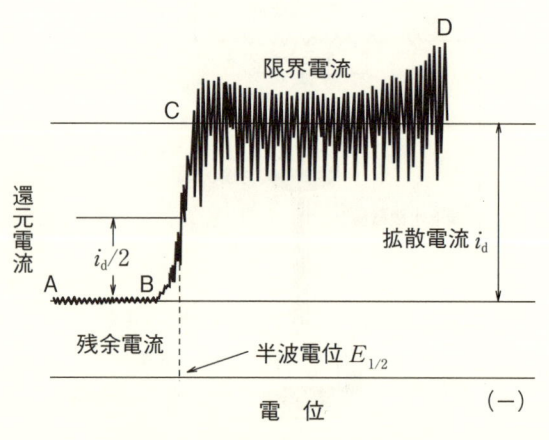

図 19.4　直流ポーラログラムの例

さらに加電圧が負方向に移行すると，水素イオンが還元されて水素が発生する（D点）．限界電流から残余電流を引いたものを拡散電流 i_d（diffusion current）又は波高（wave height）といい，定量分析に用いられる．S字形ポーラログラムの波高は，交点法，中点法，最大曲率法，基底電流差引法又はデータ処理装置を用いる方法により求め，分析対象成分の濃度は検量線法，標準添加法又は定電位電流測定法を利用して定量される．$i_d/2$ になる電位が半波電位（half-wave potential）$E_{1/2}$ で，これは電解質の種類と濃度，温度などが一定であれば固有の値となるので定性分析に用いられる．化学種の電極反応がアマルガムを形成しない可逆反応ならば，半波電位はその化学種の標準酸化還元電位に等しい．

電極反応は電荷移動と物質移動の過程からなり，溶液中の分析対象成分は拡散，泳動及び対流によって作用電極界面へ輸送される．ポーラログラフィーは分析対象成分濃度の50倍以上の支持電解質を含む静止溶液中で測定されることから，分析対象成分の輸送は拡散によってのみ支配され，i_d（μA）は分析対象成分濃度 C（m mol/L）に比例する［イルコビッチ（Ilkovic）式］．

$$i_d = 607nm^{2/3}t^{1/6}D^{1/2}C = kC \quad (25℃) \tag{19.5}$$

ここに，　　n：電極反応に関与する電子数
　　　　　　m：水銀流出速度（mg/s）
　　　　　　t：水銀滴の滴下間隔（s）
　　　　　　D：拡散係数（cm²/s）
　　　　　607：水銀の密度，ファラデー定数などが含まれる．
　　　$m^{2/3}t^{1/6}$：用いた滴下水銀電極に固有の値で，毛管定数と呼ばれる．

拡散電流は温度が上昇すると増加するので（温度係数約 1～2%/℃），電解液の温度は設定温度に対し ±0.5℃ 以内に保持することが必要である．

溶存酸素は 0～1 V に二つの還元波（$O_2 + 2H^+ + 2e \rightarrow H_2O_2$ 及び $H_2O_2 + 2H^+ + 2e \rightarrow 2H_2O$）を生じるので，溶液中に不活性ガスを通じてあらかじめ除去しておく．限界電流部分に現れることがある極大波は，ゼラチン，Triton X-100

などの界面活性剤を少量添加することにより抑制できる．前放電物質（分析対象成分よりも先に電解還元される物質）の妨害や重複波は，基礎液（電解液から分析対象成分を除いた溶液で，基底液ともいう．）組成の選択，pH の調節，錯化剤の添加などによる半波電位の移行，酸化数の変更，適当な分離などの方法によって抑制される．めっき液，環境水，工場排水，食品中などの微量金属イオン，陰イオンや有機化合物（窒素，酸素，硫黄，ハロゲンなどを含む化合物，不飽和化合物など）の定性，定量，電極反応機構の解析などに応用される．比誘電率の高い有機溶媒中で行うこともできる．

(2) その他のポーラログラフィー

一般にポーラログラフィーの定量下限は残余電流によって制限される．充電電流の影響を小さくして SN 比を向上させるため，すなわち流れた全電流からファラデー電流（電気化学的活性物質の酸化又は還元に基づく電流）だけを効率よく取り出すため，加電圧のかけ方や電流のサンプリング時間を工夫した様々なポーラログラフィーが考案されている．主な方法の定量下限と分解能を表 19.5 に示す．

直流加電圧に微小振幅（5～30 mV）正弦波交流電圧を重畳し，そのときに流れる電解電流の交流成分を測定して交流電流—直流加電圧曲線を記録する交流ポーラログラフィー（AC polarography）では階段状の山形（微分形）をしたポーラログラムが得られ，そのピーク電位は直流ポーラログラフィーの半波

表 19.5 各種ポーラログラフィーの定量下限と分解能

分析方法	定量下限 mol/L	分解能[1] mV	ポーラログラムの形状
直流ポーラログラフィー	10^{-5}	120	S 字形（階段形）
交流ポーラログラフィー（可逆系）	10^{-6}	40	微分形（山形）
方形波ポーラログラフィー	10^{-7}	40	微分形（山形）
微分パルスポーラログラフィー	10^{-8}	40	微分形（山形）
ストリッピングボルタンメトリー	10^{-11}	70	微分形（山形）

注([1]) ほぼ等量存在する二つの化学種をポーラログラム上で分けることができるときの半波電位の差．

電位に一致し（定性分析），電極界面での電子授受反応速度（可逆度）に依存するピーク電流は分析対象成分の濃度に比例する（定量分析）．交流電圧に方形波（200 Hz 程度）を用いて，充電電流がほとんど流れていない電圧変化直前の電流を測定する方法を方形波ポーラログラフィー（square wave polarography）といい，微分形のポーラログラムが得られる．

交流ポーラログラフィーから発展した方法としてパルスポーラログラフィーなどがある．微分パルスポーラログラフィー（differential pulse polarography）は，直線的にゆっくり増大する直流加電圧に一定振幅のパルス電圧（5～100 mV）を重畳し，パルス重畳の直前とパルス電圧印加の後半部分の電流をサンプリングしてそれらの差を記録する方法であり，微分形のポーラログラムが得られる．

19.4.2　ストリッピングボルタンメトリー

ストリッピングボルタンメトリー（SV：stripping voltammetry）は，試料溶液をかき混ぜながら定電位で一定時間前電解して分析対象成分を作用電極に濃縮させた後，静止溶液中で電位を一定速度で走査して濃縮物を再溶解させ，その際の電流電位曲線（溶出曲線）の電流値又は電気量から分析対象成分を定量する方法である．この方法には，金属イオンの還元で陰極に析出させた金属を陽極反応で溶出させるアノーディックストリッピング法（ASV）と，ハロゲン化物イオン，硫化物イオンなどの陰イオンを難溶性塩として，あるいは金属イオンを金属酸化物として陽極に析出後，陰極反応で溶出させるカソーディックストリッピング法（CSV）がある．電極反応で直接濃縮できない分析対象成分は，錯体の形で作用電極上へ吸着濃縮する．この方法は吸着ストリッピング法と呼ばれ，選択性，感度などが非常に優れている．

SVの感度と精度は，作用電極の選択と調製，前電解時間などによって決まる．作用電極にはつり下げ水銀滴，グラシーカーボン，白金，金，銀などが用いられる．前電解電位はポーラログラフィーの半波電位よりも約 0.2 V 負電位に設定し，前電解時間は分析対象成分濃度に依存して選ぶ．電位走査速度には通常

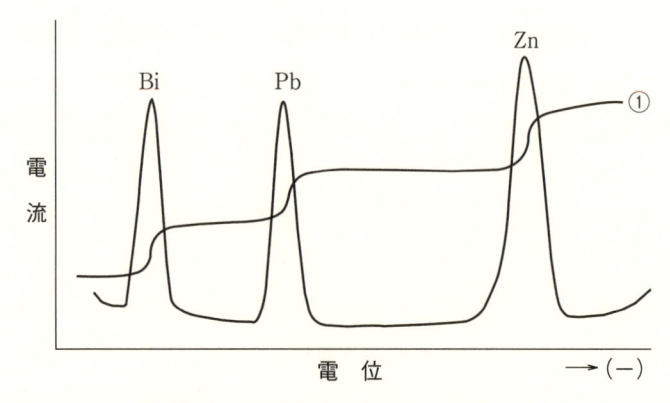

曲線① は，対応する直流ポーラログラム
図 19.5 溶出曲線の例

10〜50 mV/s が採用される．溶出には各種のポーラログラフィーが適用できるが，直流（連続電位変化）法と示差パルス法が主に利用され，図 19.5 のような溶出曲線が得られる．一般にピークの高さ（電流）又は面積が濃度に比例するので，標準液を用いて作成した検量線から分析対象成分を定量する．ピーク電位は直流ポーラログラフィーの半波電位に対応し，定性分析に利用される．

定量操作に分析対象成分の分離と選択的濃縮過程を含む SV は，①高感度，②高精度（10^{-9} mol/L で±5%程度），③操作が簡単で熟練を必要としない，④迅速，⑤有害試薬を用いる前分離操作が不要，⑥数元素の同時定量が可能，⑦スペシエーション（化学種別分析）が可能，⑧装置が簡単で比較的安価，⑨ダウンサイズ化が容易，⑩分析操作のコンピュータ化，自動化が容易などの特長を有し，信頼できる微量金属分析法として様々な試料に広く利用されている．

19.5 電流滴定法[3]

溶液をかき混ぜながら，限界電流の平坦部領域内の一定の電位を作用電極に印加し，分析対象成分の電極反応によって電解槽に流れる電流を測定して濃度

又は時間との関係から分析する方法をアンペロメトリー（amperometry）（電流測定法）といい，主に電流滴定，及び酸素センサー，バイオセンサーなどを用いる測定に利用されている．この方法によれば，安価な装置で高い感度と精度が容易に得られる．

作用（又は指示）電極には，電極自身の溶解反応等が起こらない不活性電極（白金，金，炭素など）が一般に用いられる．電解液の種類と組成のほかに，電解槽からの汚染と損失，電解槽の取扱い，組立てと洗浄の簡易性などを考慮して，電解槽の材質，形状，大きさなどを選ぶ．かき混ぜには，磁気かくはんに比べて一般に物質移動速度が速い回転作用電極が多用される．溶液の均一なかき混ぜにより拡散層の厚さ δ は一定となり，定常状態の電流が時間に依存せずモニターできる．

$$i_l = nFADC/\delta \tag{19.6}$$

ここに，i_l：限界電流

n：電子数

F：ファラデー定数

A：作用電極面積

D：拡散係数

C：分析対象成分の濃度

電極面積を大きくしてかき混ぜを激しくすることにより電流値は大きくなるが，バックグラウンド電流も大きくなるために必ずしも SN 比の向上にはつながらない．

電流滴定（amperometric titration）は，滴定に伴う指示電流の変化を測定して化学反応の終点を指示する方法で，電位差滴定や電気伝導度滴定よりも一般に感度は高い．滴定曲線は通常二つの直線部分を含む曲線からなり，直線部分をそれぞれ外挿して交点を求め，その点の横軸（加えた滴定用溶液の体積）の読みを終点とする．

一つの指示電極を用いる検出器は，指示電極，参照電極及び補助電極から構成される．参照電極を補助電極と兼用するときには，参照電極の表面積は指示

表 19.6 定電位電流滴定曲線の形

被滴定物質	滴定用溶液	滴定曲線の形[1]
被還元性	不活性	
被酸化性	不活性	
不活性	被還元性	
不活性	被酸化性	
被還元性	被還元性	
被酸化性	被酸化性	
被還元性	被酸化性	
被酸化性	被還元性	

注[1] 縦軸は指示電流値,横軸は滴定用溶液滴加量.

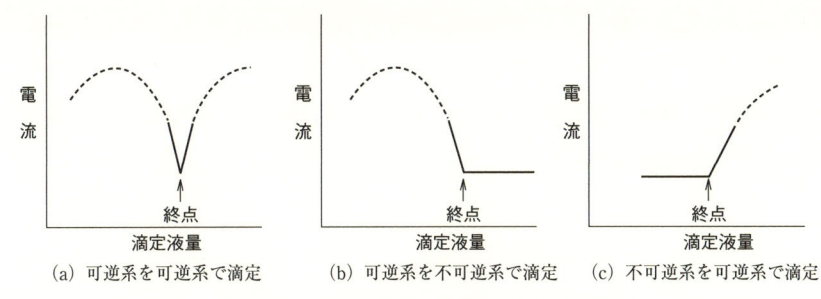

図 19.6　定電圧分極電流滴定曲線の例

(a) 可逆系を可逆系で滴定　(b) 可逆系を不可逆系で滴定　(c) 不可逆系を可逆系で滴定

電極表面積の 100 倍以上とし，かつ内部抵抗は 500 Ω 以下でなければならない．指示電極と参照電極間に一定の電位を印加して行う定電位電流滴定法と，外部から電圧を加えないで参照電極の電位を利用する短絡電流滴定法がある．限界電流を与える電位を印加することから，被滴定物質と滴定用溶液の少なくとも片方がポーラログラフ的に活性でなければならない．電極反応と印加する電位によって滴定曲線の形は変化する（表 19.6）．

一方，材料及び形状が同じ一対の指示電極間に一定微小直流電圧（10～500 mV）を印加したときに流れる電流を測定する方法は定電圧分極電流滴定法と呼ばれ，被滴定物質と滴定用溶液の可逆性と加電圧の大きさによって 3 種類の滴定曲線が得られる（図 19.6）．不可逆系どうしの滴定では終点は得られない．図 19.6(b) の滴定曲線が得られる方法は死止終点（デッドストップ）法と呼ばれる．カールフィッシャー法を利用する水分滴定などの終点検出方法として多用されている．

19.6　コンダクトメトリー [7]

少なくとも対向する一対の電極を含むセルを用い，電極間に約 0.1 MHz 以下の交流電圧を印加して溶液の電気伝導度［conductance, 電気抵抗の逆数で，SI 単位は S（ジーメンス）］を測定する分析方法をコンダクトメトリー（conductometry, 電気伝導度測定法）という．電解質水溶液中では金属導体と同

じくオームの法則が成立し，溶液の導電性を表す電気伝導率κ（S/m）（conductivity，導電率ともいう．慣用上 S/cm で表されることが多い．）は，面積 $1\ m^2$ の2個の平面電極が距離 1 m で対向している容器に電解質水溶液を満たして測定した電気抵抗の逆数として定義される．

$$\kappa = l/AR \tag{19.7}$$

ここに，　l：両電極間の距離（m）
　　　　　R：抵抗（Ω）
　　　　　A：電極の面積（m^2）

κ の逆数は抵抗率［resistivity（$\Omega \cdot m$）］と呼ばれ，電流の流れにくさを示す指標で，溶液固有の定数である．

電気伝導率計は，検出部，増幅部及び指示部から構成され，次の測定方式のものを使用する．

(a)　交流2電極方式　2電極間に正弦波又は方形波などの交流を印加し，電極間を流れる電流が電気伝導度に比例することを利用して電気伝導率を求める．

(b)　交流4電極方式　4個の電極を適当な間隔で配置し，外側の2個の電極間に交流電流を流して，内側の2個の電極間の電圧が電気伝導度の逆数に比例することを利用して電気電導率を求める．

(c)　電磁誘導方式　励磁用環状コイルに振幅の安定な交流電圧を与え，試料中に流れる誘導電流が電気伝導度に比例することを利用して電気伝導率を求める．

交流2電極方式のなかに，図 19.7 に示す交流ブリッジ［コールラウシュ（Kohlrausch）ブリッジ］を用いる測定方法がある．この方法は，試料溶液を満たした2電極セルを1辺とした抵抗ブリッジを構成し，ブリッジの平衡をとることによって2電極間の溶液電気抵抗を求め，この値とセル定数の値とから電気伝導率を計算して求める．電極表面で電解や濃度分極（濃度こう配に基づいて電極電位が変化すること）現象が起こるのを防ぐため低周波交流（50～1 000 Hz）を用い，電極の材質には白金，白金黒，チタン，ステンレス鋼，ニッ

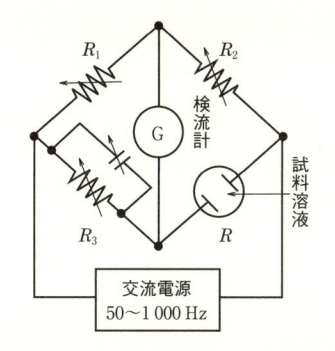

図 19.7 交流ブリッジの原理図

ケル，黒鉛などが用いられる．R_1 を調節して検流計 G に電流が流れないようにしたとき，セル抵抗 $R=R_2R_3/R_1$ が成立し，κ は

$$\kappa = J/R \tag{19.8}$$

で計算される．ここで，$J(\mathrm{m}^{-1})$ はセルの形状で決まる定数で，セル定数（cell constant）又は容器定数と呼ばれ，κ 既知の溶液（塩化カリウム標準液など）を用いてセルの抵抗（電気伝導度）を測定することにより求められる．

$$J = [(\text{使用した標準液の}\kappa) + (\text{標準液の調製に用いた水の}\kappa)] \times R$$

電極面積が大きく電極間の距離が短いセルのセル定数は小さく，電気伝導率の小さい試料の測定に用いられる．セル定数と交流2電極方式電気伝導率計の測定範囲の一例を表 19.7 に示す．電気伝導率測定での誤差は，電極と溶液の界面に発生する分極抵抗や分極容量，電極表面状態などによって生じる．

表 19.7 交流2電極方式電気伝導率計のセル定数と測定範囲の例

セル定数 m^{-1}	測定範囲（mS/m）	
	検出部材質（白金黒）	検出部材質（SUS，チタンなど）
0.1〜1	0.005〜100	0.005〜2
1〜10	0.005〜1 000	0〜20
10〜100	0〜10 000	0〜200
100〜1 000	0〜100 000	0〜2 000
1 000〜5 000	0〜500 000	0〜10 000

溶液中における電解質の導電性を表すには，次式で定義されるモル伝導率 [molar conductivity (S m²/mol)] Λ が用いられる．

$$\Lambda = \kappa / C \tag{19.9}$$

ここに，C：物質量濃度（mol/m³）

イオンiのモル伝導率 λ_i (S m²/mol) は，

$$\lambda_i = \kappa_i / C_i \tag{19.10}$$

で定義され，次式が成り立つ．

$$\kappa = \Sigma C_i \lambda_i = \Sigma |z_i| F C_i u_i \tag{19.11}$$

ここに，z_i, C_i, u_i：イオンiのそれぞれ電荷数（陽イオンでは $z_i > 0$，陰イオンでは $z_i < 0$），濃度，移動度

F：ファラデー定数

無限希釈状態におけるイオンのモル伝導率（イオンの極限モル伝導率）はイオンに固有な量で，水溶液中（25℃）の H^+, OH^- の値はそれぞれ 350, 198 S cm²/mol と特に大きく，これらイオンを除けばどのイオン種も同程度の値（50～80 S cm²/mol）である．ν_+ 個の陽イオンと ν_- 個の陰イオンからなる電解質溶液の無限希釈における各イオンのモルイオン伝導率 λ_+^∞, λ_-^∞ と極限モル伝導率 Λ^∞ との間には

$$\Lambda^\infty = \nu_+ \lambda_+^\infty + \nu_- \lambda_-^\infty \tag{19.12}$$

の関係(コールラウシュのイオン独立移動の法則)が 0.1% 以下の誤差で成立する．

電解質水溶液の電気伝導率は，25℃付近で 1℃ の温度上昇によって約 2% 大きくなるので，温度変化には十分注意する（純粋な水の電気伝導率温度係数は，25℃付近で約 5%/℃）．温度補償には，電解質に対する電気伝導率の温度補償を行う方式と，電解質と純粋な水に対する電気伝導率の温度補償を同時に行う二重温度補償方式がある．

コンダクトメトリーは電気二重層と電極反応を考慮する必要がなく，電気伝導度は溶液中の全イオンの種類と濃度によって決まり，一定種類のイオンであれば濃度に比例する．すなわち，電気伝導度の変化は含まれているイオン数の変化にだけ依存するから，この方法には選択性がほとんどなく，他種イオンが

多量に共存しているような場合には適用しにくい．したがって，この方法の適用は限定されるが，簡単で保守が容易な測定回路を用いて十分安定な速い応答が得られることから，工業用水，工場排水，河川水，超純水などの水質管理指標として不可欠な分析方法である．また，大気中の二酸化硫黄，二酸化炭素，塩化水素などの連続分析装置などに広く普及している．イオンクロマトグラフィーの検出器としても多用されている．

金属材料中の炭素及び硫黄の定量に利用される．試料を酸素気流中で燃焼して炭素を二酸化炭素とし，これを一定量の水酸化ナトリウム溶液に吸収させ，吸収前後の水酸化ナトリウム溶液の電気伝導率の変化から炭素量が求められる[4]．同様に，試料の燃焼により生成した硫黄酸化物を一定量の硫酸酸性の過酸化水素に吸収させて硫酸とし，吸収前後の酸性溶液の電気伝導率の変化から硫黄量が求められる[5]．

被滴定液の電気伝導度を測定して滴定反応の終点を検出する電気伝導度滴定 (conductometric titration) は，希薄溶液中でイオン数が変化する中和滴定，沈殿滴定及び錯滴定に利用され，強酸と弱酸あるいは強塩基と弱塩基の混合物が分析できる．中和滴定曲線の一例を図 19.8 に示す．また，着色溶液，懸濁溶液，非水溶液などにも適用される．しかし，酸などの電解質濃度が高い酸化

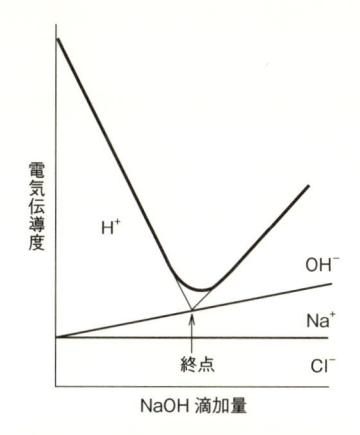

図 19.8 電気伝導度滴定曲線の例
（塩酸を水酸化ナトリウム水溶液で滴定）

還元滴定では，電気伝導度の変化が小さいために不向きである．

引用・参考文献

1) JIS K 0122 : 1997（イオン電極測定方法通則），p.5, 6
2) JIS K 0102 : 2008（工場排水試験方法）
3) JIS K 0113 : 2005（電位差・電流・電量・カールフィッシャー滴定方法通則）
4) JIS Z 2615 : 1996（金属材料の炭素定量方法通則）
5) JIS Z 2616 : 1996（金属材料の硫黄定量方法通則）
6) JIS K 0111 : 1983（ポーラログラフ分析のための通則）
7) JIS K 0130 : 2008（電気伝導率測定方法通則）
8) JIS K 0213 : 2006［分析化学用語（電気化学部門）］

20. クロマトグラフィー

20.1 概　　説

　クロマトグラフィー（chromatography）という名前は，この方法の創案者のツウェット（M.S. Tswett）の命名による．彼は粉末 $CaCO_3$ を詰めたガラス管の上端から葉緑素の石油エーテル抽出液を流入させて着色層が2層に分離することを認め，この方法をギリシャ語の色（chroma）と描く（graphos）にちなんでクロマトグラフィーと命名したのであった．その後，この方法は徐々に各方面に用いられるようになり，操作などに多くの工夫が加えられるようになった．

　$CaCO_3$ の代わりにシリカやポリマーを用い，さらにはろ紙を用いたり，ガラス板上にアルミナなどの薄層を塗布したものなども用いられている．これらは移動しないので固定相と呼ばれ，これに対して上例の石油エーテルに相当するものを移動相と呼び，クロマトグラフィーは必ずこの2相をもっている．移動相が液体のときは液体クロマトグラフィーと呼び，移動相が気体か蒸気のときはガスクロマトグラフィーと呼んでいる．

　固定相としてシリカやポリマーなどを金属管などに詰めて用いるものをカラムクロマトグラフィー，ろ紙を用いるものをペーパークロマトグラフィー，薄層を利用するものを薄層クロマトグラフィーと呼んでいる．カラム（分離管）に詰める固定相を充填剤というが，充填剤としては固体か液体が用いられ，固体のときは細粒とし，液体の場合はそれを保持するための細粒（担体と呼ぶ）に塗布したり化合させたりして用いられる．

　移動相は，ガスクロマトグラフィーのときはキャリヤーガス，液体クロマトグラフィーのときは溶離液という．移動相はカラム中を一定流速で流れており，カラムの入口から出口まで試料成分を運ぶ．

クロマトグラフィーは混合物の成分が狭い幅のピークをもち，相互に分離された状態のものである．ピーク幅はクロマトグラフィーにおける分離効率の尺度である．カラム効率は保持時間 (t) とピーク幅との関数として表される．実際には，ベースラインピーク幅 (W_1) 又はピーク高さ半分のところのピーク幅である半値幅 (W_2) を測定して，$N = 16(t/W_1)^2$ 又は $N = 5.54(t/W_2)^2$ で計算した N を理論段数（theoretical plate）として，カラムの分離能力のパラメータとしている．N が大きいほど良好な分離ができ，カラムの長さを理論段数で除した1理論段当たりの高さ HETP（height equivalent to a theoretical plate）が小さいほど N が大きくなり，カラムの効率がよいことになる．クロマトグラフィーのピーク幅は，溶質が系内を移動する間に生じる物質拡散の量と2相間の物質移動の速度によって決まる．物質拡散と物質移動速度は相互に依存し複雑である．これらは時間的な効果であるため，移動相が系内を移動する速度によって分離効率は決定される．

次節以下でガスクロマトグラフィーと液体クロマトグラフィーの概要を述べる．薄層クロマトグラフィーは，JIS K 0102：2008（工場排水試験方法）のなかにアルキル水銀の分析方法の一つとして（66.2.2）詳しい操作法が述べられている．

20.2 ガスクロマトグラフィー

ガスクロマトグラフィー（GC：gas chromatography）はカラムクロマトグラフィーの一種で，カラムに充填されている固定相—移動相間の試料成分の吸着又は分配平衡の違いによって，複雑な混合物の分離を行う物理化学的分離法の一つである．

ガスクロマトグラフィーは，各種検出器が利用できるため，パーセントレベルの比較的高濃度の分析から ppm といった低濃度の分析まで適用することが可能である．

特性の異なるカラムと検出器の組合せによって，石油，医薬，食品，環境，

その他多くの産業の製造工程における管理分析や，より複雑な試料などの定性，定量分析が可能である．

さらに，ガスクロマトグラフに気体・液体試料導入装置，ヘッドスペースサンプラー，パージトラップ装置，サーマルデソープション（熱脱着）装置など，各種の付属装置を組み合わせることによって，水，大気中などの ppb, ppt レベルの超微量汚染物質の分析が可能になる．また，直接分析することが困難である高分子化合物などに対しても熱分解装置の使用によって，分解生成物の解析が可能になるなど幅広い応用が可能である．

20.2.1 構　　成

ガスクロマトグラフィーを行うために用いる装置をガスクロマトグラフ（gas chromatograph）と呼び，それを利用する分析方法をガスクロマトグラフ分析と呼ぶ．ガスクロマトグラフ分析のための通則として JIS K 0114：2000（ガスクロマトグラフ分析通則）が規定されている．ガスクロマトグラフは，ガス流量制御部，試料導入部，カラム（分離管），カラム槽，検出部，温度制御部，記録部，キャリヤーガス源などから構成されている．カラムの上端からキャリヤーガスが導入され，ガスの連続的な流れにより各成分は分配比の小さいものから順にカラムから溶出して分離される．

20.2.2 カラムと充填剤

ガスクロマトグラフのカラムは，充填カラム（内径 2～6 mm，長さ 0.5～20 m），中空キャピラリーカラム（内径 0.1～0.5 mm，長さ 10～200 m），充填キャピラリーカラム（内径 0.5～1.0 mm，長さ 0.5～5 m）の 3 種があり，不活性な金属，ガラス，石英ガラス又は合成樹脂の管である．固定相の種類によって，気―固（吸着）クロマトグラフィーと気―液（分配）クロマトグラフィーに大別される．一般に，気―固クロマトグラフィーは無機ガスや低沸点炭化水素類に使用され，気―液クロマトグラフィーは有機化合物全般の分離に使用される．

前者の固定相としては，シリカゲル，活性炭，活性アルミナ，合成ゼオライトなどの吸着剤が，後者の場合，固定相液体をけいそう土，その他適当な担体粒子に均一に含浸，塗布して，又はキャピラリーカラムの内表面に塗布もしくは化学結合させて用いることが多い．前者は粒状としたものを内径 2～6 mm，長さ数メートルの管に充填し，後者は不活性な多孔質担体（通常はけいそう土）に固定相液体を含浸させたものを管に充填する．これらは充填カラムといい，管の材質は硬質ガラス又はステンレス鋼が用いられる．

一方，内径が 0.1～1.0 mm 程度，長さが数メートル～数十メートルの細い管の内壁に固定相液体を保持させたものをキャピラリーカラムという．カラムの材質には，石英ガラス又はステンレス鋼が用いられる．典型的なキャピラリーカラムとして，長さ 5～50 m，内径が 0.1～0.6 mm のものに薄い液体固定相膜（0.1～5 μm）を高純度溶融シリカチューブの内壁に塗布したり化学結合したものがある．このようなカラムは複雑な混合物に対して優れた分解能をもつため現在では広く用いられている．分離能の高いキャピラリーカラムとしては Golay カラムもある．

充填剤は，吸着形，分配形及び多孔性高分子形の 3 種類あり，充填剤の粒径はカラムの内径が 0.5～1 mm のときは 200～170 メッシュ，内径 4 mm のときは 80～60 メッシュ程度である．吸着形充填剤は固定相が固体のときで，シリカゲル，活性炭，活性アルミナ，合成ゼオライトなどの細粒である．分配形充填剤は固定相として液体を用いてそれを担体に保持させたものである．担体には，けいそう土，耐火れんが，ガラス，石英ガラス，合成樹脂などの細粉を用いる．固定相液体には数種類の系列について多くの化合物が利用されており，その系列（カッコ内に化合物の一例をあげる）を示すと，炭化水素系（ヘキサデカン），シリコーン系（シアノシリコーン），グリコール系（ポリエチレングリコール），エステル系（りん酸トリトリル），エーテル系（ポリフェニルエーテル），アミド系（ジエチルホルムアミド），ニトリル系（トリスシアノエトキシプロパン），その他（ジメチルスルホラン）となっている．多孔性高分子形充填剤は，耐熱性が 200～350℃で水の溶出の速いポーラスポリマーが用

20.3 高速液体クロマトグラフィー

いられる.

20.2.3 検 出 器

カラムで分離された成分を順次検出し，発生信号は応答制御部を経て記録計に送られる．主な検出器を次に示す．

(a) 熱伝導度検出器（TCD） キャリヤーガスと，試料成分の熱伝導度の差を利用する検出器．

(b) 水素炎イオン化検出器（FID） 水素の燃焼熱によって有機化合物の骨格炭素をイオン化して成分を検出する検出器．

(c) 電子捕獲検出器（ECD） 放射性同位元素からの放射線などによって，有機ハロゲン化合物，ニトロ化合物，有機金属化合物，縮合環化合物などを選択的に検出する検出器．

(d) 炎光光度検出器（FPD） 還元性水素フレーム中で，含硫黄化合物や含りん有機化合物を化学発光させ選択的に検出する検出器．

(e) アルカリ熱イオン化検出器（FTID） 上記(b)の FID でフレームとアルカリ塩やアルカリ土塩と共存させて，含窒素有機化合物や含りん有機化合物のイオン化を促進して選択的に感度が向上することを利用した検出器．

(f) 窒素・りん検出器（NPD） 基本的には FID であって，バーナー噴出口を負電位にすると窒素・りんの同時検出ができる．噴出口を接地してフレームガス流量を変えると検出器はりん化合物のみに応答する．この検出器は FID，窒素とりん，りんのみの三つのモードを簡単に切り替えて使える．

20.3 高速液体クロマトグラフィー

20.3.1 概　　要

ツウェットの発明したのは液体カラムクロマトグラフィーであり，固定相には固体を用いているから原理的には吸着クロマトグラフィーである．その後に，固定相として担体に保持させた液体を用いる分配クロマトグラフィー，イオン

交換樹脂を利用するイオン交換クロマトグラフィー，高分子ゲルの網目構造による立体排除効果を利用するサイズ排除クロマトグラフィー（SEC：size exclusion chromatography）などが出現した．しかし，分析に長時間を要することなどがあって，ガスクロマトグラフィーほどには普及しなかった．

ここ20年の間にこの事情が一変した．それは移動相を送るのに定量高圧ポンプを用いて溶離液を送液する技術が開発され，それまでの移動相の線速度が$0.001 \sim 0.01$ cm/s 程度であったものを1 cm/s にも達することに成功して，これはガスクロマトグラフの線速度に匹敵するものである．また，このためのポンプの送液圧力が数百 kg/cm^2 にも及ぶようになったが，この高圧に耐えて，しかも性能の優れた充填剤が開発されたために，応用面が急速に発展しつつある．この方法によると，カラムの加熱が必ずしも必要でなく，適当なカラムを選べば水溶性物質でも脂溶性物質でも前処理なしでも分離できることになる．特に水などの極性溶媒を溶離液に利用できるために，天然物や生体試料の分析にも利用できるという特長がある．

この方法は，従来のカラム液体クロマトグラフィー（LC）と区別するために高速液体クロマトグラフィー（HPLC：high performance liquid chromatography）と呼ばれている．高速液体クロマトグラフィーは，ガスクロマトグラフィーでは測定が困難な不揮発性や熱的に不安定な化合物の測定に適用できる．液体中での拡散速度が遅いため，ガスクロマトグラフィーに比べ分離能力は高くはないが，定量性に優れる．分離した化合物を容易に分取できるなどの特長も備えている．応用範囲は，一般的な有機物だけでなく，イオン化合物，天然物，高分子化合物など非常に広く，各種の分野で利用されている．

20.3.2 一般的事項

通則として，JIS K 0124：2002（高速液体クロマトグラフィー通則）が規格化されている．高速液体クロマトグラフィーの分離機構と特徴を以下に示す．

(a) 分配クロマトグラフィー　固定相と移動相間の分配平衡に基づく分離

で，低分子から高分子まで広範な対象物の分離，同族体の分離が可能.

(b) 吸着クロマトグラフィー　無機酸化物固定相による溶質の吸着平衡に基づく分離で，極性物質，異性体の分離が可能.

(c) サイズ排除クロマトグラフィー　高分子充填剤のネットワーク又は細孔による分子ふるい作用に基づく分離で，たんぱく質，酵素などの分離と精製，脱塩，合成高分子の分子量分画が可能.

(d) イオン交換クロマトグラフィー　イオン交換体とイオン性溶液の静電的相互作用に基づく分離で，イオン性物質の分離，分析，脱塩，塩交換が可能.

(e) アフィニティークロマトグラフィー　生物由来の分子識別能に基づく分離で，生理活性物質の濃縮，分離，精製が可能.

HPLCの装置構成は，溶媒搬送システム，ステンレス鋼製カラム，試料注入部，流通型検出器，記録計からなる．溶媒搬送システムでは，定組成溶離法は移動相として単一溶媒を使用する．こう配溶離法は，二つから四つの溶媒がマイクロプロセッサ又はコンピュータ制御で混合されて使用される．

21. 熱分析

　試料物質を一定のプログラムに従って昇温（又は冷却）していく過程における試料の質量変化，体積変化，エンタルピー変化などを測定して，試料の融解，結晶化，相転移などの温度と熱容量変化，熱分解挙動，熱安定性などの熱的諸特性を調べる分析方法を熱分析法（thermal analysis）という．熱重量分析，示差熱分析，示差走査熱量分析などがその代表的なものである．

21.1 熱重量分析

　熱重量分析（TG：thermogravimetry）では，熱天びんを用いて，試料を一定のプログラムで加熱しながら，その質量変化を連続的に記録して，サーモグラム（TG 曲線）が測定される．

　10～50 mg 程度の試料が，スプリングに連結された試料ホルダー中にひょう量採取される．このとき，記録計の質量減少目盛合わせは，空の試料ホルダーのとき 100％に，一定の試料をひょう量採取したときに 0％になるように調整する．所定のプログラムに従って試料が昇温され，ある温度 T_1 に到達したとき，試料の減少が始まったとすると，質量減に応じてスプリングの収縮が起きる．一般的には，スプリングに連結されている可動磁石の変位をソレノイドコイルが検知して，稼働磁石を元の位置に戻すようにソレノイドコイルに電流が流される．次に，温度 T_2 で第二の温度変化が起これば，ソレノイドコイルには更に大きな電流が流れて，試料ホルダーは常に一定の位置を保ち続ける．このとき，ソレノイドコイルに流れる電流の大きさは，偏位変調器を通して，試料の質量減少信号として記録計に送られ，試料の温度—質量変化曲線（TG 曲線）が記録される．熱天びんの雰囲気は，測定目的によっては窒素やアルゴンなどの不活性ガスを用いたり，空気や酸素などの酸化性ガスに変えたり，あるいは

真空ポンプと連結して減圧にしたりする．

　試料のTG曲線を測定することによって，各種の無機化合物あるいは高分子を含む有機化合物の熱分解挙動や熱安定性についての情報が得られる．しかし，熱分解の過程で複雑な生成物が発生するような試料では，TG曲線から各温度における質量減少は知ることができるが，詳細の熱分解機構を論じることは難しい．このような場合，サーモグラムの質量減少に対応してどのような化学種が発生しているのかを観測するには，TGとガスクロマトグラフィーあるいは質量分析法をオンラインで結合したシステムが用いられる．

21.2 示差熱分析及び示差走査熱量計

　示差熱分析（DTA：differential thermal analysis）及び示差走査熱量計（DSC：differential scanning calorimetry）は，いずれも試料を加熱又は冷却していく過程で，試料中に起こる発熱又は吸熱のエンタルピー変化を測定するもので，質量変化を伴う場合はもちろんのこと，質量変化を伴わない融解や相転移などのエンタルピー変化も測定対象となる．

　DTA測定では，通常の温度範囲（-100~1 000℃）では熱的に不活性なアルミナ，石英ガラス粉末などの標準物質と試料をそれぞれ白金の試料ホルダー中に入れて，温度プログラムできる均熱ブロック中に設置し，加熱していくときの両ホルダー間の温度差すなわち示差熱（ΔT）を測定する．ΔTは，両ホルダー中に設置した二対の熱電対を，温度が同じとき（$\Delta T=0$）起電力がお互いに打ち消し合うように逆方向に直列した回路を用いて測定される．こうして測定されたDTA曲線はTG曲線としばしばよい相関を示す．最近の装置では，両サーモグラムが同時測定できるようなものもある．

　DTAで測定されるサーモグラム（DTA曲線）から，ある温度で起こっている熱反応が発熱反応か吸熱反応かはすぐ判別できる．しかし，示差熱温度（ΔT）の測定のみからは，それぞれの熱反応における熱量変化を定量的に論じることは困難である．DSCでは，試料と標準物質との示差温度を測定するDTAとは

異なり，熱反応に伴う温度差（ΔT）が生じた場合に，それらを打ち消し合うように内臓する補助ヒータを独立に作動させて，その時に要した補助ヒーターへの供給電力（熱量）をプログラム温度関数として記録するようになっている．

このような測定原理に基づく DSC では，昇温速度を厳密に一定にすることが可能であり，サーモグラム上のピーク面積は，対応する熱反応に伴う熱量に直接対応する．

21.3 温度滴定

酸塩基，酸化還元，沈殿あるいはキレート滴定など，いずれの場合も反応熱の出入りを伴う．試料溶液を滴定用ジュワー瓶中に入れ，恒温の標準液で滴定し，温度変化をサーミスタなどで測定することにより，滴定終点を求めることができる．

温度滴定（thermometric titrimetry）は，弱酸—弱塩基の滴定，強酸中に共存する無水酢酸の滴定，濃硫酸中の水の発煙硫酸による滴定，発煙硫酸中の SO_3 の定量など，他の方法では終点判定の困難な滴定に活用されている．

22. その他の分析方法

22.1 フローインジェクション分析

フローインジェクション分析（FIA：flow injection analysis）は，JIS K 0126：2001（フローインジェクション分析通則）に通則が規格化されている．フローインジェクション分析装置は，送液部，試料導入部，反応部（操作部），検出部，細管，指示・記録部などで構成される．試料，試薬及びキャリヤーは，細管の中で連続的な流れ系を形成する．分析目的，分析対象成分及び分析方法によって構成を変更することもある．反応部は細管と器具との組合せで，反応，抽出，希釈，濃縮などの操作を行う．定量分析は，装置が安定に作動していることを確認してから，得られた応答曲線からピーク高さ，ピーク幅又はピーク面積のいずれかを測定し，検量線によって定量を行う．

FIA は，1975 年にデンマークの Ruzicka らによって創案された手法で，連続流れ中での反応を利用する分析方法である．FIA では，従来，吸光光度分析や蛍光分析などでビーカーやフラスコを用いてバッチ法で行っていた溶液発色反応を，テフロン，ポリエチレンなどの内径 0.5 mm，長さ 10 m 程度の細管中に試料溶液と試薬溶液をそれぞれ送液ポンプを用いて連続的に流し，混合溶液が細管中を通過する過程で反応させて，オンラインで吸光度や蛍光強度を測定できるように装置化されている．FIA は，10～100 μL の極微量の試料溶液を用いて，従来法よりも，迅速，簡便に高感度で精度の高い分析を可能にしている．水質分析や排水分析，めっき液の製造工程分析などに広く応用されている．FIA は自動化が容易なため，工場の工程管理分析などで自動化，無人化分析装置として省力化の目的で応用されている例もある．

22.2 キャピラリー電気泳動分析

キャピラリー電気泳動分析（capillary electrophoresis）は JIS K 3813：2003（キャピラリー電気泳動分析通則）に通則が規格化されている．キャピラリー電気泳動装置は，電源部及び泳動部で構成する．泳動部は，電気端子，電極，電極槽及び泳動槽（キャピラリー）で構成し，これに試料導入装置，分取装置，検出・記録装置を付ける．キャピラリー自体が泳動槽を構成する．キャピラリーの内面は，電気浸透流の調節や試料成分の分離を行う目的で化学処理などを行う．キャピラリーは，泳動液又は泳動液を含むゲルなどの支持体を充填して使用する．

溶液中の荷電粒子やイオンが，電場をかけると移動（泳動）する現象は電気泳動（electrophoresis）と呼ばれ，早くからたんぱく質やコロイド粒子などの分離に活用されてきた．従来の電気泳動はカラム（ガラス管）あるいは薄層などを用いて行われてきたが，最近は内径 20～100 μm×長さ 15～60 cm 程度の溶融シリカキャピラリーカラムを用いる高性能キャピラリー電気泳動法（HPCE：high performance capillary electrophoresis）が開発されている．HPCE では，キャピラリーの利用により，ジュール熱の逃散が容易になり，10～40 kV の高電圧が印加できるため分析時間が著しく短縮され，理論段数も 4×10^5 を超える高分離能が達成され，ペプチド，たんぱく質など各種イオンの分離に大きな効果が得られている．バイオテクノロジーの分野における核酸のような高次の立体構造をもつ物質の分析に有効な手法である．

22.3 放射化分析

中性子放射化分析（NAA：neutron activation analysis）は，非放射性原子に中性子を照射すると，多くの場合，存在する原子の一部は中性子を吸収し放射性核種に変化する．例えば，安定な各種である ^{23}Na に中性子（n）を照射すると，^{23}Na+n → ^{24}Na+γ となり ^{24}Na が生成し，余ったエネルギーは γ 線と

して放出される．この反応を (n, γ) 反応という．この生成した ^{24}Na は半減期約 15 時間で β 崩壊して ^{24}Mg に変わるが，その際 1.369 MeV と 12.754 MeV の γ 線を放出する．照射後，これらの γ 線のエネルギーとその強度を γ 線スペクトロメータで測定することで微量元素の定性と定量が可能になる．中性子の照射には，通常，原子炉が用いられる．現在，熱中性子照射の行える実験用原子炉は（独）日本原子力研究開発機構，京都大学の原子炉で，放射化分析を行う場合はこれらの原子炉を利用して行う．

　放射化分析の長所は，多くの元素を微量レベルまで非破壊で一度に定性，定量できるため，環境試料，生体試料，材料中の微量元素の定量に利用されている．高感度の分析を行う場合は，試料照射後，担体（同じ元素の放射性同位体）を加えて目的核種を化学分離する場合もある．

23. 自動分析及び連続分析

　自動分析（automated analysis）及び連続分析（continuous analysis）は機器を用いて行い，一般に試料のサンプリング及び調製，試料の前処理，成分量の測定及び記録，データ処理などの過程から構成され，機器の調整や校正の操作も組み込まれている．

　自動分析は，一般に成分量の測定や記録などの操作の一部の工程を機器によって行うものを指すが，大部分の工程やすべての工程を機器によって行うものも手動操作を含まないという意味から自動分析と呼ばれる．一方，連続分析は，試料を自動的，連続的に採取して測定記録する分析を呼ぶ．JIS K 0211：2005［分析化学用語（基礎部門）］の定義を抜粋して示す[1]．

　　自動分析法　試料の特性の測定を自動的に行う方法．測定のための前処理及び濃度計算を自動的に行うこともある．通常，試験室試料の採取・調製は含まない．項目は多項目又は可変のことが多い．

　　連続分析法　分析装置に試料を自動的に導入するか，又は検出端を試料の流れの中に挿入することによって，試料の濃度などを自動，かつ，連続的に測定する方法．測定が完全に連続でなくても，一定時間ごとに自動採取・測定が行われるものは，間欠連続として連続分析に含まれる．通常，測定は一定の項目に限定していることが多い．

　自動分析法の例として，排ガス中の酸素自動分析計の仕組みを以下に述べる．JIS B 7983：1994（排ガス中の酸素自動計測器）では，磁気風方式ドーナツ状測定室型酸素計を用いて排ガス中の酸素の自動分析を行っている．水平方向中央部に薄肉ガラス管のバイパスのあるドーナツ状測定室を立てた状態で置き，試料ガスは円周部を通って下から上へ流れる．バイパス管はガスに満たされる状態で特に流れはない．バイパス管の円周方向へ偏った部分に磁界をかけ，それに接して中央にずらした部分にヒーター線を巻く．ヒーター線はまたブリッ

ジ回路の抵抗の一つとする．磁界に吸引された酸素分子は，バイパス管の両側から入ってくるが，ヒーターのある側では吸引力を失う．このため，バイパス管内に磁界側に高くヒーター線側に低い，酸素分子による圧力差が生じる．その流速は酸素濃度に関係し，ブリッジ回路の不平衡電圧として検出される．この方式は，試料ガスの組成や流量の変化に対して緩衝作用があり安定性に優れている．原理図を図 23.1 に示す．大気・排ガス中の自動計測関連 JIS を表 23.1 に示す．

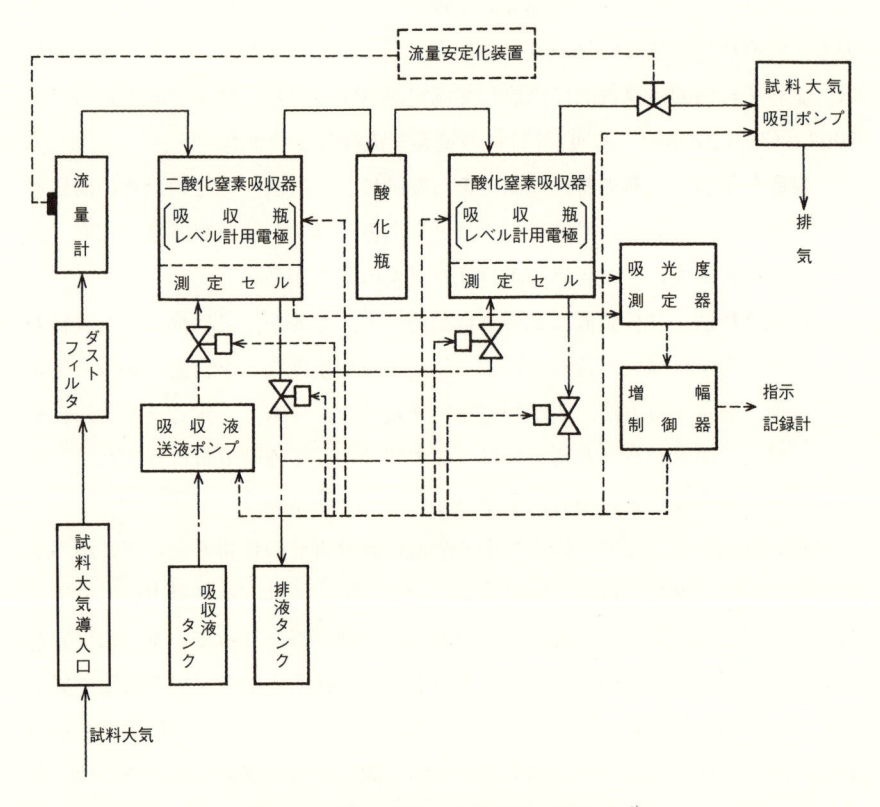

図 23.1　吸光光度方式計測器の構成例 [2]

表 23.1　大気・排ガス中の自動分析計

JIS B 7951 : 2004　（大気中の一酸化炭素自動計測器）
JIS B 7952 : 2004　（大気中の二酸化硫黄自動計測器）
JIS B 7953 : 2004　（大気中の窒素酸化物自動計測器）
JIS B 7954 : 2001　（大気中の浮遊粒子状物質自動計測器）
JIS B 7956 : 2006　（大気中の炭化水素自動計測器）
JIS B 7957 : 2006　（大気中のオゾン及びオキシダントの自動計測器）
JIS B 7958 : 1995　（大気中のふっ素化合物自動計測器）
JIS B 7981 : 2002　（排ガス中の二酸化硫黄自動計測システム及び自動計測器）
JIS B 7982 : 2002　（排ガス中の窒素酸化物自動計測システム及び自動計測器）
JIS B 7983 : 1994　（排ガス中の酸素自動計測器）

23.1　比色式分析計

　試薬で分析対象成分を可視部に発色させ，光学フィルターで選択した波長で吸光度を求めて濃度測定するものを比色式分析計という．可視紫外吸光分光装置が普通になった現在，機器分析では正式名ではなくなり，自動分析計にその名称が残っている．そのうち JIS 化されているのは大気・排ガス用のみである（表 23.2）．いずれもタングステンランプなどの白色光源，色ガラスフィルターや干渉フィルターによる波長選択部，呈色試薬とその定量的供給機構，試料を定量的に流す機構，試料セル，光電管・光電子増倍管・半導体検出器などの光検出器，信号処理・表示・記録部からなる．

表 23.2　大気汚染物質の比色分析

測定成分	分析法（測定波長 nm）	JIS
窒素酸化物（大気）	ザルツマン法（560 nm）	B 7953 : 2004
オキシダント（大気）	中性よう化カリウム法（365 nm）	B 7957 : 2006
ふっ化水素・ふっ化物（大気）	Zr エリオクロムシアニン（530 nm）	B 7958 : 1995

23.2 紫外線吸収式自動計測器

分析対象成分を試薬と反応させることなく，試料に直接光を照射してその紫外部の吸光度を測定し，物質濃度を求める自動計測器で，呈色試薬とその反応系をもたないだけ装置としては簡単になる．

光源は低圧水銀放電ランプが一般的である．波長選択部は光学フィルターで紫外部の輝線スペクトルを選択する．回折格子による分散系もある．試料セルは石英ガラス製のもので，フローセルタイプを用いるものが多い．検出部は光電子増倍管あるいは固体検出素子が多い．装置の代表的なものを以下に示す．

① 非分散紫外線吸収式排ガス二酸化硫黄計
② 非分散紫外線吸収式排ガス二酸化窒素計，窒素酸化物計
③ 紫外線吸収式多成分演算型排ガス $SO_2/NO/NO_2$ 計（分散型）
④ 紫外線吸収式大気中オゾン自動分析計
⑤ 紫外線吸収式水質モニター

23.3 非分散赤外式分析計

非分散赤外式分析計（NDIR analyzer : non dispersive infrared analyzer）によるガス分析は広い範囲で適用されている．非分散赤外式分析計の構造は，光源は炭化けい素などの発熱体で，これから出た赤外線は平行ビームとされた後ガスセルに入射される．ガスセルは2本が平行に配置され，両端の面は赤外線を透過する LiF 単結晶などの板で，セルの一つは対照セルで窒素など不活性なガスが封入され，他方は試料ガスが流通する．ガスセルから出た赤外線は検出器に入射される．検出器はガスセルであるが，弾力性のある金属板で仕切られており，金属板に接近して誘電結晶が置かれ，コンデンサーマイクロホンを構成しており電気出力にガス濃度が変換されて検出される．大気中一酸化炭素（JIS B 7951 : 2004），排ガス中の二酸化硫黄（JIS B 7981 : 2002），排ガス中の窒素酸化物（JIS B 7982 : 2002），自動車排ガス中の一酸化炭素，

二酸化炭素，炭化水素（JIS D 1030：1998），排ガス中の一酸化炭素（JIS K 0098：1998）などに適用されている．水中の有機物を燃焼させて非分散赤外式CO計で測定すれば水中の有機物濃度を測定できる．この測定値をTOC（total organic carbon）という［JIS K 0805：1988 有機体炭素（TOC）自動計測器］．

23.4 蛍光式自動計測器

ある波長の電磁波照射で励起された分子や原子が基底状態に戻る際，励起光よりも長い光を放出することを蛍光という．この光を利用し，光学フィルターと光電子増倍管を組み合わせて測定を行う計測器である．自動計測器としては紫外蛍光二酸化硫黄自動計測器がある（JIS B 7952：2004）．

23.5 化学発光自動計測器

物質の化学反応においてエネルギーが放出されるとき，そのほとんどは反応熱として放出されるが，光として放出される場合がある．これを化学発光（chemiluminescence）という．化学発光は，化学反応で励起されて生成した準安定状態の反応生成分子が，基底状態に戻って安定するときに放出する光である．化学発光自動計測器は試料ガス流量制御部，試薬ガス供給部，反応部，光学フィルター，光検出器，信号処理・表示部から構成される．実用例としては，化学発光式窒素酸化物自動計測器（JIS B 7953：2004）や化学発光式オゾン自動計測器（JIS B 7957：2006）がある．

23.6 その他の自動分析法

血液や尿などの臨床検査分析では多くの測定項目が自動化されている．例えば，アミノ酸，ペプチド，たんぱく質などの定量は，イオン交換クロマトグラ

フィー,HPLC,GC,液体クロマトグラフィーの検出器に MS を連結したものや,オンライ分光光度計と組み合わせて自動分析を行っている.

引用文献

1) JIS K 0211 : 2005［分析化学用語（基礎部門）］,p.9, 10
2) JIS B 7953 : 2004（大気中の窒素酸化物自動計測器）,p.7

24. 化学分析における校正

24.1 標準物質

JIS Q 0035 : 2008（標準物質—認証のための一般的及び統計的な原則）によれば，標準物質（reference material）とは，
　"一つ以上の規定特性について，十分均質，かつ，安定であり，測定プロセスでの使用目的に適するように作製された物質."[1]
とある．つまり，①測定系の校正，②測定手順の評価，③他の物質への値の付与，④精度管理（quality control）のために用いるのが標準物質ということになる．

(a) 測定系の校正とは，分析機器や計測装置の出力値を濃度や物性値などとして変換することを意味している．例えば，ガスクロマトグラフや原子吸光光度計において複数の濃度の異なる標準液を機器に導入し，濃度とその出力値との関係を求めること，すなわち検量線を作成することを意味している．

(b) 測定手順の評価とは，測定手順の妥当性や測定者の技術的な能力を判断する場合などである．ある物質の定量を行う場合，定量に用いる方法や試験環境が妥当なのかどうかを判断するような場合である．例えば，複雑なマトリックス中の微量成分を測定する場合，試料の前処理や用いる機器の種類が適切かどうか，試験環境などからの汚染の有無などを確認することとなるが，濃度などの特性値が保証された標準物質を用いてその評価を行う場合である．特に，近年の試験所認定などと関連して試験所（又は測定者）の技術的な能力を評価する場合に，濃度などの特性値が明確となっている物質を試験試料とする場合などがある．

(c) 他の物質へ値を付与することとは，高純度物質を用いて滴定液の標定を行う場合などである．

(d) 精度管理のために用いるとは，日常的な測定が一定の管理された状況下にあるかどうかの確認のために用いる場合である．ここで測定とは，例えば，環境試料中のある成分の濃度測定や製品の生産活動における品質管理のための測定などを意味する．

これまで高純度物質としては，JIS K 8005 : 2006（容量分析用標準物質）の容量分析用標準物質が用いられてきたが，（独）産業技術総合研究所などから供給される認証標準物質を用いて滴定液の濃度を決定する場合も増えると思われる．

24.2 標準物質の分類

24.2.1 純物質系標準物質と組成標準物質

標準物質を使用の目的で分類すると前節のようになるが，標準物質は，純物質系標準物質，組成標準物質としても分類することができる．純物質系標準物質とは，主に前節の①測定装置の校正，すなわち検量線を作成するために用いられる標準液，標準ガスと呼ばれるものである．これは，高純度の金属亜鉛などの物質を原料とし，超純水や不純物の少ない酸などで希釈した亜鉛標準液などである．標準ガスの場合には，高純度の一酸化炭素を高純度窒素などで希釈した一酸化炭素標準ガスなどである．

一方，組成標準物質は，土壌などのマトリックス中の微量成分名やそれらの含有率が明らかなものである．組成標準物質は，実際の測定に用いられる試料と類似した組成を有するものとして，測定方法の適否や妥当性，測定者の技術的な能力の評価などに用いられる．このため，組成標準物質は，土壌や動物，植物を採取し，均質化して含有率などの特性値を付与することとなる．特性値としての含有率などは，何らかの化学的な手法によって決定することになるが，そのためには標準液や標準ガスなどの純物質系標準物質が必要となる．このため，純物質系標準物質がなければ組成標準物質の微量成分の濃度決定はできな

24.2 標準物質の分類

いことになる．このことは，純物質系標準物質と組成標準物質の大きな違いの一つといえる．

例えば，組成標準物質としては，土壌中の金属成分濃度が明らかな金属分析用土壌標準物質などがある．これらの金属成分は，純物質系標準物質としての金属標準液によりその濃度を決定したものである．

現在供給されている組成標準物質としては，（独）産業技術総合研究所の海底質（有害すず分析用），（社）日本分析化学会の農薬成分分析用土壌標準物質などがある．

一般的に，純物質系標準物質は，①測定装置の校正や③材料への値の付与，組成標準物質は，②測定方法の評価に用いられる場合が多い(^{1})．

注(^{1}) 製品の工程管理分析などでは，製品と組成の類似した組成標準物質を検量線作成用の標準物質として用いる場合がある．

また，これらの標準物質は，試験所認定制度に関連して技能試験などにも用いられるようになってきている．さらに，化学分析に用いる標準物質は，消耗品であり，使うとなくなるということが分銅などの他の計量標準とは異なる特徴である．

24.2.2 認証標準物質

標準物質の中で特に認証機関によって認証され，認証書(^{2})（certificates）の付いた標準物質は，認証標準物質（certified reference material）と呼ばれ，その濃度などの特性値（property values）が一定のルールのもと保証されているものである．

JIS Q 0035 による認証標準物質の定義は，

 "一つ以上の規定特性について，計量学的に妥当な手順によって値付けされ，規定特性の値及びその不確かさ，並びに計量学的トレーサビリティを記載した認証書が付いている標準物質."[1]

となっており，特性値（濃度など），不確かさ（uncertainty），トレーサビリティ（traceability）を記載した認証書が最低限必要となっている．

注(^{2}) 認証機関により一定のルールに従って認証された標準物質が認証標準物質であり，製造者自ら発行する証明書（報告書）のみでは認証標準物質とはならない．

認証標準物質の認証は，JIS Q 0034：2001（標準物質生産者の能力に関する一般要求事項）(ISO Guide 34)，JIS Q 17025：2005（試験所及び校正機関の能力に関する一般要求事項）(ISO/IEC 17025) などをもとに行われることになる．そのため，濃度の精確さ，均質性，保存安定性などが詳細に検討され，不確かさが付与されトレーサビリティの明確なものと位置付けられる．これらの情報は認証書に記載されることとなる．国内では，(独)産業技術総合研究所の重金属分析用 ABS 樹脂ペレット（Cd, Cr, Pb），(社)日本分析化学会の有害金属成分化学分析用プラスチック認証標準物質（チップ状），(社)日本鉄鋼連盟の日本鉄鋼標準物質 (JSS：Japanese Steel Standard) などがある．また，国外では，アメリカの国立標準技術研究所 (NIST：National Institute of Standards and Technology)，欧州連合の IRMM (Institute for Reference Materials and Measurements) などから認証標準物質が頒布され，様々な分野で利用されている．

これらの標準物質に関する詳細情報は，次節のデータベース等から得ることができる．

24.3 標準物質の情報提供体制

標準物質を広く普及させるには，その情報を広く公開することはもちろんのこと，入手しやすい方法で提供する必要がある．国際的には，COMAR（国際標準物質データベース）による情報提供がある．世界 25 か国で製造された 10 000 件を超える標準物質が登録されたデータベース (http://www.comar.bam.de/) である．2008 年の時点では，ドイツの BAM (Bundesanstalt für Materialprüfung) が事務局として活動しており，(独)製品評価技術基盤機構 (NITE) が窓口となっている．また，我が国では，認証標準物質及び標準物

質に関する情報，関連する国内外機関の情報等をインターネットで提供する体制が"標準物質総合情報システム"（http://www.rminfo.nite.go.jp/）として構築され公開されている．COMARと同様にNITEが維持管理している．

24.4 計量法トレーサビリティ制度の化学標準物質

1992（平成4）年5月に計量法が改正され，計量標準供給制度（計量法トレーサビリティ制度，JCSS制度）が創設された．計量標準の一つである標準物質に関しても国家標準である特定標準物質を頂点とするトレーサビリティ体系が整備され，特定標準物質にトレーサブルな標準物質が供給されるようになった．この制度によって供給される標準物質には，JCSS（Japan Calibration Service System）の標章（ロゴマーク）付きの校正（値付け）証明書が添付されている．

計量法では，国家計量標準を経済産業大臣が特定標準器又は特定標準物質として指定することとなっている．現在，無機標準ガス，有機標準ガス，pH標準液，無機標準液，有機標準液の特定標準物質が整備され，国家標準にトレーサブルな標準物質が供給可能な状況となっている．標準物質の供給体系及び整備状況を図24.1，表24.1及び表24.2に示す．

ただし，表24.2に示す標準ガス及び標準液は，計量法上の国家標準である特定標準物質が指定校正機関である（財）化学物質評価研究機構（化評研）により維持管理され，供給可能な体制はできているが，2008（平成20）年6月時点では，JCSS標準物質における登録事業者がいないため，登録事業者を通じた実用標準物質が供給できる状況にはない．このため，登録事業者を通さず，化評研から一般ユーザーに直接，供給可能な状況となっている．

現在，JCSS標準物質の種類ごとの供給状況は次のとおりである．

(a) pH標準液 中性りん酸塩pH標準液など6種類の標準液が登録事業者から供給されている（表24.1）．

(b) 無機標準液 1 000 mg/Lの亜鉛標準液，カドミウム標準液，塩化物イオン標準液など34種類が，登録事業者から単成分標準液として供給されてい

る．一部の標準液については 100 mg/L も単成分標準液として供給されている（表 24.1）．

(c) 有機標準液 VOC 23 種混合標準液が登録事業者から供給されている（表 24.1）．それ以外の有機標準液は，化評研から一般ユーザーに直接供給することとなっている（表 24.2）．

(d) 標準ガス 一酸化炭素標準ガス等 9 種類が登録事業者から供給されている（表 24.1）．

(e) 標準ガス（有機標準ガス他） 22 種類の特定標準物質が設定されているが，2008(平成 20)年 6 月時点では，VOC 23 種混合標準液以外の有機標準液と同様の状況にある（表 24.2）．

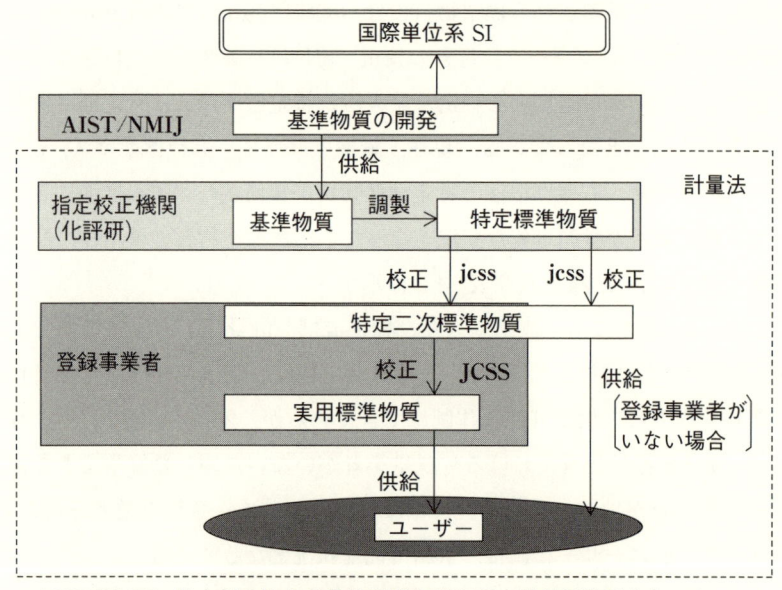

AIST/NMIJ：独立行政法人産業技術総合研究所 / 計量標準総合センター
化評研：財団法人化学物質評価研究機構
jcss：特定標準物質を用いて校正を行った場合に証明書に付すロゴマーク
JCSS：特定標準物質で校正された標準物質（特定二次標準）を用いて校正を
　　　行った場合に証明書に付すロゴマーク

図 24.1 標準物質の供給体系

24.4 計量法トレーサビリティ制度の化学標準物質

表 24.1 登録事業者から供給されている標準物質

1	メタン標準ガス	26	マグネシウム標準液
2	プロパン標準ガス	27	マンガン標準液
3	一酸化炭素標準ガス	28	ナトリウム標準液
4	二酸化炭素標準ガス	29	ニッケル標準液
5	一酸化窒素標準ガス	30	アンチモン標準液
6	二酸化窒素標準ガス	31	鉛標準液
7	酸素標準ガス	32	亜鉛標準液
8	二酸化硫黄標準ガス	33	塩化物イオン標準液
9	零位調整標準ガス（ゼロガス）	34	ふっ化物イオン標準液
10	しゅう酸塩 pH 標準液	35	亜硝酸イオン標準液
11	フタル酸塩 pH 標準液	36	硝酸イオン標準液
12	中性りん酸塩 pH 標準液	37	りん酸イオン標準液
13	りん酸塩 pH 標準液	38	硫酸イオン標準液
14	ほう酸塩 pH 標準液	39	アンモニウムイオン標準液
15	炭酸塩 pH 標準液	40	水銀標準液
16	アルミニウム標準液	41	リチウム標準液
17	ひ素標準液	42	バリウム標準液
18	ビスマス標準液	43	モリブデン標準液
19	カルシウム標準液	44	セレン標準液
20	カドミウム標準液	45	すず標準液
21	コバルト標準液	46	ストロンチウム標準液
22	クロム標準液	47	タリウム標準液
23	銅標準液	48	臭化物イオン標準液
24	鉄標準液	49	ルビジウム標準液
25	カリウム標準液	50	VOC 23 種混合標準液

VOC：揮発性有機化合物

表 24.2 化学物質評価研究機構から供給可能となっている標準物質

(2008 年 6 月現在)

1	一酸化窒素標準ガス (低濃度)	33	cis-1, 3-ジクロロプロペン標準液
2	二酸化硫黄標準ガス（低濃度）	34	ベンゼン標準液
3	アンモニア標準ガス	35	o-キシレン標準液
4	ジクロロメタン標準ガス	36	m-キシレン標準液
5	クロロホルム標準ガス	37	p-キシレン標準液
6	1, 2-ジクロロエタン標準ガス	38	トリクロロエチレン標準液
7	トリクロロエチレン標準ガス	39	テトラクロロエチレン標準液
8	テトラクロロエチレン標準ガス	40	1, 2-ジクロロエタン標準液
9	ベンゼン標準ガス	41	フタル酸ジエチル標準液
10	エタノール標準ガス	42	フタル酸ジ-n-ブチル標準液
11	低濃度窒素酸化物用零位調整標準ガス（ゼロガス）	43	フタル酸ジ-2-エチルヘキシル標準液
12	低濃度硫黄酸化物用零位調整標準ガス（ゼロガス）	44	フタル酸ブチルベンジル標準液
13	VOC 用零位調整標準ガス（ゼロガス）	45	4-t-オクチルフェノール標準液
14	1, 3-ブタジエン標準ガス	46	trans-1, 3-ジクロロプロペン標準液
15	アクリロニトリル標準ガス	47	4-n-ヘプチルフェノール標準液
16	塩化ビニル標準ガス	48	trans-1, 2-ジクロロエチレン標準液
17	o-キシレン標準ガス	49	ブロモジクロロメタン標準液
18	m-キシレン標準ガス	50	ジブロモクロロメタン標準液
19	トルエン標準ガス	51	トリブロモメタン標準液
20	エチルベンゼン標準ガス	52	1, 2-ジクロロプロパン標準液
21	VOC 9 種混合標準ガス	53	1, 4-ジクロロベンゼン標準液
22	ベンゼン等 5 種混合標準ガス	54	ビスフェノール A 標準液
23	シアン化物イオン標準液	55	4-n-ノニルフェノール標準液
24	ジクロロメタン標準液	56	2, 4-ジクロロフェノール標準液
25	クロロホルム標準液	57	アルキルフェノール類 6 種混合標準液
26	四塩化炭素標準液	58	アルキルフェノール類 5 種混合標準液
27	トルエン標準液	59	フタル酸エステル類 8 種混合標準液
28	1, 1-ジクロロエチレン標準液	60	フタル酸ジ-n-ヘキシル標準液
29	cis-1, 2-ジクロロエチレン標準液	61	フタル酸ジシクロヘキシル標準液
30	1, 1, 1-トリクロロエタン標準液	62	フタル酸ジ-n-ペンチル標準液
31	1, 1, 2-トリクロロエタン標準液	63	フタル酸ジ-n-プロピル標準液
32	4-t-ブチルフェノール標準液		

JIS K 0050：2005（化学分析方法通則）の 11. a）"化学分析用標準物質"では，

"測定値の信頼性を確保するために，可能な限りトレーサビリティが保証された標準物質を用いる."[2)]

としている．現在，トレーサビリティが明確であり，検量線作成に用いることができる純物質系標準物質は，JCSS 標準物質が唯一のものである．

現在，検量線を必要とする各 JIS に標準液などの調製方法の記載があるが，JIS に記載された方法によって自ら調製した場合は，トレーサビリティとその不確かさの評価は不完全であり，JCSS 標準物質を用いることが望ましい．

また，これまで標準物質（標準ガス及び標準液）に関する規格が JIS K 0001～K 0038 として規定されていた．検量線作成を必要とする各 JIS では，JIS K 0001～K 0038 を引用していたが，この規格の実質的な標準物質として供給されてきたものが，JCSS 標準物質であった．2007（平成 19）年 3 月に，JIS K 0001～K 0038 は廃止されたため，今後は各規格に JCSS 標準物質が順次取り入れられるものと思われる．

24.5　標準物質の必要性と検量線

近年の化学分析は，測定濃度の低濃度化のため，機器による分析方法が主流を占めるようになり，反応物質の体積や質量のみの測定で結果を表す機会は減少している．つまり検量線を必要とするいわゆる機器分析が主流となっている．原子吸光分析装置やガスクロマトグラフなどの機器分析計から出力される値は，機器分析計内での応答が電流値や電圧値として現れているものであり，分析対象成分の濃度を求めるには，機器出力値と標準物質の関係を明らかにする必要がある．つまり検量線を作成する必要があり，検量線作成のためには標準物質が必要不可欠である．このため，信頼性の高い測定結果を得るためには，信頼性の高い標準物質が必要とされることとなる．

通常の検量線（calibration curve）[3)]は，横軸を標準物質の濃度，縦軸を

機器出力値とする直線検量線[4]（一次式）として求める場合が多い．ここでは，最小二乗法（least squares method）（25.4節"検量線によって求めた濃度の不確かさ"参照）による直線検量線式 $y=bx+a$ の求め方を簡単に示しておく．ただし，ここで示す最小二乗法は，横軸にばらつきはない，縦軸のばらつきは横軸の位置によらず一定，との前提で求められるものであり，最も単純な最小二乗法と考えることができる．

検量線の各測定点を (x_i, y_i) $(i=1, 2, \cdots, m)$ とすると，x_i の分散，y_i の分散，$x_i y_i$ の共分散は，それぞれ以下のように表せる．m は，3以上で最小二乗法を適用できるが，4以上が望ましい．

x_i の分散　　$s_x^2 = \Sigma(x_i - \bar{x})^2/m = (\Sigma x_i^2 - m\bar{x}^2)/m$ 　　(24.1)

y_i の分散　　$s_y^2 = \Sigma(y_i - \bar{y})^2/m = (\Sigma y_i^2 - m\bar{y}^2)/m$ 　　(24.2)

$x_i y_i$ の共分散　　$s_{xy} = \Sigma(x_i - \bar{x})(y_i - \bar{y})/m = (\Sigma x_i y_i - m\bar{x}\bar{y})/m$ 　　(24.3)

ここに，$\bar{x}, \bar{y}$：平均値

直線検量線式の傾き b 及び y 軸切片値 a は，次式で表される．

傾き　　$b = \dfrac{\Sigma x_i y_i - m\bar{x}\bar{y}}{\Sigma x_i^2 - m\bar{x}^2} = \dfrac{s_{xy}}{s_x^2}$ 　　(24.4)

y 軸切片　　$a = \bar{y} - b\bar{x}$ 　　(24.5)

機器分析法の中には，測定条件や濃度範囲によっては検量線が必ずしも直線関係を示さない場合がある．濃度と機器出力値が，二次以上（曲線）の関係にあるものを一次式（直線式）として検量線を作成することは，測定結果の信頼性を損ねる原因となるので，検量線が直線関係にあるかどうかの確認は重要である．多くの場合，直線関係にあるかどうかの判断に相関係数（correlation coefficient）[5] が用いられているが，二次以上の関係が明らかではあっても，相関係数としては相当高い値（例えば，0.99以上）が得られることがある．図24.2は，相関係数が0.99以上と高い値となっているが，明らかに直線関係よりも二次以上の関係が強い．したがって，二次以上の曲線として処理するか，又は直線となる範囲で検量線を作成し直すなどが必要である．このような状況は，比較的起こりやすいと思われる．

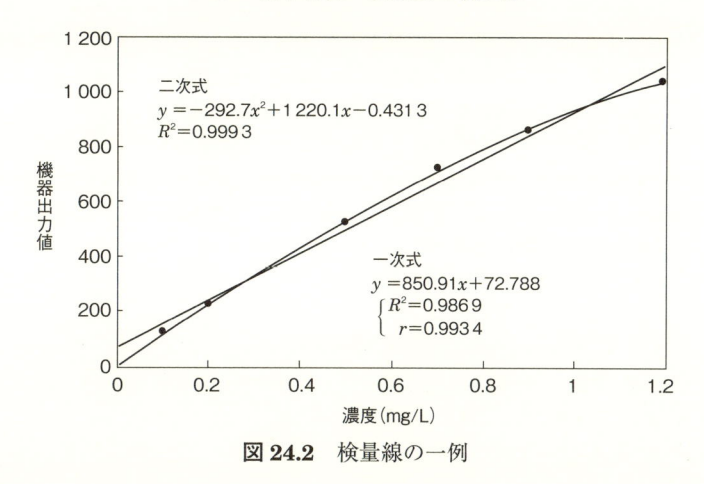

24.5 標準物質の必要性と検量線

図 24.2 検量線の一例

グラフ中:
二次式
$y = -292.7x^2 + 1220.1x - 0.4313$
$R^2 = 0.9993$

一次式
$y = 850.91x + 72.788$
$\begin{cases} R^2 = 0.9869 \\ r = 0.9934 \end{cases}$

縦軸:機器出力値、横軸:濃度(mg/L)

このためにも検量線作成においては,検量線をグラフで表して視覚化し,測定者の目で直線関係を確認するなどの注意が必要となる.相関係数を表示する場合,表示する桁数が少なくなると1となりやすいので,表示する桁数にも注意する必要がある.

相関係数は式(24.6)のように計算できる.

$$r = \frac{s_{xy}}{\sqrt{s_x^2}\sqrt{s_y^2}} \tag{24.6}$$

直線性の指標として相関係数 r を用いることができるが,二次以上の関係を表す場合には,相関係数という用語を用いることはできない.決定係数 R^2(あるいは寄与率)(coefficient of determination)の平方根などの用語を用いる必要がある.一次式の当てはめなら,決定係数 R^2 は,r の二乗に等しい.つまり,決定係数 R^2 は,一次式の当てはめにとどまらず,二次,三次などの高次の当てはめに利用できる.

最小二乗法の計算は,手計算で行うと多少面倒ではあるが,表計算ソフトなどを利用すると簡単に求めることができる.

注([3]) 機器分析計の検量線を作成することは,天びんを分銅によって校正することに相当する.

(⁴) 検量線は,二次以上の関係として求めることもできるが,標準物質の濃度数を多くする,ばらつきの小さな測定方法を用いるなどにより,最適な次数(二次,三次など)として求める必要がある.

(⁵) 測定点がどの程度直線と合致するかの指標としては,積率相関係数 (product-moment correlation coefficient) が用いられるが,定量的科学で最もよく用いられる相関係数であるので,積率相関係数を単に相関係数と表現している場合が多い[3].

引用・参考文献

1) JIS Q 0035 : 2008(標準物質—認証のための一般的及び統計的な原則),p.3
2) JIS K 0050 : 2005(化学分析方法通則),p.5
3) J.N.Miller & J.C.Miller 著,宗森信,佐藤寿邦訳(2004):データのとり方とまとめ方 第2版,共立出版

25. 化学分析の信頼性

"化学分析の信頼性"は，JIS K 0050 : 2005（化学分析方法通則）で新たに設けられた項目である．化学分析の信頼性（reliability）を確保するためには，化学分析手法の適切化のみならず，信頼性を確実にするための組織体制，信頼性の程度を数値化するなどが重要である．そのため，試験所に対する管理上及び技術上の要求事項が，JIS Q 17025 : 2005（試験所及び校正機関の能力に関する一般要求事項）で規定されている．なお，JIS Q 17025 は，国際的な規格である ISO/IEC 17025 : 2005 を翻訳し，JIS としたものであり，JIS Q 17025 の内容は，試験所の認定のための国際的なルールとなっている．

25.1　トレーサビリティ

化学分析などの結果の信頼性にとってトレーサビリティ[1]は，重要な部分を占める．トレーサビリティは，形容詞 traceable から派生した用語とされており，"源をたどることができる"という意味である．JIS K 0211 : 2005 ［分析化学用語（基礎部門）］では，

"不確かさがすべて表記された切れ目のない比較の連鎖を通じて，通常は，国家標準又は国際標準である決められた標準に関連付けられ得る測定結果又は標準の値の性質."[1)

と定義されている．

測定結果が，トレーサブルであるという場合には，どのような適切な標準に対してトレーサビリティが確立されているかを明確にする必要がある．つまり，測定結果がどの程度の信頼性（不確かさ）で最上位の標準（国家標準又は国際標準）とつながっているかを明らかにすることが重要となる．この信頼性の程度を表すものとして不確かさが用いられる．

標準物質における一次標準物質(primary reference material)は，可能な限り質量や電流などのSI単位へのつながりを確保できる基準分析法([2])(primary method, definitive method)といわれる電量分析法(coulometric analysis)，重量分析法(gravimetric analysis)，滴定法(titrimetry)，同位体希釈質量分析法(isotope dilution mass spectrometric analysis)などによって濃度などの特性値が決定されている．一次標準物質をもとに濃度などの特性値が決定されたものが二次標準物質(secondary reference material)である．このときの測定方法は，基準分析法ほどの厳密さはないが，非常に高精度な手法で測定が行われることになる([3])．さらに，二次標準物質により特性値が決定されたものが三次標準としての実用標準(working standard)である．実用標準は，大量に生産され化学分析を行う試験所へ供給される．この実用標準を基準として，測定された濃度などの化学分析の結果の信頼性を確保しようとする考え方がトレーサビリティの考え方である．

化学分析で必要となる標準物質については，計量法トレーサビリティ(JCSS)制度により，24.4節"計量法トレーサビリティ制度の化学標準物質"に記した標準液，標準ガスが供給されている．

しかしながら，化学分析のトレーサビリティという観点では，分析プロセス全般にわたるトレーサビリティが確保できるかという問題がある．これは，試料が分析のプロセスにおいて物理的又は化学的に変更されるたびにトレーサビリティの鎖が切れる可能性があるということである．つまり，化学分析においては，多種多様で複雑な前処理操作などのため，実際の試料と最終的な測定試料とが必ずしも同一ではないので，その時点でトレーサビリティの鎖が切れる可能性がある．このため，一般的な比較の連鎖を論じる場合，複雑な問題を含むことになる．前処理を含めた比較の連鎖を確保するには認証標準物質などを用いて不確かさを評価することでトレーサビリティを確保するというのが現実的な対応の一つと考えられる．

注([1]) 最近，製品の信頼性や食の安全性確保の観点から，生産・加工・流通過程の情報を記録し，考慮の対象となっているものの履歴，適用又は所在を

追跡できる仕組みについてもトレーサビリティという用語が用いられているが，本書におけるトレーサビリティは，測定結果がどの程度の精確さ（不確かさ）で国家標準（又は国際標準）とつながっているかを明確にする状態を示しており，計測のトレーサビリティといわれることがある.
(²) 基準分析法は，対象とする特性値が SI 基本単位等によって直接的に測定されるか，物理的又は化学的理論により標準となる物質を用いず，間接的に関連付けされる分析方法である．一次標準測定法ともいわれる．滴定法及び同位体希釈質量分析法は，標準となる物質を必要とするため，厳密な意味では基準分析法とはいえない.
(³) 基準分析法は，トレーサビリティにおいて最も重要な SI 基本単位へのつながりを確保するという意味で非常に重要な方法である．この方法は，高い精確さが得られるものの，高度の技術を必要とし，必ずしも汎用的ではない場合が多い．そのため，基準分析法ほどの精確さは確保できないが，より容易に特性値の決定のできる手法として参照分析法が用いられる．参照分析法は，その手法や手順を明確にするとともに，基準分析法で特性値が決定された標準物質などを用いることで，その精確さを明確にすることができる．具体的には，原子吸光分析法，ICP 発光分光分析法，ICP 質量分析法，ガスクロマトグラフィー，高速液体クロマトグラフィーなどを用い，標準物質の濃度測定等が行われている．

25.2 バリデーション

バリデーション (validation) とは，妥当性確認のことである．つまり，ある目的のために採用する分析手法などが，その目的を達成するために十分な信頼性を有することを調査して確認し，客観的な証拠として示すことである．バリデーションという場合，分析方法に限らず，サンプリング，試料の取扱い，コンピュータなどが含まれる場合があるが，分析方法のバリデーションとして，JIS K 0050 の 13. a) では，

"JIS Z 8402-1:1999［測定方法及び測定結果の精確さ（真度及び精度）—第 1 部：一般的な原則及び定義］に規定する精確さ (accuracy)，真度又は正確さ (trueness)，かたより (bias)，精度 (precision)，併行精度又は繰返し精度 (repeatability)，再現精度 (reproducibility) を必要に応じて

求める．検出限界，定量限界，直線性，範囲，堅ろう性なども必要に応じて求める．"[2]
としている([4])．

バリデーションによって分析方法の不適切さから生じる結論や判断の誤りを防ぐことが可能となり，結果的に信頼性の確保を確実にする．通常，バリデーションは，分析方法の開発時，分析方法の変更時に実施することとなる．

> 注([4])　なお，JIS では，分野ごとに信頼性に関する用語が定義されているが，必ずしも統一されておらず，現状は多少の違いがある．

(1) 精確さ（accuracy）

"個々の測定結果と採択された参照値との一致の程度."　　　　　（Z 8402–1）

一連の測定結果について考える場合には，精確さ，ばらつきの成分と各測定結果に共通する系統誤差，すなわち，かたよりの成分との両方の成分で構成される．

通常，信頼性が高いという場合には，この精確さが優れていることになる．精確さの程度は，後述の不確かさで定量化されることになる．

(2) 真度又は正確さ（trueness）

"十分多数の測定結果から得られた平均値と，採択された参照値との一致の程度"（Z 8402–1）であり，通常，かたよりとして表される．

JIS Z 8101–2：1999（統計—用語と記号—第2部：統計的品質管理用語）では，"真の値からのかたよりの程度"となっている．本来，真の値は，概念であり，現実的には知ることはできない．特別な場合として，取決めにより標準物質の採択値（濃度）を真の値として用いる場合がある．

(3) かたより（bias）

"測定結果の期待値と採択された参照値との差."　　　　　（Z 8402–1）

かたよりは，偶然誤差と対照される系統誤差の全体である．かたよりに寄与する系統誤差は，一つ以上あることもある．大きなかたよりは，採択された参照値からの大きな系統的な差をもたらす．

観測値・測定結果の期待値から真の値を引いた差として表現される場合もあ

る．厳密には真の値は求めることができないので，現実には真の値の代用として参照値又は合意値が用いられる．

標準物質の利用や共同試験を行うことで，試験室のかたよりを評価できる場合もある．

(4) 精度（precision）

"定められた条件の下で繰り返された独立な測定結果の一致の程度"（Z 8402-1）であり，測定値のばらつきの程度を意味する．精度は，偶然誤差の分布のみに依存し，真の値や特定の値には関係しない．精度（ばらつき）は，測定データの標準偏差（測定データを用いる場合，実験標準偏差を計算する．）として計算される．標準偏差が大きいと，精度が低いということになる．

さらに精度は，繰返し精度（併行精度）と再現精度に分けることができる．

測定データの実験標準偏差 $s(x)$ は，式(25.1)で計算できる．

$$s(x) = \sqrt{\frac{\Sigma(x_i - \bar{x})^2}{n-1}} \tag{25.1}$$

ここに，x_i：各測定データ
$\bar{x}$：各測定データの平均値
n：データ数

(5) 併行精度，繰返し精度（repeatability）

"同一と見なせるような測定試料について，同じ方法を用い，同じ試験室で，同じオペレータが，同じ装置を用いて，短時間のうちに独立な測定結果を得る測定条件による測定結果の精度．" (Z 8102-2)

(6) （室間）再現精度（reproducibility）

"同一と見なせるような測定試料について，同じ方法を用い，異なる試験室で，異なるオペレータが，異なる装置を用いて，独立に測定結果を得る測定条件による測定結果の精度．" (Z 8102-2)

(7) 定量下限（minimum limit of determination）

"ある分析方法によって，分析種の定量が可能な最小量又は最小濃度．"

(K 0211)

定量下限は，検量線標準液を繰り返し測定した実験標準偏差の 10 倍([5]) に相当する濃度などで計算される．

$$定量下限 = 10 \times (機器出力値の標準偏差)/(検量線の傾き)$$

(8) 検出下限（minimum limit of detection, detection limit）

"検出できる最小量（値）．検出限界ともいう．" (K 0211)

検出下限は，検量線標準液を繰り返し測定した実験標準偏差の 3 倍([6]) に相当する濃度などで計算される．

$$検出下限 = 3 \times (機器出力値の標準偏差)/(検量線の傾き)$$

(9) 直線性（linearity）

試料に含まれる物質の濃度（場合によっては量）と機器等から出力された値とが直線関係にあるかどうか．化学分析の場合，標準物質濃度と機器からの出力値との関係を検量線と呼ぶ．一般的には，検量線が直線範囲にある濃度で測定が行われる．

直線性の指標としては，相関係数などがある（24.5 節 "標準物質の必要性と検量線" 参照）．

(10) 範囲（range）

測定が可能な最大と最小の濃度範囲．

(11) 堅ろう性（頑健性）（robustness）

分析条件が変化したときに，測定結果が影響されない性能．

注([5]) 信頼区間の幅によって異なるが，10 付近の値を用いる場合が多い．
([6]) 信頼区間の幅によって異なるが，3 付近の値を用いる場合が多い．

25.3 不確かさ

不確かさ (uncertainty) は，計測や測定の分野で近年急速に広まってきた考え方であり，従来の誤差に代わる新しい信頼性に対する概念である．これまでの誤差の定義では，本来は知り得ない "真値" を用いることから，ある意味矛盾を抱えていた．信頼性に関連する用語としては，誤差以外に精度，正確さな

どの用語が用いられてきた．しかし，これらの用語についても，専門分野や国によってまちまちな定義や表現が採用されてきていた．経済のグローバル化に伴う国際的な商取引や地球環境問題などを議論する場合には，専門分野や国によらずに採用できる定義を信頼性の指標とする必要があり，ISOなどが主体となって議論が進められ，1993年にISO等7つの国際機関([7])の共同編集による国際文書[1]が発行された．これによって信頼性評価に関する基本的なルールが提案されたことになり，化学分析においてもその結果の信頼性の指標として評価することが求められてきている．特に，試験所，校正機関の能力に関する国際規格であるISO/IEC 17025（JIS Q 17025）においては，不確かさの評価は重要な要件であり，適切な不確かさの評価が必要とされている．また，ISO/IEC 17025において要求される技能試験との関連においても不確かさは重要であり，不確かさを含めた技能試験の結果は，認定の重要な要件である．

注([7]) BIPM（国際度量衡局），IEC（国際電気標準会議），IFCC（国際臨床化学連合），ISO（国際標準化機構），IUPAC（国際純正及び応用化学連合），IUPAP（国際純粋応用物理学連合），OIML（国際法定計量機関）の7つの国際機関の共同編集による国際文書として『計測における不確かさの表現のガイド（Guide to the expression of Uncertainty in Measurement：GUMと略称される）』[1]が，ISOから発行された（以下，『不確かさガイド』という．）．これをきっかけに，従来の"誤差"に代わる新しい概念として"不確かさ"の用語が用いられるようになった．この『不確かさガイド』では，従来の"誤差"という概念から"不確かさ"という概念を導入することで，真値という概念にとらわれることなく，測定の信頼性を定量的に表現しようとしている．現在は，ILAC（国際試験所認定協力機構）が加わり，8つの国際機関で不確かさを含めた用語やその取扱いに関する検討が行われている．

25.3.1 定義と評価手順

この『不確かさガイド』及び国際計量基本用語集第2版（International Vocabulary of basic and general term in Metrology：VIMと略称）[4]での"測定の不確かさ"の定義は次のとおりである．

"(測定の) 不確かさ [uncertainty (of measurement)]"

測定の結果に付随した，合理的に測定量に結び付けられ得る値のばらつきを特徴づけるパラメータ．

注：
1　このパラメータは，例えば標準偏差（又はそのある倍数）であっても，あるいは信頼水準で明示した区間の半分の値であってもよい．
2　測定の不確かさは一般に多くの成分を含む．これらの成分の一部は，一連の測定の結果の統計分布から推定することができ，また実験標準偏差によって特徴づけられる．その他の成分は，それもまた標準偏差によって特徴づけられるが，経験又は他の情報に基づいて確率分布を想定して評価される．
3　測定の結果は測定量の値の最良推定値であること，及び，補正や参照標準に付随する成分のような系統効果によって生ずる成分も含めた，すべての不確かさの成分はばらつきに寄与することが理解される．"[5]

なお，上記の注1，2，3は，『不確かさガイド』に記載されている内容である．また，この『不確かさガイド』では，不確かさと関連項目を定義している．

"**(a)　標準不確かさ**（standard uncertainty）　標準偏差で表される，測定の結果の不確かさ．

(b)　合成標準不確かさ（combined standard uncertainty）　測定の結果が幾つかの他の量の値から求められるときの，測定の結果の標準不確かさ．これは，これらの各量の変化に応じて測定結果がどれだけ変わるかによって重み付けした，分散又は他の量との共分散の和の正の平方根に等しい．

(c)　拡張不確かさ（expanded uncertainty）　測定の結果について，合理的に測定量に結び付けられ得る値の分布の大部分を含むと期待される区間を定める量．

(d)　包含係数（coverage factor）　拡張不確かさを求めるために合成標準不確かさに乗ずる数として用いられる数値係数．

(e)　（不確かさの）Aタイプの評価［Type A evaluation (of uncertainty)］　一連の観測値の統計的解析による不確かさの評価の方法．

(f)　（不確かさの）Bタイプの評価［Type B evaluation (of uncertainty)］　一連の観測値の統計的解析以外の手段による不確かさの評価の方法．"[5]

25.3 不確かさ

不確かさの実際の評価においては，不確かさ成分を洗い出し，その成分ごとに，不確かさを数値（標準偏差）として表現し，合成標準不確かさの計算，最終的に拡張不確かさとその包含係数として表現することとなる（合成標準不確かさのままでも問題はない）．この場合，『不確かさガイド』では，求められた不確かさの合成の方法として，不確かさの伝播則（従来の誤差の伝播則）により合成標準不確かさを計算するとしている．

不確かさ評価の一般的手順は，以下のようになる．

ステップ1 測定の手順を明確にし，測定値が得られるまでの過程を十分把握する．測定手順の書き出しなどを行う．

ステップ2 不確かさの要因を列挙（数学モデルの構築）

ステップ1を考慮して不確かさの要因を列挙して，測定値Yと入力量Xとの関係を求めるための関数モデルを表す．関数モデルとして表現できない場合もあるが，その場合には，各操作段階における不確かさ要因を検討し列挙する．

$$y = f(x_1, x_2, x_3, \cdots, x_n)$$

ステップ3 不確かさ成分の分析と見積もり

不確かさ成分を列挙して分類し，成分ごとの不確かさ（例えば，標準偏差）を推定する．Aタイプ又はBタイプとして標準不確かさを求める．ただし，この場合，補正ができるものは不確かさには含めない．

ステップ4 合成標準不確かさ[8]の計算

各要因の標準不確かさを式(25.2)のように合成（不確かさの伝播則，二乗和の正の平方根）した不確かさを合成標準不確かさu_cという．

この場合，Aタイプ，Bタイプは区別せずに合成できる．

$$u_c = \sqrt{u_1^2 + u_2^2 + u_3^2 + \cdots + u_n^2} \tag{25.2}$$

ここに，$u_c, u_1, u_2, \cdots, u_n$：各標準不確かさ

ステップ5 拡張不確かさ[8]の計算

合成標準不確かさu_cに包含係数(k)を乗じて拡張不確かさUを計算する．合成標準不確かさのままでも問題はないが，合成標準不確かさに包含係数を

乗じて拡張不確かさとする場合が多い．包含係数としては，$k=2$が用いられることが多い．包含係数$k=2$は，約95％信頼率に相当する(⁹)．包含係数$k=3$は，99.7％信頼率に相当する．

$$U = u_c \times 2$$

ステップ6　結果の表示

例えば，

結果の平均（単位）±拡張不確かさ（単位）（包含係数）

のように表記する．拡張不確かさで表す場合には，標準不確かさを逆算できるように用いた包含係数kを示す必要がある．

注(⁸)　不確かさを表記する記号として，不確かさ uncertainty のuにさまざまな添え字を付ける．合成標準不確かさには combined の c を添え字として付けたu_cを，拡張不確かさは大文字Uが用いられる．
(⁹)　厳密には$k=1.96$で95％，$k=2$では95.4％となる．

25.3.2　不確かさと統計量

(1)　Aタイプの評価と実験標準偏差

具体的に不確かさを評価する場合，不確かさを数値で表す必要がある．データのばらつきを結果の信頼性の指標とする場合，一般的には標準偏差（standard deviation）が用いられ，『不確かさガイド』においても標準不確かさは，標準偏差で表されるとしている．通常のAタイプの不確かさの評価では，式(25.1)の実験標準偏差$s(x)$を用いることとなる．

さらに，測定データの平均値を結果として報告する場合がある．その場合には，実験標準偏差から平均値の実験標準偏差$s(\bar{x})$を求めることとなる．つまり，報告結果を何回かの測定結果の平均値とする場合，その平均値がどのくらいばらつくかを計算する．式で表すと，式(25.3)のようになる．

$$s(\bar{x}) = \frac{s(x)}{\sqrt{l}} \tag{25.3}$$

$s(x)$は，ある一定回数の繰返し（例えば，20回程度）から計算することになる．ここで，lは，何回測定の結果を平均するかの回数であるので，データ

の自由度などとの混同には注意が必要である．l は，平均値を計算するための結果の数になるので，例えば，SOP（標準操作手順書）などで"3回測定の平均値を結果とする．"と規定している場合には $l=3$ とし，得られた実験標準偏差を $\sqrt{3}$ で除することになる．このようにして得られた $s(\bar{x})$ の値が，標準不確かさとなる．

(2) Bタイプの不確かさと標準偏差

不確かさの評価では，直接，測定値として得られた試験結果以外から不確かさを評価する場合がある．Bタイプによる評価といわれている．例えば，不確かさの要因として，検量線作成に用いた標準液の不確かさを取り上げる場合，標準液の濃度の不確かさは，校正証明書などの情報を利用することとなる．例えば，校正証明書で標準液の濃度の拡張不確かさが，0.6 mg/L ($k=2$) のように表現されている場合，0.6 mg/L ÷ 2 = 0.3 mg/L を標準液の濃度の標準不確かさとして用いることができる．

また，JIS等の規格値やカタログ値を利用する場合などがある．例えば，化学分析で用いるガラス製体積計については，JIS R 3505：1994（ガラス製体積計）で全量ピペットなどの体積の許容誤差が示されており，この許容誤差の情報を利用して全量ピペットの目盛線（体積）の不確かさを評価できる．その場合，全量ピペットの体積がある確率分布をもつとしてその不確かさを評価する．この確率分布として，矩形（一様）分布，三角分布などが利用されている．これらの確率分布の情報から不確かさ評価に必要な標準偏差を計算で求めることができる．図25.1又は図25.2に示すように，分布の中心から限界値までの値 (a) を分布の種類ごとに一定の係数（矩形分布：$\sqrt{3}$，三角分布：$\sqrt{6}$）で

$$s(x) = \frac{a}{\sqrt{3}}$$

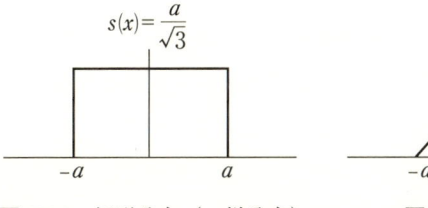

図25.1 矩形分布（一様分布）

$$s(x) = \frac{a}{\sqrt{6}}$$

図25.2 三角分布

除して求めた値を標準偏差とすることができる．どの確率分布が適切かは，製品の検査の情報等から判断する必要がある．

25.3.3 化学分析における不確かさ

化学分析は，その目的や手法により非常に複雑なものではあるが，基本的な手順は，試料のサンプリング，前処理，定量，計算のステップのすべて又は一部を実施すると考えてよい．このサンプリングや前処理，定量等の中に様々な不確かさの要因がある．

化学分析では，試料や標準液の希釈のためにピペットやフラスコなどのガラス製の体積計を用いることとなる．この希釈操作においては，ガラス製体積計の目盛の不確かさ，ガラス製体積計を用いる場合の使用者の技術能力に伴う不確かさ，試験室の温度がガラス製体積計内の液体の体膨張に影響する不確かさなどが考えられる．化学分析では，試料や標準液の希釈などは，測定手順の中の一つの操作であり，その一つの操作に体積や温度など多くの不確かさ要因を含んでいる．このため，多くの操作の一つ一つについてその要因をとらえ，詳細に評価することが必要となる．これらの希釈等の操作は，複雑ではあっても，詳細に評価をすることは可能である．

しかしながら，サンプリングや前処理については，その評価が困難な場合が多い．例えば，河川水中の有害物質の測定等のように，測定対象の再現が困難な場合，サンプリング手法や測定の目的などにより，何を不確かさの要因とするか評価が難しい．また，精確に測定するためには，測定装置への導入前に試料の前処理が必要な場合も多い．これらの前処理は，化学的又は物理的な手法によるが，その再現性や技術者の能力，試料の状態等の変化が不確かさの評価を複雑なものにしている．前処理の不確かさの評価方法としては，認証標準物質を利用し，認証標準物質の認証値と認証標準物質を試料と同様に前処理した場合の測定値との差から不確かさを評価することなどが考えられる．

Eurachem/CITAC Guide[6]で取り上げている要因を参考に，化学分析における不確かさの要因例を以下に示す．化学分析の目的や手法により，これらのす

25.3 不確かさ

べてが該当するとは限らないし，また，これら以外の要因も考えられるが，考慮すべき要因として取り上げる．

(a) サンプリング
- ・サンプリング方法
- ・試料の状態（固体，液体，気体）
- ・温度，圧力の影響
- ・試料自体の均一性

(b) 試料調製
- ・均質化
- ・汚染
- ・乾燥
- ・誘導体化
- ・粉砕
- ・希釈誤差
- ・溶解
- ・濃縮
- ・抽出

(c) 装置の校正
- ・標準物質による装置の校正方法
- ・試料と標準物質との組成の違い
- ・標準物質の不確かさ
- ・装置の精度

(d) 分析
- ・自動分析におけるキャリーオーバー
- ・測定者の技能
- ・マトリックス，試薬，他の分析対象成分の干渉
- ・試薬の純度
- ・装置のパラメータのセッティング（積分条件等）
- ・測定ごとの精度

(e) データ処理
- ・平均化することの影響
- ・数値丸め等の数値の取扱い
- ・統計的な内容
- ・手法のアルゴリズム（例えば，最小二乗法の適用）

(f) 結果の報告
- ・最終結果
- ・不確かさの推定
- ・信頼レベル

25.4 検量線によって求めた濃度の不確かさ

ガスクロマトグラフや原子吸光分析装置などの機器による分析では，検量線が必要不可欠である．この検量線による濃度測定は，化学分析の手順としての定量操作の最も重要な部分である．

多くの場合，検量線は，横軸に標準物質（標準液等）の濃度（又は量），縦軸に機器からの出力をとり，濃度と機器出力との関係を求めることになる．通常使用する検量線は，直線式（一次式）による場合が多く，$y = bx + a$ のように表される．ここで b は傾き，a は y 軸切片と呼ばれるもので，最小二乗法という考え方によって傾きと切片の値が決定される．これは，横軸のばらつきは考えない，縦軸のばらつきは縦軸の大きさによらず一定（縦軸の標準偏差そのものが一定という意味で，相対標準偏差が一定という意味ではない．）という前提のもと，最も単純な最小二乗法といわれる手法で検量線の傾きと切片値が決定されたものである．このような考え方により求めた検量線で計算された濃度の不確かさは，式(25.4)で計算できる[7]．評価式の意味と導出方法の解説がある[8), 9)]．

$$s_{x_0} = \frac{s_{y_0}}{b} \left[\frac{1}{n} + \frac{1}{m} + \frac{(y_0 - \bar{y})^2}{b^2 \sum (x_i - \bar{x})^2} \right]^{1/2} \tag{25.4}$$

ここに，s_{x_0}：測定濃度の不確かさ
s_{y_0}：縦軸の不確かさ（検量線縦軸測定値のばらつき）
b：検量線の傾き
n：試料測定の繰り返し数
m：検量線の濃度数×各濃度ごとの繰り返し数
y_0：試料の測定値（機器出力）
$\bar{y}$：検量線縦軸測定値の平均値
x_i：検量線標準液の各濃度
$\bar{x}$：検量線標準液の各濃度の平均値

引用・参考文献

1) JIS K 0211 : 2005［分析化学用語（基礎部門）］, p.27
2) JIS K 0050 : 2005（化学分析方法通則）, p.6
3) JIS Z 8101-2 : 1999（統計—用語と記号—第2部：統計的品質管理用語）
4) BIPM, IEC, IFCC, ISO, IUPAC, IUPAP, OIML (1993) : International vocabulary of basic and general terms in metrology, second edition, International Organization for Standardization
5) 飯塚幸三監修 (1996)：ISO 国際文書 計測における不確かさの表現のガイド, p.20-21, 日本規格協会
6) Eurachem/CITAC Guide : 2000 Qualifying Uncertainty in Analytical Measurement, second edition, final draft, Apr.,
7) J.N.Miller & J.C.Miller 著, 宗森信, 佐藤寿邦訳 (2004)：データのとり方とまとめ方 第2版, 共立出版
8) 四角目和広, 佐藤寿邦 (2003)：直線検量線を利用する定量分析値の不確かさ—考え方と計算法, 環境と測定技術, Vol. 30, No.4, p.34
9) 四角目和広, 佐藤寿邦 (2004)：重みつき最小二乗法による直線検量線—考え方と不確かさ, 環境と測定技術, Vol. 31, No.2, p.17

26. 試　験　室

試験室設備は，試験の目的，試験の種類，試験室の規模，周辺環境等によって具備しなければならない条件が異なってくる．

26.1　試験室の設備

JIS K 0050：2005（化学分析方法通則）では，化学分析の種類を，重量分析，容量分析，光分析，電磁気分析，電気分析，クロマトグラフィー，熱分析，その他（フローインジェクション分析など）に分類している．2005年の改正前は，重量分析，容量分析，機器分析の3種類に分けられていたが，滴定などの容量分析も機器を用いて行われる場合が多くなっているため，現在のような分類となっている．現在のような分類であっても，最終的な機器に導入するまでには，試料としてのサンプリング，前処理，試験液としての調製，標準液の調製など，多くの操作を行うこととなり，そのための設備が必要となる．ここでは，すべての設備を網羅することはできないが，一般的な試験室で必要となると思われる設備について記す．

(1) 天びん室

一般に天びんによって分析用試料や反応生成物，残渣などのひょう量を行う部屋を天びん室といい，一つの区切られた部屋とする場合が多い．天びんでひょう量する場合，振動に対する対策が必要となる．振動の程度にもよるが，除振台などが必要となる場合も多い．建物の上階になるほど，振動の影響を受けやすくなるので，上階に天びん室を設置する場合には注意が必要である．質量のひょう量においては，温度，湿度，大気圧の影響を受けることになるので，温度計，湿度計，圧力計の設置が必要である．ひょう量に合わせて，温度，湿度，大気圧を測定し，必要に応じて浮力補正などを行う．特に，温度，湿度な

どを制御するための空調設備の能力は重要な条件である．急激な温度，湿度などの変化の影響を受けにくくするために，直射日光が直接入るような場所は避けるほうがよい．

(2) 実験台

実験台は，化学分析には必要不可欠であり，サンプリング，前処理，試験液や標準液の調製など，最も多くの操作が行われる場所である．実験台には，その大きさ，材質，機能等多くの種類がある．試験室の中央部分に配置するもの，壁周辺に配置するものなどがあるが，一般的には，奥行75～150 cm 程度，横幅90～420 cm 程度，高さ80 cm 程度のものが多く用いられる．また，材質も，高分子素材，金属，木材などがあり，試験の目的に合わせて選択すればよい．

(3) 水道設備（冷却水等）

試験に用いる器具類の洗浄のために流しなどの水道設備が必要となる．また，機器分析計，蒸留装置等の冷却のために水道水を用いる場合がある．冷却水等は連続的に流す場合が多く，漏水に対する注意が必要である．特に，高額の機器分析計への上階からの漏水には十分注意する必要があり，階下への漏水がないような設計とすることが望ましい．

(4) 薬品棚

薬品棚は，試薬などの薬品を適切に保存するために重要なものである．薬品には，毒劇物や危険物に該当するものも多く，管理の仕方も複雑である．引火性の薬品などは，一箇所の保管量に制限があり，薬品棚の大きさや設置場所に対する対策が必要である．特に，酸類や有機溶剤は，開封後の試薬瓶を薬品棚に保管する場合もあり，排気処理にも注意が必要な場合が多い．また，適切な管理を行う上では，薬品棚の施錠も必要となる．最近では，薬品棚の薬品の一括管理などができる管理ソフトも市販されており，効率的な管理が行われるようになっている．

(5) 前処理室

試料の前処理は，加熱や試薬を加えることで行われることになるが，有害なガスの発生や他の試料への汚染を防ぐため，ドラフト内で行われる場合が多い．

ドラフトからの排気ガスは，適切に処理して大気などに排出する必要がある．また，前処理としては，蒸留操作なども行われるので，冷却水，ガスバーナーが必要となる．

(6) ガス配管

ガスクロマトグラフなどの装置を作動させるために必要となるガス，気体置換のための窒素ガスやアルゴンガスなど，多くの高圧ガスを利用するが，そのために高圧ガス容器置き場に接続されたガス配管が必要となる．特に，高圧ガス容器を試験室に持ち込むことは危険を伴うので，ガス配管によって必要なガスを供給するシステム（集中ガス配管）が必要になる．

(7) クリーンルーム

クリーンルームは，その品質（粒子の大きさ，数など）によって様々な種類があるが，極低濃度の無機成分を測定する場合など，クリーンルームは重要な役割を果たす．クリーンルーム内で前処理を行ったり，機器分析装置を稼動させる場合などもあり，そのための電源設備，ガス配管などが必要となることも多い．また，規定された清浄度レベルに管理されたろ過空気を作業範囲に流すクリーンベンチなどを用いる場合もある．

(8) 純水製造装置

化学分析には，試薬の調製，検量線標準液の調製，希釈液の調製，溶出液の調製などに用いる，純水が必要不可欠となる．純水製造装置は，蒸留，イオン交換，逆浸透膜などの原理により製造されることになるが，製造方法や製造装置の規模によっては，専用の部屋や建物が必要となる場合もある．また，純水製造の原料となる水（水道水，井戸水等）の品質は，最終的な純水の品質に影響するので，どのような原料水を用いるかは重要となる．また，製造した純水を離れた試験室へ送液する場合には，送液のための配管の材質などへの注意も重要となる．

(9) 試験室排水

化学分析では，多くの試薬を用いるため，試験終了後に廃液が生じることになる．これらの廃液は，適切に処理する必要がある．通常，冷却水以外の廃液

は，直接，下水に排出することはできないので，酸，金属，有機溶剤，有害物質などに分けて処理する必要がある．排水基準や各条例に定められた各成分ごとの濃度以下でなければ排出することはできない．一部，試験室内で回収などを行う場合もあるが，処理業者へ外部委託する場合も多い．外部委託する場合，廃液の種類ごとに分けて保管する必要があるので，そのための保管場所の確保も必要である．

(10) 機器分析室

機器分析室では，精密物理測定が行われることが多いので，温度，湿度，振動，電波，磁気等の影響について特に考慮する必要がある．温度調節等は，温度23℃，湿度55%程度に保つのが経済的である．特定の機器では，指定された空調条件に合わせることが必要である．大型機器では，通常の事務室より大きな床加重を必要とする場合もあるので，建屋の設計時や機器の配置時には十分な確認が必要である．

26.2 試験場所の状態

26.2.1 温　　度

化学分析で用いられる全量ピペットや全量フラスコなどのガラス製体積計は20℃の水を測定したときの体積を示す目盛として表示されており，JIS K 0050では，化学分析における標準温度は20℃としている．滴定などの容量分析の場合には，滴定液の体積が温度の影響を直接受けることになる．このため，試験室の温度は，20℃付近とすることが望ましい．20℃からのずれがある場合には，滴定液などの液温を測定し，必要に応じて補正する必要がある．ガラス製体積計の使用においても同様のことがいえる．しかしながら，すべての試験室で年間を通して20℃とすることは，現実的には困難である．このため，試験場所の温度([1]) として，常温（20±5℃），室温（20±15℃）のいずれかとしている．また，1～15℃の場所は冷所としている．試験の目的などにより，試験場所の温度を設定又は規定することになる．

現在の空調設備の能力からすると，20±5℃で制御することは可能ではあるが，試験室の広さ，試験室内の熱源の状況，試験室の壁や試験室の場所の状態によって必要とする空調設備の能力は異なってくる．試験室の設計や空調設備の導入時には十分な検討が必要である．試験機器類に空調設備等からの吹出し気流が直接当たることにより，測定に支障をきたす場合があるので注意が必要である．試験室の温度については，必要があれば各JIS等で試験ごとに規定される．

26.2.2 湿度

JIS K 0050では，標準湿度は，相対湿度65％とし，試験場所の湿度[1]は，常湿（65±20％）としている．夏場などの高湿状態は，吸湿性や潮解性の試薬のひょう量に影響を与える可能性がある．また，冬場などの乾燥状態は，静電気の発生により，天びんのひょう量への影響などが考えられるので，湿度は，温度と同様に化学分析を行う上で重要な要因である．湿度調節は，加湿器や除湿器によって行うことになるが，試験の目的や試験室の状態により，制御の仕方を十分に検討する必要がある．

加湿器によって加湿する場合，水道水などを用いると水道水中の成分が試験室内に揮散，蓄積し，化学分析に影響することがあるので，純水を用いるなどの注意が必要となる場合がある．

26.2.3 気圧

多くの試験室では，気圧の制御は行わないのが通常であり，気圧は，天候の状態に左右されることになる．JIS K 0050では，86〜106 kPaを試験場所の気圧[1]として規定している．天候の急激な変化は，気圧の急激な変化につながるが，この気圧の変化が天びんによるひょう量値に影響する場合がある．ひょう量に精確さを求めるような場合には，気圧の変化に十分注意する必要がある．

注[1] JIS Z 8703：1983（試験場所の標準状態）によれば，ISO 554：1976
(Standard atmospheres for conditioning and/or testing - Specifications)

では，"推奨する標準状態は，温度23℃，相対湿度50%，気圧 86 kPa 以上 106 kPa 以下"，IEC 60160：1963（Standard atmospheric conditions for test purposes）では，"測定を行う状態の推奨範囲を温度 15～35℃，相対湿度 45～75%，気圧 860～1 060 mbar と定め，標準状態を温度 20℃，相対湿度 65%，気圧 1 013 mbar" として紹介している．なお，1 013 mbar は，101.3 kPa である．

27. 化学分析上の安全，衛生

　安全，衛生及びそれらの管理の目的は，化学分析担当者及び関連する作業者の安全と健康を考慮しながら，試験の目的を効率的，効果的に達成することである．このためには，作業環境管理，作業管理，健康管理に対する取組みが必要となる[1]．さらに，これらを円滑かつ効果的に実施するために，管理体制の整備と教育が併せて必要となる．

　作業環境管理は，有害な要因を把握してそれを取り除き，良好な作業環境を維持することである．作業管理は，分析者や作業者の作業に伴う負荷，使用する設備等が原因で発生するケガや疾病を低減するための活動である．健康管理は，健康診断などにより業務が原因で発生する疾病を防止するための活動である．作業環境管理，作業管理，健康管理は，密接に関連するものであり，これらを確実にするために組織内における安全衛生管理委員会などの管理体制と管理体制下における関係者への教育が重要である．

　化学分析は，製造される製品の品質管理のための分析，環境測定のための分析など，分析の目的や分析項目，濃度範囲など非常に幅広い．化学分析のデータは，現状の把握や何らかの対策のためのデータとなるので，データの精確さはもとより，迅速さ，効率化が求められるのが現実である．このため，分析担当者や関連する作業者の安全，衛生への取組みは，結果的にデータの正確さや効率化をもたらすことを認識する必要がある．

　また，化学分析を行う上では，労働安全衛生法をはじめ，消防法，毒物及び劇物取締法，高圧ガス保安法など，多くの法律や関係省令などに対する知識も重要であり，これらを理解して業務を行う必要がある．

27.1 安　　全

　化学分析試験室の事故例としては，ガラス器具による負傷，火傷，爆発，薬品による負傷などが考えられる．ガラス器具による負傷では，破損したビーカーの使用，ピペット等の誤った取扱いなどが原因と思われるが，ガラス器具の基本的な取扱いについて十分理解して用いる必要がある．急激な化学反応による爆発事故，蒸留時の突沸などによるやけどなどの事故報告も多く聞かれる．これらの事故は，不注意によるもの以外に知識不足が原因とも思われる場合もあり，分析担当者自身が化学試験の教科書や安全指針などから知識を習得すること以外に適切な安全教育などを行う必要がある．特に，薬品，高圧ガスなどの取扱いに対する知識は，重大な事故を引き起こさないために重要である．

　化学分析には，試薬などの薬品類が必要不可欠である．薬品の危険性は，爆発性，発火性，酸化性，引火性，有害性，可燃性，放射性などに分けられる．例えば，試料の前処理における酸分解では，急激な化学反応の結果，爆発を起こすことがある．有機物が完全に分解しない状態で過塩素酸が存在すると爆発し，非常に危険な状態となることがある．有機溶媒も条件によっては，引火など火災の原因となる．薬品類は，消防法，毒物及び劇物取締法などを遵守した取扱いや保管管理が必要である．容器ラベルの記載事項には十分注意を払うべきである．

　機器分析におけるキャリアーガスなど，高圧ガス（圧縮ガス，液化ガス）も多く使用されている．高圧ガスには，さまざまな種類があり，それらの危険性も異なってくる．ガスは，窒素などの不燃性ガス，水素などの可燃性ガス，酸素などの支燃性ガスに分けることができる．塩素，シアン化水素など毒性の強いガスも多い．事故を起こさないためには，ガスの性質をよく理解することが最も重要である．高圧ガスの取扱いにおいては，高圧ガス保安法など関連法規に対する対応が必要となる．

　ドライアイス，液体窒素など寒剤を用いる場合，密閉された試験室では，酸素欠乏症などに対する注意も必要である．薬品類や高圧ガスに限らず，書棚，

試験機器などの転倒防止も安全にとっては必要となる．

　これらの安全確保を継続的に確実にするためには，安全管理のための組織を設け，効果的活動を行うとともに，活動を見直して改善を行っていかなければならない．管理のための基準と手順を設け，安全管理に向けた訓練を行い，基準と手順が習慣として行われるようにしなければならない．

　日常の作業では，適切な作業着，靴，保護具（頭，目など）の使用が必要である．

27.2　衛　　生

　突然発生する災害や事故に対する安全を確保するとともに，長期的な影響による健康障害についても，これを未然に防ぐよう対策を講じる必要がある．この場合でも安全と同様，教育訓練，管理組織，作業並びに施設を必要とするので，一般には，安全と同時に考慮する場合が多い．

　化学分析の試験室では，酸，アンモニア，有機溶剤などの蒸気が漏れやすく，短期間では健康障害を起こさなくても，長期間の暴露により，蓄積され各種の障害が発生することがある．蒸気が漏れるような状況を抑制するためには，作業をドラフト内で行ったり，試薬保管庫に排気装置を取り付けるなどが必要となる．

　また，機器分析計の中には，原子吸光分析装置，誘導結合プラズマ（発光分析，質量分析）装置などの有害ガスの発生，誘導結合プラズマ装置の高周波，蛍光X線分析装置等からのX線照射，ガスクロマトグラフのECDの放射性物質などに対する障害にも十分配慮する必要がある．これらの障害に対しての対策を十分講じるとともに，担当者の健康管理と障害の発生の早期発見に努める必要がある．特に，X線，高周波，放射性物質については，関係法規についての対策を講じる必要がある．

　試験室の中で発生する試験室排水や排出ガスが試験室の周辺環境に及ぼす影響についても考慮し，その施設と運転，保守について明確な責任体制のもと実

施し，様々な障害の防止に努めなければならない．

27.3　MSDSの活用

　薬品を取り扱う上で最も重要なことは，薬品の性質や安全性についてよく知ることである．これらの情報は，化学物質安全データシート（MSDS：Materials Safety Data Sheet）に詳細な情報が盛り込まれているので有効に利用すべきである．MSDSは，危険有害な化学物質又は混合物について，物質，製品名，供給者，危険有害性，安全上の予防措置，緊急時対応などに関する情報を記載した文書である．

　特に最近の動きとして"化学品の分類及び表示に関する世界調和システム（GHS：Globally Harmonized System of Classification and Labelling of Chemicals）"がある．このGHSは，2003年，国連理事会で採択されたもので，

　① 化学物質の人の健康及び環境に対する危険有害性に関する判定基準

　② ラベル/MSDS等による危険有害性の情報の伝達

について国際的に統一しようとするものである．従来，世界的に統一の取れていなかった危険有害性の分類やその表示方法を統一し，化学物質を取り扱う人々に危険有害情報を正確に伝え，人々の安全と健康を確保するとともに，環境を保護することを目的としている．これにより，MSDSでも"危険有害性の要約"として，GHS分類，ラベル要素などを新たに記載しなければならなくなった．

　また，簡易的な危険有害性の情報とともに，法規制の情報が試薬メーカーのカタログに記載されている場合も多いので，これらの情報を利用することもできる．

参 考 文 献

1)　鈴木直・太刀掛俊之・松本紀文・守山敏樹・山本仁著（2005）：大学人のための安全衛生管理ガイド，東京化学同人

索　引

あ

ISO/IEC 17025　377
ICP 発光分光分析装置　287
アノーディックストリッピング法　327
アルカリ分解　160
安全　393, 394
アンチモン電極　118
アンペロメトリー　329

い

EDTA 滴定　220
イオン交換分離　176
イオン電極　313
イオンの極限モル伝導率　334
一次標準測定法　319
一次標準物質　372
イルコビッチ（Ilkovic）式　325

え

衛生　393, 395
A タイプの評価　378
液間電位差　312
液体膜電極　314
SI 基本単位　23, 24, 373
SI 組立単位　25
SI 接頭語　29
SI 単位　23
X 線回折分析　297
MSDS　396

お

温水　85
温度　81, 83
　——計　81

か

加圧分解　158
化学種　19

化学発光自動計測器　357
化学物質安全データシート　396
化学分析　19
　——用器具の洗浄　50
化学用体積計　90
拡散電流　325
拡張不確かさ　378
隔膜形電極　315
ガスクロマトグラフィー　338
ガスクロマトグラフ質量分析　307
ガス成分分離　180
ガス配管　389
ガス発生重量分析　205
カソーディックストリッピング法　327
かたより　374
加熱　127
ガラス器具　41
ガラス製体積計　90, 390
ガラス電極　111
ガラス膜電極　313
ガラスろ過器　194
還元　219
頑健性　376
寒剤　394
乾燥　125
　——器　195
　——剤　195

き

希釈　133
基準分析法　187, 319, 373
基準分銅　74
逆滴定　218
キャピラリー電気泳動分析　350
吸引瓶　194
吸引ろ過装置　202
吸光係数　253
吸光光度分析装置　254
吸光光度分析法　251

吸光度　253
吸着指示薬　231
吸着ストリッピング法　327
共通イオン　192
　——効果　190
キレート滴定　220, 241, 245
キログラム　68
均質沈殿法　196
金属指示薬　229
キンヒドロン電極　118

く

空試験値　138
クーロメトリー　318
矩形分布　381
組立量　25
グランプロット法　317
クリーンルーム　389
繰返し精度　375
グロー放電質量分析　310
クロマトグラフィー　21, 337

け

蛍光X線分析　299
蛍光光度分析装置　268
蛍光光度分析法　267
蛍光式自動計測器　357
計量標準供給制度　363
決定係数　369
限界電流　324
原子吸光スペクトル　272
原子吸光分析装置　273
原子吸光分析法　272, 284
原子発光スペクトル　287
検出下限　376
減量試験　209
減量重量法　189, 205
検量線　367
　——法　140, 259
堅ろう性　376

こ

後期沈殿　193
高周波プラズマ質量分析　308
高周波誘導結合プラズマ（ICP）発光分光
　分析法　287, 294
校正　81
合成標準不確かさ　378
高速液体クロマトグラフィー　341
交流2電極方式電気伝導率計　333
交流ブリッジ　332
交流ポーラログラフィー　326
恒量　204
コールラウシュのイオン独立移動の法則
　　334
コールラウシュブリッジ　332
国際キログラム原器　67
国際単位系　23
誤差　376
固相抽出　182
固体試料　121
固体膜電極　314
混合　134
コンダクトメトリー　331

さ

再現精度　375
最小二乗法　368
再沈殿　193, 201
錯滴定法　220
酸化　219
酸化還元滴定　239, 244
　——法　219
三脚架　203
三角分布　381
参照電極　313
参照分析法　373
サンプリング　147
酸分解　154
残分試験　209
残余電流　324

399

し

GHS　396
COMAR　362
JCSS　37, 363
　──分銅　73
紫外線吸収式自動計測器　356
時間　87
磁器器具　49
磁気共鳴分析　304
示差走査熱量計　346
示差熱分析　346
指示薬　225
室温　84, 390
実験台　388
実験標準偏差　375
実用標準　372
質量　67
　──値の表し方　80
　──ビュレット　91, 92
　──分析　306
指定校正機関　363
時定数　83
自動分析　353
試薬　57
　──溶液の作り方　60
　──溶液の保存　61
終点　219
重量　67
重量分析　20
　──係数　196
　──法　187
重力加速度　67
純水製造装置　389
純物質系標準物質　360
常温　84, 390
常湿　391
蒸発　133
蒸留　133
蒸留・気化分離　170
真の値　374
真値　376

真度　374
試料のはかり取り　151
試料の乾燥　150
試料の粉砕　149
試料溶液の保存　137

す

水素電極　118
水道設備　388
水溶液試料　123
数値の表し方　35
数値の丸め方　38
ストリッピングボルタンメトリー　327

せ

正確さ　374
精確さ　374
精度　375
石英ガラス器具　43
絶対検量線法　316
セル定数　333
セルブランク　258
洗浄液　200, 201
全量ピペット　94
全量フラスコ　97

そ

相関係数　368, 369
組成標準物質　360

た

体積　89
単位　23
　──記号　27
　──の名称　29
短絡電流滴定法　331

ち

置換滴定　218
中空陰極ランプ　274
中和滴定　237
　──法　219

400

直示天びん　70
直接滴定　218
直線性　376
直流ポーラログラフィー　323
沈殿　190
　——剤　190, 198
　——重量分析法　188, 198, 205
　——滴定　243, 247
　——滴定法　221
　——分離　168

て

抵抗率　332
呈色反応　261, 263
定電圧分極電流滴定法　331
定電位クーロメトリー　319
定電位電解　179, 211
定電位電流滴定法　331
定電流クーロメトリー　320
定量下限　375
滴定曲線　222
滴定終点　225
滴定操作　236
滴定法　217
滴定用標準液　221
デシケーター　195
デッドストップ法　331
電位差測定法　312
電位差滴定　317
電解重量分析　210
　——法　210, 215
電解溶解　162
電気化学分析　311
電気加熱原子吸光分析法　277
電気伝導度　331
　——測定法　331
　——滴定　335
電気伝導率　332
　——計　332
電気分析　21
電磁気分析　20, 297
電磁式電子天びん　70, 79

電子線分析　303
電子天びん　70
電着分離　178
天びん　69
　——室　387
電流効率　319
電流測定法　329
電流滴定　329, 320
電量分析　318

と

透過度　253
透過パーセント　253
導電率　332
当量点　217, 222
登録事業者　363
トレーサビリティ　74, 371

な

内標準法　141

に

二次標準物質　372
認証標準物質　361

ね

熱重量分析　345
熱水　85
熱分析　21
　——法　345
熱力学温度　81
ネブライザー　275
ネルンスト（Nernst）式　312
ネルンスト定数　316

の

濃縮　133
濃度分極　332

は

灰化　204
はかり　69

波高　325
波長分散　290
白金器具　46
白金るつぼ　195
発光分光分析法　287
バリデーション　373
範囲　376
半波電位　325

プッシュボタン式液体用微量体積計　101
物理量　23
プラスチック器具　44
浮力補正（空気の）　77
フレーム原子吸光分析　275, 286
フローインジェクション分析　349
分光器　289
分取　107, 134
分析回数　142
分析対象成分　19
分析値（最終値）の決め方　143
分銅　72
分率　32

ひ

pH　109
pH 計　110
　──の校正　114
pH 測定　110
pH 値の表し方　119
pH 標準液　113
B タイプの評価　378
非 SI 単位　31
比較電極　112
光分析　20
　──法　251
比色式分析計　355
比色法　251
非分散赤外式分析計　356
ピペット　94
ビュレット　91
標準液　217
標準温度　84, 89
標準添加法　142, 260, 316
標準不確かさ　378
標準物質　359, 366
　──総合情報システム　363
標準分銅　73
標準偏差　375
標定　231
　──操作　235
比率　32

ふ

ファラデー（Faraday）の法則　318
復元力発生機構部　70
不確かさ　371, 374, 376

へ

平均値の実験標準偏差　380
併行精度　375

ほ

包含係数　378
方形波ポーラログラフィー　327
放射化分析　350
ポーラログラフィー　323
ポテンシオメトリー　312
ポリスマン　194
ボルタンメトリー　323

ま

マイクロ波分解　159
前処理室　388
マスキング　183

み

ミクロビュレット　92
水　55

む

無次元量　32

め

メートルグラス　98
メスシリンダー　98

メスピペット　94

も
モル吸光係数　253
モル伝導率　334

や
薬品棚　388

ゆ
融解　160
有効数字　36
Eurachem/CITAC Guide　382

よ
容器定数　333
容量分析　20, 217
　——用標準物質　231, 232
溶解度　189
　——積　189, 190, 191
溶媒抽出分離　173
呼び容量　90

ら
ランベルト・ベールの法則　252

り
量記号　31

る
るつぼ　195

れ
冷却　132
冷所　84, 390
冷水　84
連続分析　353

ろ
漏斗　194
ろ過　135
ろ紙　135, 194

JIS使い方シリーズ
化学分析の基礎と実際

定価：本体 3,800 円（税別）

2008 年 9 月 25 日　　第 1 版第 1 刷発行
2019 年 5 月 17 日　　　　　第 4 刷発行

編集委員長　田中　龍彦
発　行　者　揖斐　敏夫
発　行　所　一般財団法人 日本規格協会
　　　　　　〒108-0073　東京都港区三田 3 丁目 13-12 三田 MT ビル
　　　　　　　　　　　　https://www.jsa.or.jp/
　　　　　　　　　　　　振替　00160-2-195146
製　　　作　日本規格協会ソリューションズ株式会社
印　刷　所　株式会社平文社
製作協力　　株式会社群企画

© Tatsuhiko Tanaka, et al., 2008　　　　　　　Printed in Japan
ISBN978-4-542-30398-0

　当会発行図書，海外規格のお求めは，下記をご利用ください．
　JSA Webdesk（オンライン注文）：https://webdesk.jsa.or.jp/
　通信販売：電話（03）4231-8550　FAX（03）4231-8665
　書店販売：電話（03）4231-8553　FAX（03）4231-8667

JIS 使い方シリーズ

新版 圧力容器の構造と設計
JIS B 8265:2017 及び JIS B 8267:2015

編集委員長　小林英男
A5 判・372 ページ
定価:本体 4,600 円(税別)

接着と接着剤選択のポイント
[改訂 2 版]

編集委員長　小野昌孝
A5 判・360 ページ
定価:本体 3,800 円(税別)

レディーミクストコンクリート
[JIS A 5308:2014]
－発注,製造から使用まで－
改訂 2 版

編集委員長　辻　幸和
A5 判・376 ページ
定価:本体 4,500 円(税別)

リサイクルコンクリート JIS 製品

辻　幸和　著
A5 判・152 ページ
定価:本体 1,800 円(税別)

詳解 工場排水試験方法
[JIS K 0102:2013]
改訂 5 版

編集委員長　並木　博
A5 判・596 ページ
定価:本体 6,200 円(税別)

シックハウス対策に役立つ 小形チャンバー法 解説
[JIS A 1901]

監修　村上周三・編集委員長　田辺新一
A5 判・182 ページ
定価:本体 1,700 円(税別)

ステンレス鋼の選び方・使い方
[改訂版]

編集委員長　田中良平
A5 判・408 ページ
定価:本体 4,200 円(税別)

ねじ締結体設計のポイント
[改訂版]

吉本　勇他　編著
A5 判・408 ページ
定価:本体 4,700 円(税別)

機械製図マニュアル
[第 4 版]

桑田浩志・徳岡直靜　共著
B5 判・336 ページ
定価:本体 3,300 円(税別)

最新の雷サージ防護システム設計

黒沢秀行・木島　均　編
社団法人電子情報技術産業協会
雷サージ防護システム設計委員会　著
A5 判・232 ページ
定価:本体 2,600 円(税別)

改訂 JIS 法によるアスベスト 含有建材の最新動向と測定法

財団法人建材試験センター　編
編集委員長　名古屋俊士
A5 判・224 ページ
定価:本体 2,500 円(税別)

新版 プラスチック材料選択のポイント
[第 2 版]

編集委員長　山口章三郎
A5 判・448 ページ
定価:本体 3,700 円(税別)

日本規格協会　　https://webdesk.jsa.or.jp/